R. Appel G. Haubrich

Neues chemisches Grundpraktikum

für Studierende
mit Chemie als Nebenfach

Dritte, völlig neubearbeitete Auflage

Mit 28 Abbildungen

Springer-Verlag
Berlin Heidelberg New York 1981

Rolf Appel
Gerhard Haubrich
Anorganisch-Chemisches Institut der Universität Bonn
Gerhard-Domagk-Straße 1, 5300 Bonn

ISBN-13: 978-3-540-11089-7 e-ISBN: 978-3-642-68293-3
DOI: 10.1007/978-3-642-68293-3

CIP-Kurztitelaufnahme der Deutschen Bibliothek
Appel, Rolf:
Neues chemisches Grundpraktikum für Studierende mit Chemie als Nebenfach / R. Appel; G. Haubrich. – 3., völlig neubearb. Aufl. – Heidelberg; New York: Springer, 1981.
ISBN 3-540-11089-5 (Berlin, Heidelberg, New York);
ISBN 0-387-11089-5 (New York, Heidelberg, Berlin)
NE: Haubrich, Gerhard:

Druck und Bindearbeiten: Beltz Offsetdruck, Hemsbach/Bergstr.
2142/3140-543210

Vorwort zur dritten, völlig neubearbeiteten Auflage

Das vorliegende Praktikumsbuch ist für Studierende mit Chemie als Nebenfach gedacht. Es wendet sich in erster Linie an Biologie-, Medizin- und Physikstudenten, deren gedrängte Studienpläne nur wenige Wochenstunden für das Fach Chemie vorsehen. Ziel dieser Anleitung ist es daher, mit der begrenzten Zahl verfügbarer Kursstunden den Studierenden die Stoff- und Grundkenntnisse zu vermitteln, die zum Verständnis der allgemeinen Gesetzmäßigkeiten der Chemie unbedingt erforderlich sind.
Das Praktikum ist so aufgebaut, daß auch diejenigen, die auf Grund der freien Fächerwahl in der reformierten Oberstufe keine oder nur geringe Vorkenntnisse mitbringen, ohne Schwierigkeiten folgen können. Empfohlen wird lediglich der vorherige Besuch der Hauptvorlesung in Allgemeiner und Anorganischer Chemie.

Alle Versuche, die sich in den beiden ersten Auflagen bewährt haben, sind ungekürzt in diese Anleitung übernommen worden. Stark erweitert wurden dagegen die den einzelnen Kapiteln vorangestellten theoretischen Erläuterungen. Hiermit wurde der zunehmenden Durchdringung der Nachbardisziplinen mit Methoden und Begriffen der Chemie Rechnung getragen.
So haben im AllgemeinenTeil physikalisch- chemische Gesichtspunkte eine stärkere Berücksichtigung erfahren. Das Kapitel über Atombau und Bindungsvorstellungen ist erheblich erweitert worden. Zusätzlich wurden Abschnitte über thermodynamische Betrachtungen zum Massenwirkungsgesetz, über Reaktionskinetik und über die elektrochemischen Grundlagen der Redox-Prozesse aufgenommen.
Bei der gezwungenermaßen knappen Darstellung in einem Praktikumsbuch ließ sich eine gewisse Unschärfe bei der Diskussion physikalisch-chemischer Zusammenhänge nicht immer vermeiden. Beispielsweise sind bei der Betrachtung der Energetik chemischer Reaktionen statistische Betrachtungen (Boltzmann-Verteilung) nicht berücksichtigt worden.

Im Anorganischen Teil wurde die große Zahl von Reaktionen und qualitativen Analysen, die früher häufig geübt wurden, auf ein Mindestmaß beschränkt. Dafür werden die maßanalytischen Übungen des quantitativen Teils unter Einbeziehung des Ionenaustauschverfahrens ausführlich behandelt. Ein besonderer Abschnitt ist Konzentrationsangaben und dem Herstellen von Lösungen gewidmet.
Der Organische Teil ist durch eine Einführung in die Grundlagen der Stereochemie ergänzt worden, ohne die heute Probleme der Organischen und der Biochemie häufig nicht mehr sinnvoll diskutiert werden können. Auch ein Abschnitt über

Reaktionsmechanismen organischer Reaktionen wurde den Experimenten vorangestellt. Nach der Behandlung der Kohlenwasserstoffe und deren funktionellen Derivaten wird in die Chemie derjenigen Stoffe eingeführt , die als Bausteine wichtiger Naturstoffe Bedeutung haben.

Die erprobte Gliederung des Stoffes in 14 Kapitel wurde beibehalten. Die zu jedem Kapitel angeführten Versuche lassen sich bei guter Vorbereitung in der Regel während eines vierstündigen Praktikums erledigen, so daß bei 14 Praktikumstagen im Semester oder einem dreiwöchigem halbtägigen Kurspraktikum der behandelte Stoff bewältigt werden kann.

Die vorliegende Praktikumsanleitung beruht auf mehrjähriger Erfahrung in der Unterweisung von Medizin- und Biologiestudenten. In beiden Fächern steht die Chemie am Studienanfang, so daß schon von daher eine möglichst einfache Darstellung des Stoffes notwendig war. Daraus ergibt sich von selbst, daß diese Praktikumsanleitung kein Lehrbuchersatz sein kann und auf das begleitende Studium der einschlägigen Lehrbücher nicht verzichtet werden kann. Dies um so mehr, als in einem vierzehntägigen Kurspraktikum nur eine begrenzte Stoffauswahl getroffen werden kann.

Bonn, im Juli 1981

Rolf Appel
Gerhard Haubrich

Inhaltsverzeichnis

QUANTITATIVER TEIL

ORGANISCHE CHEMIE

Kapitel 1

Die Kenntnis von der Natur der chemischen Bindung ist die Voraussetzung für das Verständnis der chemischen Stoffumwandlungen. Sie erfordert eine Vorstellung von dem Bau und der Beschaffenheit der Atome, den kleinsten Teilchen der Materie, die noch die Eigenschaften des ursprünglichen Stoffes zeigen.

a) Atombau

Bestandteile des Atoms sind der positiv geladene Atomkern und die negativ geladene Atomhülle. Während die Atomhülle aus den Elementarteilchen der Elektrizität, den negativ geladenen Elektronen besteht, bauen die positiv geladenen Protonen zusammen mit den ladungsfreien Neutronen den Atomkern auf. Obwohl der Durchmesser des Atomkerns nur etwa 10^{-15} m beträgt, ist in ihm fast die gesamte Masse des Atoms vereinigt. Dagegen besitzt jedes Elektron nur $\frac{1}{1840}$ der Masse des Wasserstoffatoms. Bei jedem neutralen, d.h. ungeladenen Atom ist die Zahl der im Kern vereinten Protonen gleich der Zahl der in der Hülle befindlichen Elektronen.

Ein anschauliches Bild vom Atom vermittelt das BOHRsche Atommodell. Hiernach umlaufen die Elektronen den in Ruhe befindlichen Kern auf Kreisbahnen. Die an den Elektronen wirksamen Zentrifugalkräfte verhindern dabei, daß die Elektronen infolge der elektrostatischen Anziehung in den Kern fallen. Dennoch wäre diese Anordnung nicht stabil - die umlaufenden Elektronen müßten ständig Energie abstrahlen und dadurch auf einer langsam sich verengenden Spiralbahn in den Kern fallen -, wenn nicht bestimmte Bahnen ausgezeichnet wären, auf denen der Umlauf ohne Energieabgabe erfolgte. Die Elektronen umkreisen den Kern daher nicht in beliebigen, regellosen Abständen, sondern nur innerhalb ganz bestimmter räumlicher "Elektronenschalen". Es gibt sieben Schalen; sie werden mit arabischen Zahlen oder großen Buchstaben bezeichnet. Der Zahlenfolge 1,2,3,4,5... entspricht dabei die Buchstabenfolge K,L,M,N,O... Jede Schale vermag nur eine bestimmte Zahl von Elektronen aufzunehmen, die inneren weniger als die äußeren. Im Maximum kann jede Schale mit $2n^2$ (n = Nummer der Schale) Elektronen besetzt werden. Die K-Schale (n = 1) ist demnach nach Einbau von zwei Elektronen, die L-Schale entsprechend nach Einbau von acht Elektronen gesättigt.

Doch schon bald nach seiner Entwicklung erwies es sich als unumgänglich, das BOHRsche Atommodell zu verbessern. Denn einerseits lassen sich nach der HEISENBERGschen Unschärferelation (s. Lehrbücher der anorganischen Chemie) die Aufenthaltsorte oder -bahnen der Elektronen nicht so exakt lokalisieren, wie es durch das BOHRsche Modell geschieht. Andererseits versagt das BOHRsche Modell bei der Anwendung auf die Mehrelektronensysteme höherer Elemente. Dies und die Erkenntnis, daß eine Quantelung der Energie der Elektronen nicht nur zwischen, sondern auch innerhalb der "Schalen" erfolgt, führten zu einem neuen, verfeinerten Atommodell.

Diesem verbesserten Modell zufolge bedeutet die Schalennummer n die Hauptquantenzahl. Zu jeder Hauptquantenzahl n gehören n energetische Unterniveaus. Diese Unterniveaus werden mit der Nebenquantenzahl l symbolisiert, wobei l Werte von 0 bis (n-1) annehmen kann. Für n=1 (K-Schale) gibt es nur ein einziges l, nämlich l=0. für n=3 (M-Schale) gibt es entsprechend l=0, l=1, l=2, also drei energetische Unterniveaus. Nach den Namen der zugehörigen Spektralserien wird das Unterniveau l=0 mit s, l=1 mit p, l=2 mit d und l=3 mit f bezeichnet. Die Nebenquantenzahl l ermöglicht es, die Elektronen der einzelnen "Schalen" energetisch genauer zu charakterisieren.

n=1	l=0 (s)	wegen	$2n^2$	mit	2	Elektronen	besetzt
n=2	l=0 (s)	"		"	2	"	"
	l=1 (p)	"	"	"	6	"	"
n=3	l=0 (s)	"	"	"	2	"	"
	l=1 (p)	"	"	"	6	"	"
	l=2 (d)	"	"	"	10	"	"
n=4	l=0 (s)	"	"	"	2	"	"
	l=1 (p)	"	"	"	6	"	"
	l=2 (d)	"	"	"	10	"	"
	l=3 (f)	"	"	"	14	"	"

Abb. 1

Die Räume, in denen sich die einzelnen, zu einer Nebenquantenzahl gehörenden Elektronen aufhalten, können mathematisch näherungsweise bestimmt werden. Man nennt sie - quantenmechanisch nicht ganz korrekt - Orbitale (s. Abb. 2). Diese besser als Elektronenwolken zu bezeichnenden Aufenthaltsräume können im Magnetfeld energetisch weiter aufgespalten werden. Die sich daraus ergebende Magnetquantenzahl m ist mathematisch folgendermaßen mit der Nebenquantenzahl l verknüpft: m=2l+1. Für l=0 gibt es demzufolge nur eine Ein-

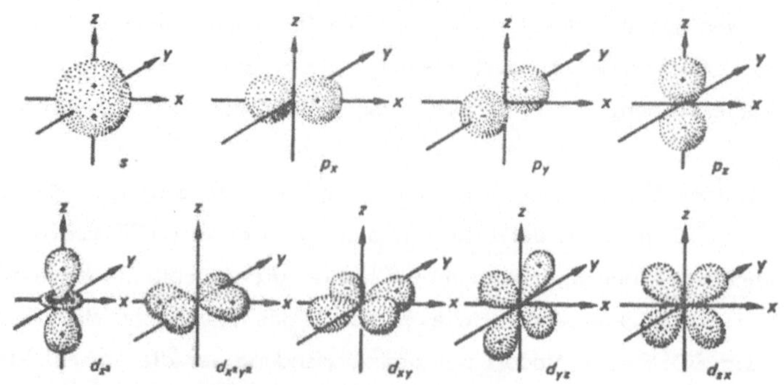

Abb. 2 Darstellung der s-, p- und d-Atomorbitale

stellungsmöglichkeit im Magnetfeld, für $l=1$ drei, für $l=2$ schon fünf und so weiter. Die Einzelwerte von m sind aus mathematischen Gründen so definiert, daß sie zwischen $-l$ und $+l$ liegen:

$l=0$:	Eine Einstellungsmöglichkeit	0
$l=1$:	Drei Einstellungsmöglichkeiten	-1,0,+1
$l=2$:	Fünf Einstellungsmöglichkeiten	-2,-1,0,+1,+2
$l=3$:	Sieben Einstellungsmöglichkeiten	-3,-2,-1,0,+1,+2,+3

Daraus geht hervor, daß es beispielsweise für die sechs zur Nebenquantenzahl $l=1$ gehörenden Elektronen drei gleichwertige Aufenthaltsräume (p-Orbitale) gibt, deren energetische Ungleichwertigkeit erst im Magnetfeld zutage tritt. Diese äußert sich in unterschiedlichen Orientierungen der Orbitale im Magnetfeld (p_x, p_y, p_z entlang den drei Raumachsen).
Eine vierte und letzte Möglichkeit der Energiequantelung ist durch die Eigenrotation der Elektronen gegeben. Sie kann im oder gegen den Uhrzeigersinn erfolgen und besitzt dann als Spinquantenzahl s die Werte $s=+\frac{1}{2}$ oder $s=-\frac{1}{2}$. Die gebrochenen Werte sind auf mathematische Besonderheiten der Quantenmechanik zurückzuführen.
Die vier Quantenzahlen ermöglichen eine genaue Bestimmung der Elektronenzustände. Nach dem von PAULI 1925 aufgestellten Prinzip dürfen in einem Atom niemals zwei Elektronen in allen vier Quantenzahlen übereinstimmen. Sie müssen sich mindestens in einer Quantenzahl unterscheiden.
Die einzelnen Atome der rund hundert Elemente unterscheiden sich durch ihre verschiedenen Kernladungszahlen (Zahl der Protonen im Kern). Das einfachste Atom ist das Wasserstoffatom mit der Kernladungszahl 1, es folgen die Elemente Helium und Lithium mit den Atomkernladungszahlen 2 und 3. Nach dem modernen Atommodell können in den zur Hauptquantenzahl $n=1$ gehörenden Energieniveaus ($l=0$, $m=0$, $s=+\frac{1}{2}$ oder $-\frac{1}{2}$) nur zwei Elektronen untergebracht werden, folglich findet das beim Lithium neu hinzukommende Elektron dort keinen Platz mehr, es wird in dem niedrigsten Energieniveau der Hauptquantenzahl 2 untergebracht. Bei den nachfolgenden Elementen Beryllium bis Neon dienen die neu hinzukommenden Elektronen zur Auffüllung der zu $n=2$ gehörenden Unterniveaus (ein s- und drei p-Orbitale, bis beim Natrium (Ordnungszahl 11) mit einer neuen Hauptquantenzahl begonnen wird.
Der Einbau der Elektronen erfolgt nun in gleicher Weise bis zum Element 18, dem Edelgas Argon. Dann allerdings werden beim nachfolgenden Kalium schon Energieniveaus der Hauptquantenzahl $n=4$ besetzt, obwohl die Besetzung der Energieniveaus von $n=3$ noch nicht abgeschlossen ist. Die Auffüllung dieser Plätze beginnt erst nach dem folgenden Element, dem Calcium, bei den Übergangselementen Scandium bis Zink. Diese Unregelmäßigkeit ist darauf zurückzuführen, daß die 4s-Orbitale energetisch für den Elektroneneinschub günstiger liegen, als die 3d-Orbitale. Ähnliche Erscheinungen beobachtet man auch bei den höheren Elementen (s. Lehrbücher der anorganischen Chemie).
Stellt man die Atomorbitale durch Kästchen dar und symbolisiert die Elektronen durch Pfeile, die durch ihre Richtung gleichzeitig die beiden unterschiedlichen Spin-Einstellungen

angeben ($\uparrow=+\frac{1}{2}$ und $\downarrow=-\frac{1}{2}$), so erhält man für die ersten zehn Elemente das in Abb. 3 wiedergegebene Schema.

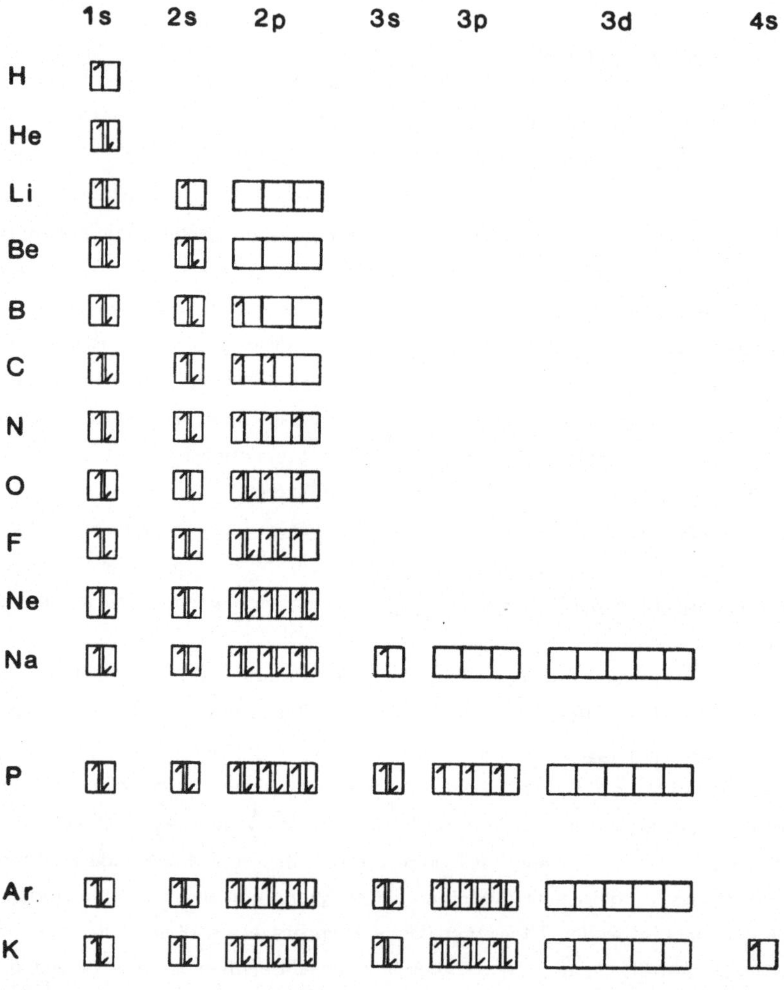

	1s	2s	2p	3s	3p	3d	4s
H	[↑]						
He	[↑↓]						
Li	[↑↓]	[↑]	[ ][ ][ ]				
Be	[↑↓]	[↑↓]	[ ][ ][ ]				
B	[↑↓]	[↑↓]	[↑][ ][ ]				
C	[↑↓]	[↑↓]	[↑][↑][ ]				
N	[↑↓]	[↑↓]	[↑][↑][↑]				
O	[↑↓]	[↑↓]	[↑↓][↑][↑]				
F	[↑↓]	[↑↓]	[↑↓][↑↓][↑]				
Ne	[↑↓]	[↑↓]	[↑↓][↑↓][↑↓]				
Na	[↑↓]	[↑↓]	[↑↓][↑↓][↑↓]	[↑]	[ ][ ][ ]	[ ][ ][ ][ ][ ]	
P	[↑↓]	[↑↓]	[↑↓][↑↓][↑↓]	[↑↓]	[↑][↑][↑]	[ ][ ][ ][ ][ ]	
Ar	[↑↓]	[↑↓]	[↑↓][↑↓][↑↓]	[↑↓]	[↑↓][↑↓][↑↓]	[ ][ ][ ][ ][ ]	
K	[↑↓]	[↑↓]	[↑↓][↑↓][↑↓]	[↑↓]	[↑↓][↑↓][↑↓]	[ ][ ][ ][ ][ ]	[↑]

Abb.3

Bei der Besetzung der Orbitale mit Elektronen gilt die HUNDsche Regel, daß nämlich bei Zuständen gleicher Energie (p-, d-, f-Orbitale, deren Energieniveaus erst im Magnetfeld aufspalten), jedes Orbital mit identischer Nebenquantenzahl zunächst nur mit einem Elektron besetzt wird.

Zur Angabe der Elektronenkonfiguration schreibt man die Hauptquantenzahl n vor die Symbole der Nebenquantenzahlen (s,p,d,f). Die Anzahl der Elektronen erscheint als Exponent. Die Elektronenkonfiguration einiger Atome läßt sich demnach durch folgende Symbolschreibweise wiedergeben:

He: $1s^2$ C: $1s^2\ 2s^2p^2$ S: $1s^2\ 2s^2p^6\ 3s^2p^4$

Die Grundzustände der Hauptgruppenelemente sind durch sukzessive Besetzung der s- und p-Orbitale ausgezeichnet. Bei den Edelgasen sind diese Orbitale vollständig besetzt. Bei den Nebengruppenelementen wird das chemische Verhalten weitgehend durch die d- und f-Elektronen der nächstniedrigeren Schale bestimmt.

b) Periodensystem

Ordnet man die Elemente in einer Reihe nach steigender Kernladungs- und Elektronenzahl derart an, daß die Reihe bei jedem Element mit der Elektronenkonfiguration s^2p^6 - jeweils einem Edelgas - abgebrochen wird und schreibt diese Reihen so untereinander, daß stets Elemente gleicher Valenzelektronenkonfiguration (Valenzelektronen sind die Elektronen der äußersten "Schale") untereinanderstehen, ergibt sich das am Ende des Buches verzeichnete Periodensystem der Elemente (s.a. Kletts mathematisches Tafelwerk). Dabei enthält jede Reihe alle zu einer Hauptquantenzahl n gehörenden Elemente. Eine derartige Reihe bezeichnet man als Periode, die Spalten untereinanderstehender Elemente gleicher Valenzelektronenkonfiguration als Gruppen des Systems. Die gleiche Zahl an Valenzelektronen der zu einer Gruppe gehörenden Elemente bedingt die große Ähnlichkeit dieser Elemente untereinander, denn für das chemische Verhalten der einzelnen Elemente sind in erster Linie die Valenzelektronen verantwortlich.

Das Periodensystem besteht aus Haupt- und Nebengruppen. Unter den Hauptgruppenelementen versteht man diejenigen 44 Elemente, bei denen eventuell vorhandene d- oder f-Orbitale entweder vollständig oder überhaupt nicht mit Elektronen besetzt sind. Die Nummerierung der Gruppen erfolgt nach der Anzahl der Valenzelektronen, so daß man von der Gruppennummer eines Elements direkt auf die Zahl der für eine chemische Reaktion zur Verfügung stehenden Elektronen schließen kann. Damit erhalten die Hauptgruppenelemente die Nummern 1,2,3,4,5,6,7,8, die Nebengruppenelemente die Nummern 1a,2a...8a. Chemische Analogien zwischen Elementen der Haupt- und Nebengruppen gleicher Gruppenummer werden auf diese Weise besonders sinnfällig dokumentiert. Die später noch ausführlicher zu behandelnden Zusammenhänge im Periodensystem machen es für ein sinnvolles Arbeiten im Labor erforderlich, wenigstens die Stellung der einzelnen Hauptgruppenelemente im Periodensystem auswendig zu wissen.

Innerhalb einer Periode nimmt der Atomradius von links nach rechts ab. Diese Kontraktion beruht auf der stärkeren Anziehung der negativen Elektronenhülle durch die höhere Kernladung. Dagegen nimmt der Atomradius der Elemente (Durchmesser in der Größenordnung 10^{-8} cm) in den senkrechten Gruppen von oben nach unten zu, da bei jedem tieferstehenden Element eine neue "Schale" begonnen wird. Die Elemente lassen sich in die beiden großen Gruppen Metalle und Nichtmetalle einteilen. Diese Einteilung ist jedoch nicht scharf, denn eine Reihe von Elementen wie Bor, Silicium, Kohlenstoff, Arsen, Antimon, Selen und Tellur zeigen sowohl metallische als auch nichtmetallische Eigenschaften.

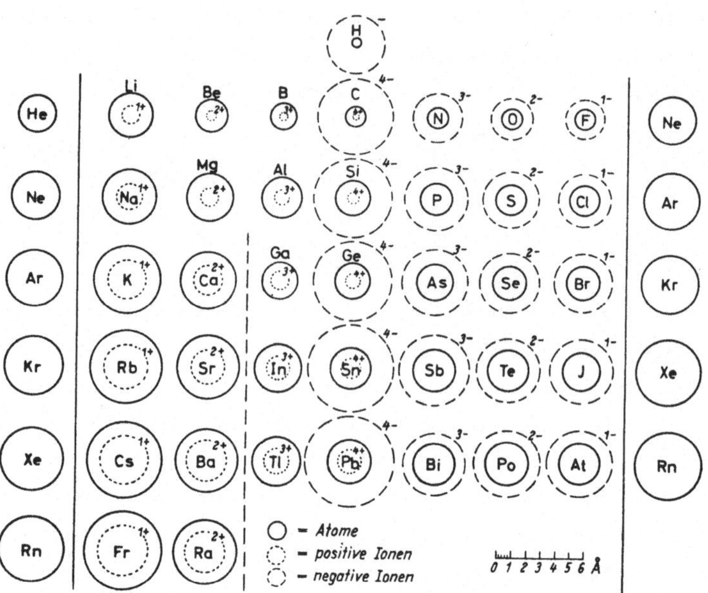

Abb. 4   Atom- und Ionendurchmesser der Hauptgruppenelemente

Dabei fällt auf, daß die Trennungslinie zwischen Metallen und Nichtmetallen diagonal durch das Periodensystem läuft. Der metallische Charakter von Elementen nimmt von unten links zur Mitte hin ab, der nichtmetallische von der Mitte nach oben rechts zu.

c) Metalle

Beispiele: Natrium, Calcium, Aluminium, Chrom, Eisen, Kupfer, Silber, Zinn, Blei.
Allgemeine Merkmale: Alle Metalle sind gute Leiter des elektrischen Stroms und der Wärme. Sie zeigen dabei keine Zersetzungserscheinungen. Mit Ausnahme des Quecksilbers und des Galliums* sind die Metalle bei Raumtemperatur feste Stoffe. Sie lösen sich nicht in Wasser und organischen Lösungsmitteln, so weit sie nicht mit ihnen reagieren. Bei der Verbrennung entstehen feste, nichtflüchtige Oxide. "Unedle" Metalle lösen sich in Säuren, manchmal sogar in Wasser unter Wasserstoffentwicklung auf, "Edelmetalle", wie Silber, Gold, Platin, Kupfer, dagegen nicht. Während in den Hauptgruppen des Periodensystems etwa nur die Hälfte der Elemente als Metalle bezeichnet werden kann, zeigen alle Nebengruppenelemente stark ausgeprägte metallische Eigenschaften.

Versuch 1
Zum Erhitzen im Labor verwendet man unter anderem Gasflammen. Dazu dient der zuerst von BUNSEN konstruierte Brenner. Er enthält eine Düse, aus der Gas austritt und eine Vorrichtung, mit der Luft in verschiedener Menge in das Brennrohr eingelassen werden kann. Die Temperatur der Flamme läßt sich durch Luftzufuhr regulieren. Bei ungenügen-

*Fp = 29,7°C

dem Luftzutritt leuchtet die Flamme, da das zur Hauptsache aus Methan bestehende Stadtgas dann unvollständig verbrennt:

$$CH_4 + O_2 \longrightarrow C + 2\,H_2O$$

Der Kohlenstoff bringt die Flamme zum Leuchten. Er läßt sich als Ruß an einer kalten, in die Flamme gehaltenen Porzellanschale abscheiden. Bei genügender Luftzufuhr verschwindet das Leuchten, die Flamme wird infolge der vollständigen Verbrennung sehr heiß. Gib die Verbrennungsgleichung an!

1) Ein längerer Eisen- und Kupferdraht wird einige Minuten in die heiße Flamme des Bunsenbrenners gehalten. Das Eisen wird rotglühend, aber keines der Metalle verdampft.
   An welcher Stelle der Flammenzone kommt das Eisen am schnellsten zum Glühen?
2) Lösungen von LiCl, NaCl, KCl, $CaCl_2$, $BaCl_2$ werden spektroskopisch untersucht. Ein zuvor ausgeglühtes Magnesiastäbchen wird nacheinander in die fünf verschiedenen Lösungen getaucht und anschließend in die Bunsenbrennerflamme gehalten. Notiere die unterschiedlichen Flammenfärbungen! Eine unbekannte Lösung enthält ein Salz eines der oben genannten Alkalien oder Erdalkalien. Entscheide aufgrund der Flammenfärbung, um welches Metall es sich handelt!

Versuch 2

Ein etwa 5 cm langer Streifen Magnesiumband wird in einer Porzellanschale angezündet. Das Metall verbrennt mit heller Flamme zum weißen, festen Oxid. Nicht in die Flamme schauen!
Gib die Verbrennungsgleichung an!

Versuch 3

Im Reagensglas werden einige Aluminiumspäne (Eisenspäne) jeweils mit wenig Wasser, verdünnter Salzsäure, Ethylalkohol und Tetrachlorkohlenstoff übergossen.
In welchem Lösungsmittel tritt Auflösung ein?

Versuch 4

Im Reagensglas werden zuerst wenige Eisenspäne, dann Kupferspäne mit 2-3 ml verdünnter Schwefelsäure übergossen.
Interpretiere die Beobachtungen!

d) Nichtmetalle

Beispiele: Kohlenstoff, Stickstoff, Phosphor, Sauerstoff, Schwefel, die Halogene Fluor, Chlor, Brom, Iod.
Allgemeine Merkmale: Nichtmetalle leiten im Gegensatz zu den Metallen den elektrischen Strom nicht. Einige dieser Elemente sind bei Raumtemperatur Gase. Sie besitzen z.T. tiefe Schmelz- und Siedepunkte. Nichtmetalle lösen sich vielfach in Wasser und organischen Lösungsmitteln, wobei unter geeigneten Bedingungen auch Reaktionen eintreten können. Mit Sauerstoff bilden sie leicht flüchtige Oxide.

Versuch 5

Man löse jeweils 2-3 Iodkriställchen in einigen Millilitern Wasser, Alkohol und Chloroform. Die wäßrige und die alkoholische Lösung ist braun gefärbt, die Chloroformlösung violett. In der violetten Lösung liegen freie Iod-Moleküle vor, in den braunen Lösungen hat sich das Iod dagegen an Lösungsmittelmoleküle angelagert, z.B. als $C_2H_5OH \cdot I_2$. In Wasser löst sich Iod nur schlecht. Die Löslichkeit läßt sich durch Zusatz von Kaliumiodid beträchtlich erhöhen, hierbei bildet sich Kaliumtriiodid, KI_3. Eine 10%ige alkoholische Iodlösung findet in der Medizin als Antiseptikum Verwendung.

Versuch 6
Eine kleine Spatelspitze Iod wird im trockenen Reagensglas erhitzt. Der Gasraum färbt sich violett, da Iod leicht verdampft. Es geht dabei direkt aus dem festen Zustand in den Gasraum über, ohne daß es vorher flüssig wird. An den kälteren Teilen des Reagensglases schlägt sich das Iod in fester Form nieder. Die direkte Phasenänderung von fest nach gasförmig unter Ausschaltung des flüssigen Zustandes wird als Sublimation bezeichnet.

Versuch 7
Auf der Spatelspitze wird etwas gepulverter Schwefel in die Flamme des Bunsenbrenners gebracht. Er verbrennt mit blauer Flamme, wobei farbloses, gasförmiges Schwefeldioxid entsteht. Das Gas riecht stechend.

$$S + O_2 \longrightarrow SO_2$$

Die Reaktionsgleichung erlaubt nicht nur eine qualitative Aussage, sie gibt gleichzeitig an, daß ein Mol Schwefel (32,07 g) mit einem Mol Sauerstoff (32,00 g) zu einem Mol Schwefeldioxid (64,07 g) reagiert. Diese 64,07 g Schwefeldioxid nehmen unter Normalbedingungen (0 C, 1,013 bar) einen Raum von 22,41 l ein (Molvolumen eines Gases).

Aufgabe 1
Berechne, wieviel Gramm Schwefeldioxid bei der vollständigen Verbrennung von 6,41 g Schwefel gebildet werden! Wieviel ml Gas sind das unter Normalbedingungen?

Versuch 8
Der Versuch darf wegen der großen Giftigkeit des Chlorgases nur unter dem Abzug aufgebaut werden. Die in Abb. 5 skizzierte Apparatur wird unter Anleitung des Assistenten jeweils für eine Gruppe aufgebaut. Sie dient zur Entwicklung von Chlorgas. Der Erlenmeyer-Kolben wird mit einigen Spatelspitzen Kaliumpermanganat beschickt, in den Tropftrichter wird konzentrierte Salzsäure eingefüllt. Durch vorsichtiges Zutropfen der Salzsäure läßt sich ein langsamer Chlorstrom erzeugen.

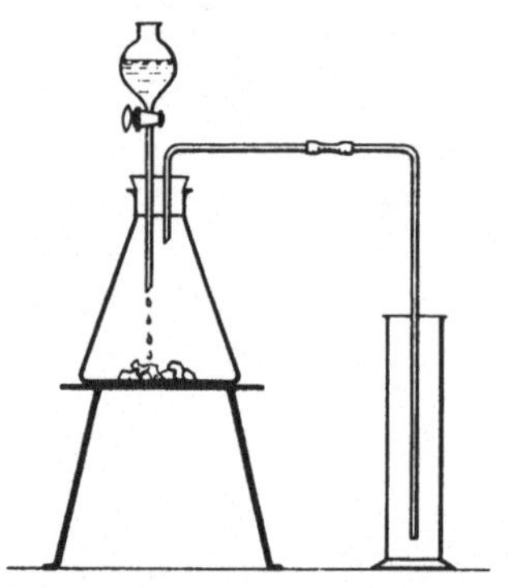

Abb.5 Apparatur zur Erzeugung von Chlorgas

$$16\ HCl + 2\ KMnO_4 \longrightarrow 5\ Cl_2 + 2\ KCl + 2\ MnCl_2 + 8\ H_2O$$

Die höhere Dichte des Chlors gegenüber der Luft ermöglicht es, das Gas in einem stehenden Zylinder oder einem langen Reagensglas aufzufangen. Ist der Zylinder vollständig mit dem grünen Gas gefüllt, so wirft man mit dem Spatel ein wenig Zinkstaub, bei einem weiteren Versuch einige Körnchen feingepulverten Antimons in den Zylinder hinein. Beide Stoffe vereinigen sich unter Feuererscheinung mit dem Chlor.

$$Zn + Cl_2 \longrightarrow ZnCl_2$$

$$2\ Sb + 3\ Cl_2 \longrightarrow Sb_2Cl_3$$

e) Chemische Verbindungsbildung

Von den in der Natur vorkommenden Elementen treten die meisten in chemisch gebundener Form auf und bilden die Vielzahl der uns umgebenden Stoffe. Nur wenige dieser Elemente liegen außerdem auch in freiem, d.h. nicht an andere Elemente gebundenen Zustand vor (Stickstoff, Sauerstoff, Schwefel, einige Edelmetalle). Es gibt allerdings nur eine Elementgruppe, die in der Natur ausschließlich elementar und dazu noch atomar auftritt, nämlich die Edelgase. Da es sich bei diesen um Elemente einer einzigen Gruppe des Periodensystems handelt, liegt es nahe, die Valenzelektronenkonfiguration für dieses Verhalten verantwortlich zu machen. Offenbar ist mit der s^2p^6-Konfiguration ein sehr stabiler Elektronenbesetzungszustand erreicht, den auch die übrigen Elemente bei ihrer Verbindungsbildung durch Elektronenübertragungsprozesse anstreben. Dieses Verhalten, das zur Bildung des stabilen s^2p^6-Elektronenoktetts führt, ist in die Literatur als Oktettprinzip eingegangen, beschränkt sich allerdings in seiner strengen Anwendung nur auf die Elemente der zweiten Periode. Bei den Elementen höherer Perioden ist es wegen der vorhandenen, unbesetzten d-Orbitale möglich, das s^2p^6-Oktett unter Verwendung dieser Orbitale zu überschreiten, wobei durchaus stabile Verbindungen entstehen können. Da die Reaktionen der Elemente der zweiten Periode miteinander den größten Teil der Chemie ausmachen (fast die gesamte organische Chemie), soll zunächst auf die Bindungstheorien eingegangen werden, denen das Oktettprinzip zugrunde liegt.

<u>Heteropolare Bindung:</u> Die einfachste Art der Stabilisierung der Elektronenhülle beobachtet man bei Reaktionen zwischen Metallen und Nichtmetallen (Versuche 2 und 8). Sie beruht auf der Elektronenaufnahme oder -abgabe durch das Atom. Bei der Vereinigung von Natrium mit Chlor gibt das Metall sein äußerstes Elektron an das Nichtmetall ab. Durch diesen Prozeß entstehen elektrisch geladene Atome oder Ionen. Das einfach positiv geladene Natrium-Ion hat mit zehn Elektronen die Neon-Konfiguration, das einfach negativ geladene Chlor-Ion mit achtzehn Elektronen die des Argons.

$$\begin{array}{lllll} Ne: & 1s^2 & 2s^2p^6 & & \\ Na: & 1s^2 & 2s^2p^6 & 3s^1 & \xrightarrow{-e^{\ominus}} Na^{\oplus}: \; 1s^2 \; 2s^2p^6 \\ Ar: & 1s^2 & 2s^2p^6 & 3s^2p^6 & \\ Cl: & 1s^2 & 2s^2p^6 & 3s^2p^5 & \xrightarrow{+e^{\ominus}} Cl^{\ominus}: \; 1s^2 \; 2s^2p^6 \; 3s^2p^6 \end{array}$$

(In einfacheren und übersichtlicheren Schreibweisen werden die vollbesetzten Orbitale der unteren "Schalen" unberücksichtigt gelassen)

Die entstehenden Ionen ziehen sich aufgrund ihrer entgegengesetzten elektrischen Ladung an und bilden ein Salz. Dabei führt die kugelsymmetrische Ausstrahlung der elektrostatischen Kräfte zur Kondensation und Kristallisation des "Salzdampfes" in einem geordneten regelmäßigen Ionengitter (s. Lehrbücher der anorganischen Chemie). Die Ionenbindung ist also elektrostatischer Natur. Die Größe dieser Bindekraft ist durch das COULOMBsche Gesetzt bestimmt:

$$K = \frac{e_1 \cdot e_2}{D \cdot r^2} \cdot f$$

(e_1, e_2 = Ladungen; r = Abstand der Ladungen; D = Dielektrizitätskonstante; f = Proportionalitätsfaktor)

<u>Homöopolare Bindung:</u> Eine Stabilisierung durch Elektronenübertragung ist nur zwischen metallischen und nichtmetallischen Elementen möglich. Eine derartige Bindungsbildung zwischen zwei Metallen oder zwei Nichtmetallen scheidet aus leicht ersichtlichen Gründen aus, so daß andere Wege beschritten werden müssen. Das Fluor ($1s^2$ $2s^2p^5$), dem zur Neon-

Konfiguration ($2s^2p^6$) noch ein Elektron fehlt, erreicht den angestrebten Zustand durch Bindungsbildung mit sich selbst im F_2-Molekül.

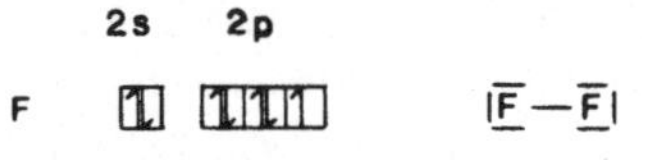

2s 2p

F ⇅ ⇅⇅↑ |F̲—F̲|

Diese Art der Bindung läßt sich aufgrund der gegebenen Elektronenkonfiguration nur dann erklären, wenn man annimmt, daß die beiden halbbesetzten p-Orbitale zweier Fluor-Atome durch Überlappung ein einziges, sie verbindendes "p-Orbital" bilden, zu dem jedes Atom ein Elektron beisteuert. Dieses bindende Orbital ist dann wie die an der Bindung nicht beteiligten s- und p-Orbitale mit zwei Elektronen (Elektronenpaar) besetzt. Daher wird diese Art von Bindung auch häufig als Elektronenpaarbindung bezeichnet. Da sich das bindende Elektronenpaar vorwiegend zwischen den beiden Kernen aufhält, kann es formal sowohl dem einen wie dem anderen Fluor-Atom zugerechnet werden, womit für beide das angestrebte Oktett erreicht ist.

(In den sogenannten Valenzstrichformeln symbolisiert ein Strich ein Elektronenpaar, ein Punkt ein einsames, nicht gepaartes Elektron.)

Dieselben Bindungsverhältnisse trifft man bei den übrigen Halogenen an. Die anderen Nichtmetalle liegen ebenfalls in durch homöopolare Bindungen zusammengehaltenen Assoziaten vor, wobei allerdings einige Besonderheiten auftreten.

Sauerstoff: Das oben beschriebene Modell läßt sich nicht ohne weiteres auf das Sauerstoff-Molekül O_2 übertragen. Ohne die dazu nötigen Theorien weiter zu erläutern, sei festgestellt, daß es sich dabei zwar um ein Molekül aus zwei durch eine Doppelbindung zusammengehaltenen O-Atomen handelt, das aber ein Diradikal ist. Dies erklärt die hohe Reaktivität des Sauerstoffs im Vergleich zum Stickstoff.

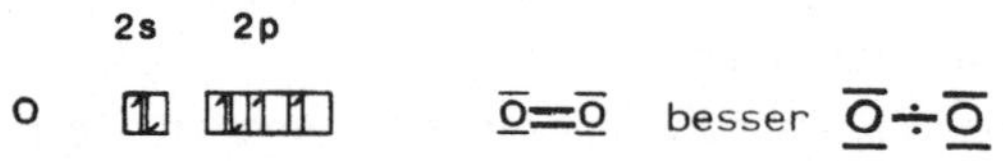

2s 2p

O ⇅ ⇅↑↑ O̲=O̲ besser O̲÷O̲

Stickstoff: Um die Bindungsverhältnisse im Stickstoff-Molekül zu erklären, muß man annehmen, daß an der Hybridisierung (s. Kapitel 9) nur das s- und ein p-Orbital beteiligt sind, was zu einem linearen sp-Hybrid führt. Die in das Hybrid nicht eingegangen, senkrecht aufeinanderstehenden p-Orbitale sind zur Ausbildung der Dreifachbindung erforderlich.

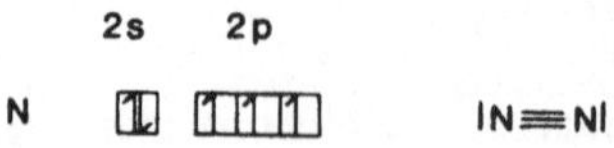

2s 2p

N ⇅ ↑↑↑ |N≡N|

Die Überlappung zweier sp-Hybridorbitale führt zu einer σ-, die zweier p-Orbitale zu einer π-Bindung.

Das N_2-Molekül besitzt also drei Arten von Elektronenpaaren: Zwei freie Elektronenpaare in zwei sp-Hybridorbitalen, ein bindendes Elektronenpaar in einem durch Überlappung zweier sp-Hybridorbitale zustandegekommenen, bindenden Hybridorbital (σ-Bindung) und zwei Elektronenpaare, die sich in den verbleibenden, miteinander überlappenden p-Orbitalen befinden.

Der Vergleich zwischen N_2 und F_2 zeigt, daß nicht nur Unterschiede in der Art der homöopolaren Bindung bestehen, sondern die freien Elektronenpaare aufgrund ihrer verschiedenen Hybridisierungen andere Eigenschaften besitzen. Diese Feinheiten bringt die Valenzstrichmethode nicht zum Ausdruck, der allerdings wegen ihrer übersichtlichen und anschaulichen Darstellungsweise meist der Vorzug gegeben wird.

Schwefel: Auch der Schwefel liegt in seiner elementaren Form nicht atomar vor. Im Gegensatz zum Sauerstoff erreicht er die stabile Edelgaskonfiguration durch Bildung gewellter S_8-Ringe. Dabei ist er sp^3-hybridisiert (s. Kapitel 9):

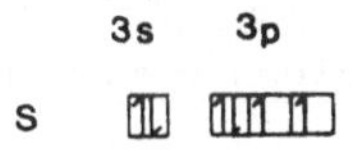

3s 3p

S

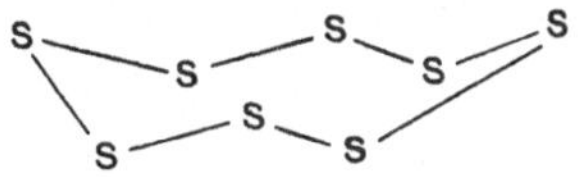

Phosphor: Der Phosphor stabilisiert sich nicht wie der Stickstoff durch Ausbildung einer Dreifachbindung, sondern ordnet sich in der stabilsten Modifikation zu P_4-Tetraedern an (sp^3-Hybridisierung) (s. Kapitel 9).

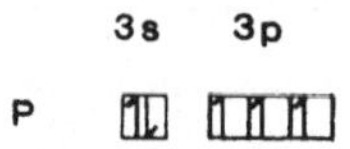

3s 3p

P

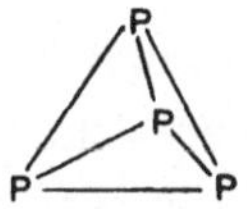

Die aufgeführten Beispiele zeigen, daß die Oktett-Konfiguration durch homöopolare Bindungen auf recht unterschiedliche Weise realisiert werden kann (Ausnahme O_2). Rein homöopolare Bindungen liegen allerdings nur zwischen gleichartigen Atomen vor. Sind in einem Molekül verschiedene Nichtmetallatome, wie z.B. im H_2O, NH_3, CH_4, SO_2, miteinander verbunden, so befinden sich die bindenden Elektronen nicht genau in der Mitte des Atomabstandes, sondern die Elektronendichte wächst in der Nähe des Elements, das die größere Neigung besitzt, Bindungselektronen an sich zu ziehen. Ein Maß hierfür ist die Elektronegativität.

Zahlenwerte, mit denen sich die Elektronegativitäten der einzelnen Elemente vergleichen lassen, sind nach verschiedenen Methoden abgeschätzt worden. Einer direkten Messung sind Elektronegativitätswerte allerdings nicht zugänglich. Häufig wird die PAULINGsche Elektronegativitätsskala benutzt, in der das elektronegativste Element, das Fluor, den dimensionslosen Wert 4,0 erhält.

Pauschal lassen sich die Elemente ihren Elektronegativitäten entsprechend in zwei Gruppen einteilen. Liegt der Elektronegativitätswert unter 2,1, überwiegen bei dem betreffenden Element die metallischen Eigenschaften; die Elektronenabgabe ist bevorzugt. Analog handelt es sich bei Elementen mit einer Elektronegativität, die den Wert 2,1 überschreitet, um hauptsächlich nichtmetallische Elemente; Elektronenaufnahme ist bevorzugt.

Diese Überlegungen verdeutlichen, daß die meisten Elektronenpaarbindungen nicht homöopolarer sondern polarer Natur sind. Diese Polarität ist umso stärker ausgeprägt, je größer die Elektronegativitätsdifferenz zwischen den verbundenen Elementen ausfällt. Die

Bindung erhält mit steigendem Polarisierungsgrad immer stärker heteropolaren Charakter, bis bei sehr großen Elektronegativitätsdifferenzen Ionenverbindungen vorliegen. Im folgenden seien die Elektronegativitäten einiger Elemente angegeben (PAULING) :

F	O	Cl	N	Br	C	S	Se	I	H	P	As	Sb	Al	Mg	Na	Cs
4,0	3,5	3,0	3,0	2,8	2,5	2,5	2,4	2,4	2,1	2,1	2,0	1,8	1,5	1,2	1,0	0,8

Heteropolare und homöopolare Bindungen sind also eigentlich nur Grenzfälle für extrem große oder extrem kleine Elektronegativitätsdifferenzen. Die meisten Bindungen liegen irgendwo zwischen diesen Extremen, so daß jede Bindung sowohl homöopolare als auch heteropolare Anteile enthält. Besonders gut bringen die Chlorverbindungen der Elemente der zweiten Periode diesen Sachverhalt zum Ausdruck; NaCl gilt als Prototyp einer reinen Ionenbindung, Cl_2 als der einer rein kovalenten Bindung:

$NaCl$ $MgCl_2$ $AlCl_3$ $SiCl_4$ PCl_3 SCl_2 Cl_2

Metallische Bindung: Während Metalle vorwiegend ionogen an Nichtmetalle sowie Nichtmetalle untereinander homöopolar gebunden sind, tritt bei der Assoziation von Metallen untereinander ein dritter Bindungstyp auf, der als metallische Bindung bezeichnet wird. In einem Metallgitter ist jedes Metallatom acht oder zwölf weiteren Metallatomen unmittelbar benachbart. Die Zahl der Valenzelektronen reicht natürlich bei weitem nicht aus, um zu jedem Nachbaratom eine Elektronenpaarbindung einzugehen. Die Theorie der metallischen Bindung erklärt den chemischen Zusammenhalt der Metallatome im Gitterverband damit, daß die sehr leicht beweglichen Valenzelektronen durch unmeßbar raschen Ortswechsel Bindungen mal zu dem einen, mal zu dem anderen der umliegenden Nachbaratome eingehen. Dieses Phänomen bezeichnet man als Delokalisation (früher Fluktuation). Die metallische Bindung ist also weder, wie die Elektronenpaarbindung, gerichtet, noch rein elektrostatischer Natur wie die Ionenpaarbindung. Mit dieser Bindungstheroie lassen sich die typisch metallischen Eigenschaften wie elektrische Leitfähigkeit, Wärmeleitfähigkeit, metallischer Glanz und andere recht anschaulich als Energietransport "per Elektron" erklären. Dieselben Überlegungen gelten auch für Legierungen.

Wasserstoffbrückenbindung: Während die bisher besprochenen Bindungsbegriffe die Bildung von nieder- oder hochmolekularen Atomverbänden beschrieben, handelt es sich bei der Wasserstoffbrückenbindung um die Zusammenlagerung mehrerer Moleküle über Wasserstoffatome, die an stark elektronegative Nachbaratome gebunden sind. Die hohe Elektronegativitätsdifferenz bewirkt eine Polarisierung der Bindung, so daß sich die dadurch entstandenen Dipole nach elektrostatischen Gesetzen ausrichten. Da die verbrückenden Wasserstoffatome in der Sphäre zweier Bindungspartner liegen, werden Wasserstoffbrückenbindungen meist punktiert dargestellt. Ein Beispiel für diesen Bindungstyp ist der Fluorwasserstoff, HF:

F–H···F–H···F–H···F–H···F–H···F–H

Auch im lebenden Organismus spielen Wasserstoffbrückenbindungen eine wichtige Rolle.
VAN DER WAALSsche Bindung: Außerdem kann der Zusammenhalt von Atomen und Molekülen auch durch zwischenmolekulare Kräfte erfolgen. Sie treten auch bei solchen Atomen oder Molekülen auf, die weder freie Valenzen noch eine unsymmetrische Ladungsverteilung besitzen. Man spricht in diesem Fall von VAN DER WAALSschen Kräften, die wegen ihrer sehr geringen Reichweite nur zu lockeren Bindungen führen.

Aufgabe 2
Aus welchen Ionen sind die Salze LiCl, KF, CaS, $MgBr_2$, sowie die Oxide CaO und Na_2O aufgebaut? Zeichne Valenzstrichformeln für die Verbindungen HCl, NH_3, CH_4, C_2H_6, C_3H_8, C_2H_2, CO, CO_2, SO_2, SO_3, Cl_2O zunächst mit, dann ohne einsame Elektronenpaare!

f) Chemische Wertigkeitsbegriffe

Stöchiometrische Wertigkeit: Der Begriff der stöchiometrischen Wertigkeit läßt sich auf alle binären Verbindungen anwenden. Man versteht darunter die Zahl, die angibt, wieviele als einwertig erkannte Atome ein Atom des betreffenden Elementes zu binden vermag. Bezugsgrößen sind der einwertige Wasserstoff und der zweiwertige Sauerstoff. Die stöchiometrische Wertigkeit wird mit römischen Ziffern bezeichnet:

I I	II I	II II	III II	V II	IV I
HCl	$CaCl_2$	CaO	Al_2O_3	N_2O_5	CH_4

Wie ersichtlich, müssen in der Substanzformel die einzelnen Atome so indiziert sein, daß sich die Wertigkeit der Elemente ausgleichen. Die stöchiometrische Wertigkeit erlaubt es somit, die Zusammensetzung binärer Verbindungen vorauszusagen. Dieser Wertigkeitsbegriff läßt sich sowohl bei Ionenverbindungen als auch bei Substanzen mit homöopolaren Bindungen anwenden. Er erlaubt jedoch keine Aussage über die Natur der chemischen Bindung.
Ionenwertigkeit: Auf Ionenverbindungen wie Salze, Säuren und Basen findet der Begriff Ionenwertigkeit Anwendung. Sie ist gleich der Ionenladungszahl und wird durch eine hochgestellte arabische Zahl mit dem Vorzeichen der Ladung dahinter bezeichnet. Die Ionenwertigkeit wird auch auf komplexe Molekülionen angewendet. Beispiele: Na^+Cl^-, $Mg^{2+}O^{2-}$, $Ba^{2+}SO_4^{2-}$. Man sagt: Plus zweiwertiges Magnesium, minus zweiwertiges Sulfat-Ion, oder auch zweifach positives oder negatives Ion.
Bindigkeit: Bei homöopolaren Verbindungen wendet man den Wertigkeitsbegriff der Bindigkeit an. Hierunter ist die Zahl der von einem Element ausgehenden Atombindungen zu verstehen. Die Bindigkeit wird in den Valenzstrichformeln sichtbar dargestellt. Kohlenstoff ist in fast allen seinen Verbindungen vierbindig, Sauerstoff im H_2O zweibindig, Stickstoff im NH_3 dreibindig.
Oxidationszahl: Recht nützlich für die große Zahl von Oxidations- und Reduktionsreaktionen ist der Begriff der Oxidationszahl. Man versteht darunter die durch Vorzeichen und Zahl ausgedrückte Ladung, die ein Atom in einer homöopolaren Verbindung besäße, wenn das betreffende Ion aus lauter Ionen aufgebaut wäre. Die Oxidationszahl wird durch eine ara-

bische Ziffer mit dem Vorzeichen davor über dem betrachteten Atom angegeben. Man findet die Oxidationszahl bei den meisten anorganischen Verbindungen, indem man den Bezugsgrößen Sauerstoff die Oxidationszahl -2, Wasserstoff die Oxidationszahl +1 erteilt und darauf achtet, das die Summe der Oxidationszahlen gleich der Ladung des Systems sein muß. Bei neutralen Molekülen ist die Ladung des Systems 0, bei komplexen und komplexähnlichen Ionen gleich der Ionenladung. Einige Beispiele mögen dies verdeutlichen:

$$\overset{+4}{S}O_2 \quad H\overset{+6}{S}O_4^{\ominus} \quad \overset{+3}{N}O_2^{\ominus} \quad \overset{+5}{N}O_3^{\ominus} \quad H_3\overset{+5}{P}O_4 \quad \overset{+3}{N}_2O_3$$

Es muß allerdings darauf hingewiesen werden, daß diese einfache Bestimmungsmethode der Oxidationszahl nicht immer zu korrekten Ergebnissen führt. Beim Wasserstoffperoxid H_2O_2 ist die Summe der Oxidationszahlen nicht gleich der Ladung des Systems, das gleiche gilt für Metallhydride. Schwierigkeiten bereitet die Bestimmung der Oxidationsstufe auch stets dann, wenn in dem zu untersuchenden Molekül keine der oben angegebenen Bezugsgrößen auftritt (CBr_4) oder in dem Molekül ein Atom in verschiedenen Oxidationsstufen vorkommt (CH_3-COOH). Eine universelle Methode zur Bestimmung der Oxidationszahl geht von den Valenzstrichformeln des betreffenden Moleküls aus, gleichgültig, ob es ionogen oder kovalent aufgebaut ist. Die Bindungselektronen einer Bindung werden dem elektronegativeren Bindungspartner zugeordnet und die Zahl der ihm so zukommenden Elektronen mit der desselben Atoms im ungebundenen Zustand verglichen. Dabei müssen natürlich auch die freien Elektronenpaare berücksichtigt werden. Besitzt das interessierende Atom im ungebundenen Zustand weniger Elektronen als nach der formalen Elektronenzuteilung, ordnet man ihm die der Ladungsdifferenz entsprechende negative Oxidationszahl zu; analoges gilt für den Fall, daß das betrachtete Atom im Grundzustand mehr Elektronen besitzt als nach der Elektronenzuteilung. Sind zwei Atome gleicher Elektronegativität miteinander verbunden, wird jedem Atom ein Bindungselektron zugeordnet. Hier einige Beispiele:

1) Schwefeldioxid SO_2

Valenzstrichformel mit Elektronenzuteilung

$$\underline{\bar{O}} =)\bar{S}(= \underline{\bar{O}}$$

Oxidationszahl des O = -2

Oxidationszahl des S = +4

2) Wasserstoffperoxid H_2O_2

Valenzstrichformel mit Elektronenzuteilung

$$H(-\underline{\bar{O}} \nparallel \underline{\bar{O}} -)H$$

Oxidationszahl des H = +1

Oxidationszahl des O = -1

3) Natriumhydrid NaH

Valenzstrichformel mit Elektronenzuteilung

Na (— H

Oxidationszahl des Na = +1

Oxidationszahl des H = -1

4) Chloral $Cl_3C\text{-}CHO$

Valenzstrichformel mit Elektronenzuteilung und eingetragenen Oxidationszahlen:

-1 |C̄l̲ ; -1 |C̄l̲ —)C(+3) ‡ C(+1) =O(-2) ; -1 |C̄l̲ ; H(+1)

Bei den nun folgenden Begriffen handelt es sich weniger um chemische Wertigkeitsbegriffe als um Definitionen, mit denen sich der Bindungszustand in Molekülen genauer erfassen läßt.

Ionisierungsenergie: Unter der Ionisierungsenergie versteht man die Energie, die aufzuwenden ist, um aus Atom, Molekül oder Ion ein Elektron zu entfernen. Man bezeichnet diesen Wert, der meist in eV angegeben wird, oft auch als Ionisierungspotential. Bei Metallen, die mehrfach positiv geladene Ionen bilden können, spricht man vom 1.,2.,... Ionisierungspotential. Dabei liegt das zweite Ionisierungspotential stets höher als das erste, da das zweite Elektron gegen die Anziehungskraft eines inzwischen einfach geladenen positiven Ions entfernt werden muß. Hier die Ionisierungspotentiale einiger Elemente in eV:

$Na \longrightarrow Na^{\oplus}$	5,1	$Cl \longrightarrow Cl^{\oplus}$	13,0	$O \longrightarrow O^{\oplus}$	13,6
$Li \longrightarrow Li^{\oplus}$	5,4	$F \longrightarrow F^{\oplus}$	17,4	$Mg \longrightarrow Mg^{2\oplus}$	15.0
$H \longrightarrow H^{\oplus}$	13,6	$He \longrightarrow He^{\oplus}$	24,6	$Ca \longrightarrow Ca^{2\oplus}$	11,9

Elektronenaffinität: Die Elektronenaffinität charakterisiert die Bildung von negativ geladenen Ionen durch Elektronenaufnahme. Sie gibt die freiwerdende oder aufzuwendende Energiemenge für diese Ionisierung an. Die Werte werden ebenfalls in eV angegeben:

$Cl \longrightarrow Cl^{\ominus}$	4,1	$Br \longrightarrow Br^{\ominus}$	3,3
$F \longrightarrow F^{\ominus}$	3,8	$I \longrightarrow I^{\ominus}$	3,0

Im Gegensatz zur Elektronegativität sind die Größen Ionisierungsenergie und Elektronenaffinität durch physikalische Messungen direkt zugänglich.

Formale Ladung: Die formale Ladung wird folgendermaßen bestimmt: Spaltet man in der Valenzstrichformel eines Moleküls die Bindungselektronen homolytisch und bestimmt die somit jedem Atom zukommende Ladung unter Berücksichtigung der freien Elektronenpaare durch Vergleich mit der Elektronenkonfiguration des Grundzustandes, so ergibt sich die formale

Ladung. Die Summe der formalen Ladungen eines Moleküls muß gleich seiner Gesamtladung sein. Hier einige Beispiele:

$\|\overset{\ominus}{C}\equiv N\|$	Formale Ladung von C = -1
	" " " N = 0
$\underline{\overline{S}}=C=\overset{\ominus}{\underline{\overline{N}}}$	" " " C = 0
	" " " N = -1
	" " " S = 0

Die Benutzung der formalen Ladung ist beim Auffinden unbekannter Strukturen hilfreich, da man nach Bestimmung der formalen Ladungen aller Atome nur noch zu überprüfen braucht, ob deren Summe der Gesamtladung des untersuchten Teilchens entspricht. Zuvor sollte allerdings sichergestellt sein, daß bei Verbindungen, die nur Elemente der zweiten Periode enthalten, das Oktettprinzip nicht verletzt ist. In ungeladenen Molekülen werden formale Ladungen wie die Ionenwertigkeit über dem betreffenden Atom notiert:

$$|\overset{\ominus}{C}\equiv\overset{\oplus}{O}|$$

Sind in einem Molekül mehrere Bindungsarten möglich, ist derjenigen Struktur der Vorzug zu geben, in der die formalen Ladungen die kleinstmöglichen Werte annehmen:

$$\underline{\overline{S}}=C=\overset{\ominus}{\underline{\overline{N}}} \quad \text{und} \quad |\overset{\ominus}{\underline{\overline{S}}}-C\equiv N| \quad \text{besser als} \quad |\overset{\oplus}{S}\equiv C-\overset{\ominus\ominus}{\underline{\overline{N}}}|$$

Diese drei unterschiedlichen Formeln heißen mesomer.

<u>Isostere Verbindungen:</u> Zwei Verbindungen sind isoster, wenn folgende Bedingungen erfüllt sind:

1) Die beiden Verbindungen müssen die gleiche Anzahl an Atomen aufweisen.
2) Die Summe der freien und bindenden Elektronen muß in beiden Verbindungen gleich sein.
3) Die Elektronen müssen die gleiche Anordnung besitzen (Verteilung der freien und bindenden Elektronenpaare auf die einzelnen Atome in beiden Fällen gleich).
4) Die Summe der Kernladungszahlen muß in beiden Verbindungen übereinstimmen.

Beispiele:

	$\|C\equiv O\|$	$\|N\equiv N\|$	
Zu 1)	2	2	
Zu 2)	10	10	
Zu 3)	6	6	bindende
	4	4	freie
Zu 4)	6 + 8	7 + 7	
	O=C=O	N=N=O	
Zu 1)	3	3	
Zu 2)	16	16	
Zu 3)	8	8	bindende
	8	8	freie
Zu 4)	8 + 8 + 6	7 + 7 + 8	

Isoelektronische Verbindungen: Sind die Bedingungen 1–3 für isostere Verbindungen erfüllt, die vierte Bedingung jedoch nicht, spricht man von isoelektronischen Verbindungen:

	$\vert C\equiv N\vert^{\ominus}$		$\vert N\equiv N\vert$	
Zu 1)	2		2	
Zu 2)	10		10	
Zu 3)	6		6	bindende
	4		4	freie
Zu 4)	6 + 7	$\neq$	7 + 7	

	$\overline{\underline{O}}=C=\overline{\underline{O}}$		$\overline{\underline{O}}=C=\overline{\underline{N}}^{\ominus}$	
Zu 1)	3.		3	
Zu 2)	16		16	
Zu 3)	8		8	bindende
	8		8	freie
Zu 4)	8 + 6 + 8	$\neq$	8 + 6 + 7	

<u>Koordinationszahl:</u> Unter der Koordinationszahl versteht man die Anzahl der an ein Atom gebundenen Partner.

Beispiel: $SO_4^{2\ominus}$ Koordinationszahl des S = 4

$NO_3^{\ominus}$ Koordinationszahl des N = 3

<u>Aufgabe 3</u>

Stelle die stöchiometrischen Formeln für folgende Verbindungen auf: Stickstoff(III)oxid, Eisen(II)- und Eisen(III)sulfid, Arsen(V)oxid, Chrom(VI)oxid!

<u>Aufgabe 4</u>

Bestimme die Oxidationszahlen sämtlicher Atome in folgenden Verbindungen: H_2S, SO_3, SO_4^{2-}, H_3PO_4, $P_2O_7^{4-}$, HOCl, ClO_2, $HClO_3$, MnO_2, $KMnO_4$, $Ca(CN)_2$, CH_4, CBr_4, CI_4, CH_3-CH_2-OH, $CH_3-CH=O$, CH_3-COOH, $(CH_3)_3CH$!

<u>Aufgabe 5</u>

Ermittle die formalen Ladungen sämtlicher Atome in folgenden Verbindungen:

$(S=C=N)^{\ominus}$, $(S-N\equiv C)^{\ominus}$, $(N=O)^{\oplus}$, $(N=O)^{\ominus}$

<u>Aufgabe 6</u>

Schlage für folgende Verbindungen Strukturen vor: H_2SO_4, H_2SO_5, H_3PO_2, N_2O_5, N_2O_3, HNO_3, HNO_2, $HClO_4$, $HClO_3$, $HClO_2$, $H_2S_2O_3$, K_2CrO_4, $K_2Cr_2O_7$, Na_2O_2. Überprüfe anhand der Gesetzmäßigkeiten, die über das Periodensystem, die Oktettregel und die formale Ladung bekannt sind, ob diese Vorschläge sinnvoll sind (Hinweis: Zeichne die Strukturen mit sämtlichen freien Elektronenpaaren!).

Sollten bei der Lösung von Aufgabe 4 Schwierigkeiten aufgetreten sein, ist es sinnvoll, wie in der vorliegenden Aufgabe zunächst die Struktur der problematischen Verbindung zu ermitteln.

g) Elektrolytische Dissoziation

Das in Abb. 6 skizzierte Experiment über die elektrolytische Leitfähigkeit wird zweckmäßigerweise in der Einführungsvorlesung demonstriert. Zwei in ein Becherglas eintauchende Kohleelektroden sind über einen Strommesser A und den Schiebewiderstand R mit den Polen einer Gleichstromquelle verbunden. Nacheinander werden in das Becherglas folgende Lösungen eingefüllt: Destilliertes Wasser, Alkohol, Chloroform, wäßrige Harnstofflösung. Nach dem Einschalten des Stromkreises bleibt das Instrument A stromlos. Werden jetzt nacheinander Quecksilber, sowie wäßrige Lösungen von Kochsalz, Salzsäure und Natronlauge auf ihre Leitfähigkeit geprüft, so ist in allen Fällen eine deutliche Leitfähigkeit festzustellen. Bei den wäßrigen Lösungen wird außerdem eine Gasentwicklung an den Elektroden beobachtet.

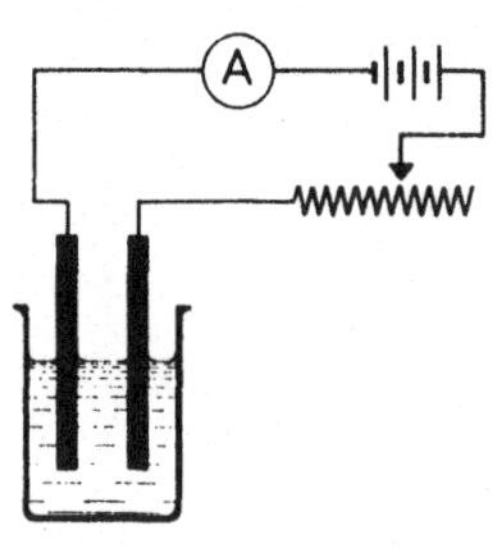

Abb. 6

Um diese Beobachtungen zu verstehen, muß man sich daran erinnern, daß die Leitung des elektrischen Stroms an leicht bewegliche Elektronen oder an bewegliche geladene Teilchen gebunden ist. Das Fehlen der Leitfähigkeit bei destilliertem Wasser, der wäßrigen Harnstofflösung, Alkohol und Chloroform ist darauf zurückzuführen, daß es sich bei diesen Stoffen um Molekülverbindungen handelt, deren Moleküle elektrisch neutral sind. Daß Quecksilber, wie alle Metalle den elektrischen Strom leitet, erklärt sich aus der Besonderheit der metallischen Bindung.

Zum Verständnis der Leitfähigkeit wäßriger Salzlösungen betrachte man das Ionengitter beispielsweise eines Kochsalzkristalls. Im festen Kristall werden die Ionen durch elektrostatische Kräfte zusammengehalten. Der Lösungsvorgang im Wasser beruht auf der Verkleinerung der elektrostatischen Gitterkräfte durch die hohe Dielektrizitätskonstante des Wassers, D = 81. Dadurch werden die Anziehungskräfte zwischen den entgegengesetzt geladenen Ionen auf $\frac{1}{81}$ verkleinert. Hinzukommt, daß sich einzelne Wassermoleküle an die Ionen anlagern und sie mit einer Wasser- oder Hydrathülle umgeben. Dieser Vorgang der Hydratisierung liefert Energie, er hilft mit, die im Kristall wirksamen Gitterkräfte zu überwinden. Beide Vorgänge führen zur Ablösung der Ionen, so daß das Gitter zerfällt und die Ionen als von Wassermolekülen umhüllte Teilchen in der Lösung frei umherschwimmen. Dieser beim Lösen eines Salzes eintretende Zerfall in frei bewegliche Ionen wird als elektrolytische Dissoziation bezeichnet.

Das Leitvermögen der Lösungen kommt dadurch zustande, daß die Ionen von den entgegengesetzt geladenen Elektroden angezogen werden. Die negativ geladenen Ionen wandern an den positiven Pol, die Anode und heißen Anionen. Entsprechend wandern die positiv geladenen Ionen an den negativen Pol, Kathode; sie werden Kationen genannt. An den Elektroden verlieren die Ionen ihre Ladung, sie werden dort als ungeladene Teilchen abgeschieden (Ag, Cu, H, ...). Sind die ungeladenen Teilchen für sich nicht stabil, wie z.B. das SO_4, oder liegt die zur Entladung erforderliche Spannung über der Zersetzungsspannung des Wassers ($Cl^{\ominus} \longrightarrow Cl$), so erfolgen Sekundärreaktionen mit dem Elektrodenmaterial oder dem Lösungsmittel. Im Gegensatz zur metallischen Leitfähigkeit des Stroms ist das elektrolytische Leitvermögen stets mit einem Stofftransport verbunden.

Versuch 9
Erhitze in einem schwer schmelzbaren Reagenzglas etwas Kupfersulfat, bis das Salz seine blaue Farbe verloren hat und ein weißes Pulver zurückbleibt. Hierbei wird das Kristallwasser nach

$$CuSO_4 \cdot 5H_2O \longrightarrow CuSO_4 + 5\ H_2O$$

ausgetrieben. Bei der Zugabe von Wasser wird die Lösung wieder blau, da das hydratisierte Cu^{2+}-Ion blau gefärbt ist. Richtig müßte die Dissoziationsgleichung lauten:

$$CuSO_4 + nH_2O \longrightarrow Cu(H_2O)_n^{2\oplus} + SO_4(H_2O)_n^{2\ominus}$$

Zur Vereinfachung der Schreibweise läßt man die Wassermoleküle der Hydrathülle bei den Dissoziationsgleichungen gewöhnlich fort und schreibt:

$$CuSO_4 \longrightarrow Cu^{2\oplus} + SO_4^{2\ominus}$$

Aufgabe 7
Notiere die Dissoziationsgleichungen für folgende Salze: NaCl, KNO_3, $CaCl_2$, $(NH_4)_2SO_4$, $Fe_2(SO_4)_3$!

Versuch 10
Die Dissoziation eines Salzes in frei bewegliche Ionen läßt sich nachweisen, indem man einmal die Kationen, dann die Anionen in schwerlösliche Bindungsformen überführt, während der andere Partner des Salzpaares frei in Lösung bleibt. Solcher Fällungsreaktionen bedient man sich beim analytischen Nachweis einzelner Ionen.
Eine Spatelspitze Kaliumsulfat wird in einigen ml Wasser gelöst. Darauf versetzt man die Lösung mit einigen Tropfen Bariumchlorid-Lösung. Es entsteht ein Niederschlag von Bariumsulfat, der beim Ansäuern mit verdünnter Salzsäure nicht in Lösung geht:

$$K_2SO_4 \longrightarrow 2\ K^{\oplus} + SO_4^{2\ominus}$$

$$BaCl_2 \longrightarrow Ba^{2\oplus} + 2\ Cl^{\ominus},$$

zusammen:

$$2\ K^{\oplus} + SO_4^{2\ominus} + Ba^{2\oplus} + 2\ Cl^{\ominus} \longrightarrow BaSO_4 + 2\ K^{\oplus} + 2\ Cl^{\ominus}$$

Zur Vereinfachung der Schreibweise läßt man die an der Reaktion nicht beteiligten Ionen gewöhnlich fort und schreibt:

$$Ba^{2\oplus} + SO_4^{2\ominus} \longrightarrow BaSO_4$$

Diese Reaktion dient zum Nachweis des Sulfat-Ions. Bariumsulfat ist schwerlöslich; es wird in der Röntgendiagnostik als Kontrastbrei verwendet. Barium-Ionen sind zudem sehr giftig. Was wäre bei einer Vergiftung mit Barium-Ionen zu tun?

Versuch 11
Die Kalium-Ionen in der Lösung des Kaliumsulfats lassen sich wie folgt nachweisen. Man fügt zu der Kaliumsulfat-Lösung einige Tropfen verdünnter Perchlorsäure. Es fällt schwerlösliches Kaliumperchlorat aus. Der Niederschlag wird abfiltriert und etwas davon an einem Magnesiastäbchen in die Flamme des Bunsenbrenners gebracht. Kalium färbt die Flamme violett.

$$2\,K^{\oplus} + SO_4^{2\ominus} + 2\,H^{\oplus} + 2\,ClO_4^{\ominus} \longrightarrow 2\,KClO_4 + 2\,H^{\oplus} + SO_4^{2\ominus}$$

oder übersichtlicher

$$K^{\oplus} + ClO_4^{\ominus} \longrightarrow KClO_4$$

<u>Versuch 12</u>
5 ml einer Natriumchlorid-Lösung werden mit verdünnter Salpetersäure angesäuert und mit einigen Tropfen einer verdünnten wäßrigen Silbernitrat-Lösung versetzt. Es fällt ein flockiger Niederschlag von Silberchlorid aus, der sich beim Stehenlassen am Licht unter Abscheidung von Silber grau färbt; diese Reaktion dient zum Nachweis von Chlorid-Ionen.

$$Na^{\oplus} + Cl^{\ominus} + H^{\oplus} + Ag^{\oplus} + 2\,NO_3^{\ominus} \longrightarrow AgCl + Na^{\oplus} + H^{\oplus} + 2\,NO_3^{\ominus}$$

einfacher

$$Ag^{\oplus} + Cl^{\ominus} \longrightarrow AgCl$$

Das Ansäuern der Lösung ist erforderlich, um die Fällung von ebenfalls schwerlöslichem Silbercarbonat zu verhindern.

Kapitel 2

a) Das chemische Gleichgewicht

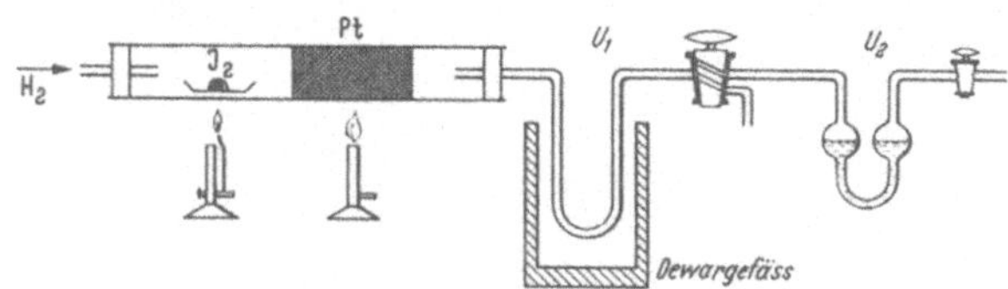

Abb.7 Darstellung von Iodwasserstoff aus den Elementen

Nicht alle chemischen Reaktionen verlaufen so quantitativ wie die Fällung des Bariumsulfats. Zum näheren Verständnis der bei unvollständigen Reaktionsabläufen geltenden Gesetze soll die in der homogenen Gasphase verlaufende Bildung von Iodwasserstoff, HI, aus den Elementen Iod (I_2) und Wasserstoff (H_2) betrachtet werden. Das in Abb.7 skizzierte Experiment wird in der Einführungsvorlesung demonstriert.

Nachdem die in der Apparatur befindliche Luft vollständig von durchströmendem Wasserstoff verdrängt ist (Knallgasprobe), wird mit der Sparflamme wenig Iod zum Verdampfen gebracht. Darauf wird der Platinnetz-Kontakt mit dem Bunsenbrenner auf etwa 300°C erwärmt. Es bildet sich Iodwasserstoff-Gas nach

$$H_2 + I_2 \longrightarrow 2\,HI\ ,$$

das zunächst in dem zweiten U-Rohr mit Wasser aufgefangen und darauf in U_1 mit Hilfe flüssiger Luft ausgefroren wird. Sobald alles Iod verdampft ist, wird der Wasserstoffstrom abgestellt und die Apparatur am rechten Ende verschlossen. Der Platin-Kontakt wird weiter auf 300°C erhitzt. Beim langsamen Entfernen des Kältebades unter U_1 verdampft Iodwasserstoff, der nun in umgekehrter Richtung durch die Apparatur strömt. Dabei zerfällt er am Platin-Kontakt teilweise wieder in die Elemente nach

$$2\,HI \longrightarrow H_2 + I_2$$

Das Iod ist deutlich an der violetten Färbung des Gasraumes hinter dem Kontakt zu erkennen. Wasserstoff läßt sich durch seine Verbrennung zu Wasser nachweisen.

Wie dieser Versuch zeigt, reagieren Wasserstoff und Iod unter den gewählten Bedingungen zu Iodwasserstoff, gleichzeitig zerfällt aber Iodwasserstoff teilweise unter den gleichen Bedingungen auch wieder in die Elemente. Hin- und Rückreaktion laufen also gleichzeitig nebeneinander ab, so daß man beide Reaktionen in einer Gleichung zusammenfassen kann:

$$H_2 + I_2 \rightleftharpoons 2\,HI$$

Aus dem Experiment folgt weiter, daß ein äquimolares Gemisch aus Iod und Wasserstoff bei der gewählten Temperatur nicht quantitativ in Iodwasserstoff überführt werden kann, da gleichzeitig ein Teil des Iodwasserstoffs wieder zerfällt. Die Umsetzung führt nur zu einem chemischen Gleichgewicht, bei dem bei einer bestimmten Temperatur alle drei Stoffe H_2, I_2, HI in einem bestimmten Verhältnis nebeneinander vorliegen. Die Lage des Gleichgewichts hängt von der Temperatur ab, nicht aber vom Katalysator, in diesem Fall das Platin. Katalysatoren beschleunigen nur die Einstellung des Gleichgewichts, ohne dabei die Gleichgewichtslage zu ändern.

b) Das Massenwirkungsgesetz

Über die quantitativen Zusammenhänge bei chemischen Gleichgewichtsreaktionen gibt das Massenwirkungsgesetz Auskunft. Es läßt sich mit Hilfe der Reaktionsgeschwindigkeiten ableiten. Die Geschwindigkeit der Hinreaktion (HI-Bildung) wird mit v_1 bezeichnet, die der Rückreaktion (HI-Zerfall) mit v_2.
In den beiden gleichgroßen Reaktionsräumen A und B fliegen die Iod- und Wasserstoffmoleküle regellos umher. Damit beide Stoffe zu Iodwasserstoff reagieren können, muß zunächst eine Wechselwirkung zwischen ihnen eintreten, d.h. es muß ein Iodmolekül mit einem Wasserstoffmolekül zusammenstoßen. Die Reaktionsgeschwindigkeit wird also von der Zahl der Zusammenstöße in der Zeiteinheit abhängen und dieser Zahl direkt proportional sein. Ein

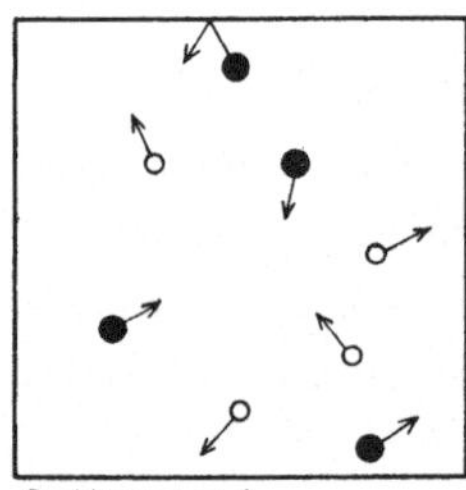

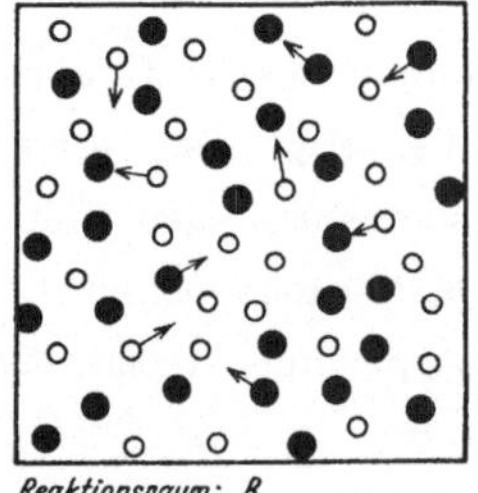

Abb.8 Homogene Reaktionsräume mit verschiedenen Konzentrationen; ○ = H_2-Molekül, • = I_2-Molekül

Vergleich zwischen den Reaktionsräumen A und B zeigt anschaulich, daß die Zusammenstöße in A viel seltener sein werden als in B mit seiner wesentlich höheren Konzentration an Iod und Wasserstoff. Mathematisch läßt sich diese Abhängigkeit der Reaktionsgeschwindigkeiten von der Konzentration durch die Gleichung

$$v_1 = k_1 \cdot c_{H_2} \cdot c_{I_2}$$

ausdrücken. Da nicht jeder Zusammenstoß zwischen einem Iod- und einem Wasserstoff-Molekül erfolgreich verläuft, muß das Produkt der Konzentrationen noch mit einem Proportionalitätsfaktor k multipliziert werden, k gibt gewissermaßen die Stoßausbeute bei der Iodwasserstoffbildung für eine bestimmte Temperatur an. Üblicherweise wird die molare Konzentration in der Chemie durch eckige Klammern ausgedrückt. $[I_2]$ bedeutet danach Anzahl der Mole I_2 in einem Liter. Setzt man diese Symbole in die obige Gleichung ein, so ergibt sich:

$$v_1 = k_1 \cdot [H_2] \cdot [I_2]$$

Für die Rückreaktion lassen sich die gleichen Überlegungen anstellen. Hierbei muß jedoch beachtet werden, daß sich an dem Zusammenstoß zwei HI-Moleküle beteiligen, so daß die Zahl der Zusammenstöße dem Produkt der Konzentration an Iodwasserstoff mit sich selbst direkt proportional ist. Für die Geschwindigkeit v_2 der Rückreaktion folgt hieraus

$$v_2 = k_2 \cdot [HI]^2$$

Beim Start der Reaktion sollen zunächst nur Iod- und Wasserstoffmoleküle nebeneinander vorliegen. Die Geschwindigkeit der Hinreaktion wird daher zunächst recht groß sein. In dem Maß jedoch, wie Iodwasserstoff entsteht, werden H_2 und I_2 verbraucht. Ihre Konzentrationen sinken, wodurch die Geschwindigkeit der Hinreaktion zunehmend kleiner wird. Umgekehrt liegen zu Beginn der Reaktion keine Iodwasserstoff-Moleküle vor; v_2 ist daher zunächst 0. Mit der stetig fortschreitenden Bildung des Iodwasserstoffs wächst aber auch die Zerfallsgeschwindigkeit v_2.

Die Geschwindigkeiten der Hin- und der Rückreaktion laufen also gegeneinander. Es wird dabei schließlich ein Punkt erreicht, an dem beide gleich sind: $v_1 = v_2$. Dieser Zustand ist dadurch gekennzeichnet, daß in der Zeiteinheit ebensoviele Moleküle Iodwasserstoff gebildet werden, wie andere wieder zu Wasserstoff und Iod zerfallen. In diesem Augenblick hat sich das Gleichgewicht eingestellt. Für den äußeren Beobachter ändert sich von nun an nichts mehr an der prozentualen Zusammensetzung des Systems. Da es keineswegs stets die gleichen, einzelnen Moleküle sind, welche nebeneinander im Gleichgewicht vorliegen, spricht man auch von einem dynamischen Gleichgewicht.

Für den Gleichgewichtszustand gilt $v_1 = v_2$. Durch Einsetzen der vorstehend abgeleiteten Ausdrücke für die Reaktionsgeschwindigkeiten erhält man:

$$k_1 \cdot [H_2] \cdot [I_2] = k_2 \cdot [HI]^2$$

und:

$$\frac{k_1}{k_2} = K = \frac{[HI]^2}{[H_2] \cdot [I_2]}$$

K wird als Gleichgewichtskonstante bezeichnet. Diese von GULDBERG und WAAGE abgeleitete Beziehung ist das Massenwirkungsgesetz. Es besagt, daß bei chemischen Gleichgewichtsreaktionen das Produkt der Konzentrationen der Reaktionsprodukte auf der einen Seite dividiert durch das Produkt der Konzentrationen der Reaktionsedukte auf der anderen Seite bei einer bestimmten Temperatur stets konstant ist. Nimmt ein Stoff mit mehreren Molekülen an der Umsetzung teil, wie im vorangegangenen Beispiel der Iodwasserstoff, so

wird der stöchiometrische Faktor, mit dem dieser Stoff an der Umsetzung beteiligt ist, in der Schreibweise des Massenwirkungsgesetzes in die Potenz erhoben.
Die Gleichgewichtslage einer bestimmten Reaktion hängt, wie aus dem Massenwirkungsgesetz hervorgeht, zunächst einmal von der Konzentration der beteiligten Stoffe ab und kann durch Änderung dieser Variablen in die eine oder die andere Richtung verschoben werden. Hinzu kommt die Abhängigkeit der Gleichgewichtslage von Druck und Temperatur (p-, T-Abhängigkeit). Diese vielschichtigen, schwer durchschaubaren Zusammenhänge scheinen den praktischen Wert des Massenwirkungsgesetzes auf den ersten Blick stark einzuschränken, zumal das Massenwirkungsgesetz für eines der Hauptanliegen des Chemikers völlig unbrauchbar ist; nämlich vorherzusagen, ob und unter welchen Bedingungen ein chemischer Prozeß abläuft oder nicht. Diese Frage wird im nun folgenden Abschnitt erörtert, wobei sich außerdem zeigen soll, daß die Handhabung des Massenwirkungsgesetzes trotz der vielen Variablen durchaus nicht so kompliziert ist, wie es auf den ersten Blick scheint.

c) Energetik chemischer Reaktionen

Zur Beantwortung der am Ende des vorigen Abschnitts aufgeworfenen Frage nach der Triebkraft chemischer Reaktionen muß man sich zwei Prinzipien vergegenwärtigen, die Grundlage allen Geschehens sind. Das erste besteht in dem Bestreben eines jeden Systems nach einem möglichst energiearmen Zustand; das zweite, aus Gründen der Wahrscheinlichkeit, in dem Bestreben nach höchstmöglicher Unordnung. Ein Beispiel möge dies veranschaulichen: Auf dem Dach des chemischen Instituts befinden sich auf dem Boden einer Kiste 600 Würfel, deren Seiten jeweils von 1 bis 6 nummeriert sind. Die Würfel seien so angeordnet, daß jeweils die mit 1 bezifferte Seite nach oben weist. Dieser Zustand ist einerseits durch ein hohes Maß an potentieller Energie charakterisiert, andererseits durch ein hohes Maß an Ordnung. Schiebt man nun die Kiste soweit über die Dachkante hinaus, daß sie hinunterfällt, lassen sich drei Feststellung treffen: 1) Das Hinausschieben über die Dachkante ist der später noch eingehender zu besprechenden Aktivierungsenergie vergleichbar. 2) Das System (die Kiste) verliert beim Fall ihre potentielle Energie und befindet sich nach dem Sturz in einem energieärmeren Zustand. 3) Die Würfel werden während des Sturzes durcheinandergewirbelt, so daß den Wahrscheinlichkeitsgesetzen zufolge, je 100 Würfel mit einer der sechs bezifferten Seiten nach oben weisen, wobei diese 6·100 Würfel mit Sicherheit nicht gruppenweise nach Ziffern geordnet nebeneinander liegen. Es ist ein Höchstmaß an Unordnung erreicht. Ein Teil der potentiellen Energie, die das System beim Sturz verlor, ist also dazu aufgewendet worden, den geordneten in den wahrscheinlichsten (den ungeordneten) Zustand zu überführen.
Daraus läßt sich schließen, daß die beiden Ziele eines reagierenden Systems nach geringstmöglicher Energie (minimale Enthalpie) und nach höchstmöglicher Unordnung (maximaler Entropie) einander entgegengerichtet sind, da ein ungeordneter Zustand energiereicher ist als ein geordneter. Ein Vorgang wird also nur dann freiwillig ablaufen, wenn

die Energiebilanz, in die Enthalpie und Entropie eingehen, einen überschüssigen Energiebetrag aufweist, der an die Umgebung abgegeben werden kann. Eine mathematische Beziehung zwischen diesen beiden Größen ist zuerst von den beiden Wissenschaftlern GIBBS und HELMHOLTZ hergestellt worden:

$$G_A - G_E = (H_A - H_E) - T(S_A - S_E)$$

Die mit A indizierten Größen kennzeichnen Werte des Systems vor, die mit E indizierten Größen nach der Reaktion, so daß man vereinfachend schreibt:

$$\Delta G = \Delta H - T \cdot \Delta S$$

In dieser Gleichung bedeuten ΔH die Enthalpieänderung bei einem chemischen Vorgang, ΔS die Entropieänderung. Gibt ein System während der Reaktion Wärme ab (exotherme Reaktion), so ist ΔH definitionsgemäß < 0. Verbraucht es bei diesem Vorgang Energie (endotherme Reaktion), wird $\Delta H > 0$. Ebenso wird die Entropieänderung $\Delta S > 0$, wenn die Unordnung während des Vorgangs wächst. Geht das System in einen geordneten Zustand über, wird $\Delta S < 0$.

ΔG wird als Änderung der freien Enthalpie bezeichnet. Sie ist das Maß für die Triebkraft chemischer Vorgänge. Eine Reaktion läuft nur dann freiwillig ab, wenn $\Delta G < 0$ (exergonische Reaktion). Ist $\Delta G > 0$, tritt keine freiwillige Reaktion ein (endergonische Reaktion). Aus diesen Überlegungen geht hervor, daß ein endothermer Vorgang durchaus freiwillig ablaufen kann, wenn der Entropietherm $(T \cdot \Delta S)$ einen Wert annimmt, der über dem von ΔH liegt, da dann ΔG wegen des negativen Vorzeichens von $(T \cdot \Delta S)$ kleiner als 0 und der Vorgang damit exergonisch wird. Aus den gleichen Gründen kann es passieren, daß eine exotherme Reaktion nicht abläuft, wenn nämlich ΔS stark negativ ist oder ein mäßig stark negatives ΔS durch Multiplikation mit einem großen T zu einem hohen Absolutbetrag von $T \cdot \Delta S$ führt. Die Reaktion wird, da $\Delta G > 0$, endergonisch.

Die Einheiten, in denen die drei Größen der GIBBS-HELMHOLTZ-Gleichung angegeben werden, lauten:

$$\Delta G \left[\frac{kJ}{mol}\right] \quad ; \quad \Delta H \left[\frac{kJ}{mol}\right] \quad ; \quad T\,[K]; \quad \Delta S \left[\frac{kJ}{K \cdot mol}\right]$$

Die Anwendung der GIBBS-HELMHOLTZ-Gleichung sei an einem Beispiel demonstriert:

$$Zn + Cl_2 \longrightarrow ZnCl_2$$

Wie bereits in Versuch 8 festgestellt, läuft diese Reaktion unter starker Wärmeentwicklung ab. Da die Reaktion spontan einsetzt, muß $\Delta G < 0$ sein. Aus der Reaktionsgleichung ersieht man, daß aus zwei Eduktteilchen ein Produktteilchen entsteht; die Ordnung des Systems nimmt also zu ($\Delta S < 0$), zumal eines der Edukte gasförmig ist, also in dem entropiereichsten Aggregatzustand vorliegt. Wegen der Entropieverminderung muß die Reaktion stark exotherm sein, denn der negative Betrag von ΔH muß das positive Entropieglied überkompensieren, damit in der Energiebilanz tatsächlich ein negatives ΔG erscheint. Aus der GIBBS-HELMHOLTZ-Gleichung ergibt sich außerdem, daß die Vereinigung von Chlor und Zink bei hohen Temperaturen bei weitem nicht so vollständig abläuft wie bei Raumtemperatur, denn Δ S würde wegen des im Entropietherm multiplikativ enthaltenen T bei hohen Temperaturen wachsen, und damit auch ΔG. Demzufolge müßte die Reaktion bei tiefen Temperaturen besonders gut ablaufen. Das ist jedoch keineswegs der Fall. Da sich die Gleichung von GIBBS und HELMHOLTZ mathematisch einwandfrei ableiten läßt, muß es eine andere Erklärung für dieses Phänomen geben.

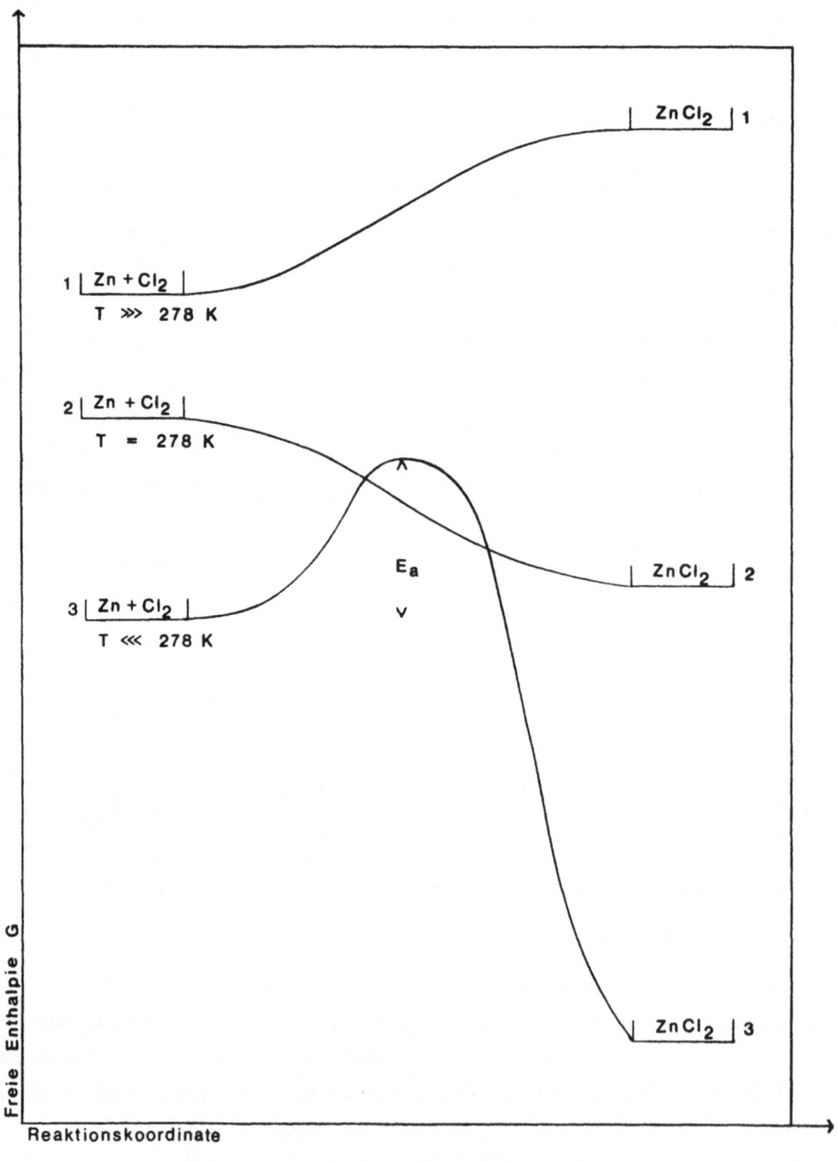

Abb. 9

Bekanntermaßen ist Wasser, H_2O, eine stark exotherme und exergonische Verbindung in Bezug auf die Ausgangsstoffe Wasser-und Sauerstoff. Trotzdem tritt bei der Durchmischung dieser beiden Gase zunächst keine Reaktion ein, da die einzelnen Moleküle bei Raumtemperatur nicht genügend Energie besitzen, um die zwischen G_A und G_E liegende Schwelle zu überwinden. Erst wenn der nötige Energiebetrag von außen zugeführt wird, so daß ein Teil zu reagieren beginnt, setzt die Reaktion ein. Die dabei frei werdende Wärme reicht aus, um wieder eine ganze Reihe von Molekülen zur Reaktion zu bringen usw., so daß der ganze Vorgang, dem hohen negativen ΔG entsprechend explosionsartig abläuft. Der zu Beginn aufzuwendende Energiebetrag heißt Aktivierungsenergie. Sie wird meist durch Wärme oder Licht zugeführt.

Aus Abb.9 geht der Zusammenhang zwischen der Größe und dem Vorzeichen der freien Enthalpie als Funktion der Temperatur einerseits und der Aktivierungsenergie andererseits hervor.

In Diagramm 1 liegt die Temperatur der Ausgangsstoffe erheblich über der Raumtemperatur. Da ΔS bei der Reaktion ein negatives Vorzeichen besitzt, wird wegen der Multiplikation dieses Wertes mit einem großen T der Entropietherm so positiv, daß er von dem für diese Reaktion negativen ΔH nicht überkompensiert werden kann: $\Delta G > 0$. Senkt man die Reaktionstemperatur auf Raumtemperatur ab (Diagramm 2), sinkt der Wert des Entropietherms ($T \cdot \Delta S$) soweit, daß er von dem in erster Näherung temperaturunabhängigen, negativen ΔH überkompensiert wird. ΔG ist nun negativ. Die Reaktion läuft spontan ab, weil die Ausgangsstoffe bei Raumtemperatur genügend "innere Energie" besitzen, um die Zufuhr von Aktivierungsenergie überflüssig zu machen. Eine weitere Erniedrigung der Reaktionstemperatur (Diagramm 3) führt, da $T \cdot \Delta S$ nun noch kleiner wird zu einer Betragserhöhung des negativen ΔG. Die freie Enthalpie der Endprodukte liegt im Vergleich zu der der Ausgangsprodukte noch günstiger als im vorigen Diagramm. Allerdings besitzen die Ausgangsstoffe nicht mehr genug Energie, um die Aktivierungsschwelle zu überwinden. Eine spontane Reaktion tritt erst dann ein, wenn dem Gemisch der Energiebetrag E_a in Form von Startenergie zugeführt worden ist.

Wie bereits bei der Reaktion zwischen Wasserstoff und Iod angedeutet, vermögen Katalysatoren die für eine Reaktion erforderliche Aktivierungsenergie drastisch zu reduzieren.

Das liegt daran, daß sie die Reaktionspartner bildlich gesprochen in eine günstige Ausgangsposition zueinander bringen. Sie gehen aus der Reaktion unverändert hervor, brauchen nur in kleinen Mengen eingesetzt zu werden und ändern nichts an Größe oder Vorzeichen der freien Enthalpie.

Da ΔH und ΔG nicht nur von der Temperatur, sondern auch von den umgesetzten Stoffmengen abhängen, bezieht man die tabellierten Werte auf eine Standardtemperatur (298K = 25°C), einen Standarddruck (1.013 bar) und auf den Umsatz von so vielen Molen, wie der betreffenden Reaktionsgleichung entspricht. Derartige Standardwerte erhalten den Index ^{o}: ΔG^o ist die freie Standardreaktionsenthalpie oder, da ihr Wert angibt, wieviel Arbeit das System unter diesen Bedingungen zu leisten vermag, die Standardreaktionsarbeit.

Da viele chemische Reaktionen unvollständig ablaufen (dynamisches Gleichgewicht), muß die Abhängigkeit der freien Enthalpie ΔG^o von den Konzentrationen der Reaktionspartner bekannt sein, um eine Anwendung der GIBBS-HELMHOLTZ-Gleichung auch auf typische Gleichgewichtsreaktionen zu ermöglichen. Außerdem ändern sich ja auch bei quantitativ ablaufenden Reaktionen die Einzelkonzentrationen im Lauf der Zeit, was mit Sicherheit nicht ohne Auswirkung auf Triebkraft der Reaktion bleiben wird. Man findet zum Beispiel für die Reaktion zwischen Iod und Wasserstoff folgende Beziehung (s. Lehrbücher der physikalischen Chemie):

$$\Delta G = \Delta G^o + RT \cdot \ln \frac{[HI]^2}{[H_2]\cdot[I_2]}$$

(R = universelle Gaskonstante)
Im Gleichgewicht ist $\Delta G = 0$, woraus folgt:

$$\Delta G^o = -RT \cdot \ln \frac{[HI]^2}{[H_2]\cdot[I_2]}$$

Da der logarithmische Therm schon aus dem Massenwirkungsgesetz als Massenwirkungskonstante bekannt ist, kann man weiter vereinfachen:

$$\Delta G^o = -RT \cdot \ln K$$

oder:

$$K = \exp - \frac{\Delta G^o}{RT}$$

Damit ist ein direkter Zusammenhang zwischen der Triebkraft einer Reaktion und ihrer Gleichgewichtslage hergestellt. Je negativer ΔG^o ausfällt, umso größer wird K; das Gleichgewicht verschiebt sich zugunsten der Endprodukte. Umgekehrt nimmt der Wert des Exponentialausdrucks mit positiv werdendem ΔG^o ab, so daß der Wert von K sinkt. Die Abhängigkeit der Gleichgewichtslage von äußeren Faktoren möge ein Beispiel erläutern:
Für die Bildung von Ammoniak NH_3 aus den Elementen nach

$$3\,H_2 + N_2 \longrightarrow 2\,NH_3$$

lautet das Massenwirkungsgesetz:

$$K = \frac{[NH_3]^2}{[H_2]^3 \cdot [N_2]}$$

Mit der thermodynamischen Formulierung der Gleichgewichtskonstanten $K = \exp - \frac{G^o}{RT}$ und mit $\Delta G^o = \Delta H^o - T \cdot \Delta S^o$ kann das Massenwirkungsgesetz in folgender Form geschrieben werden:

$$K = \exp \frac{1}{R} \quad (\Delta S^o - \frac{1}{T} \Delta H^o)$$

Wegen des negativen ΔH^o dieser exothermen Reaktion sollte nach obiger Gleichung eine Temperaturerniedrigung die Produktbildung begünstigen. Ebenso sollte wegen der negativen Entropieänderung (aus vier Eduktmolekülen werden zwei Produktmoleküle; die Ordnung nimmt also zu) eine Druckerhöhung im gleichen Sinne wirken. Eine dritte Möglichkeit der Ausbeutesteigerung liegt in der Erhöhung des Partialdrucks einer der beiden Ausgangsstoffe. Dieses Prinzip, daß ein Reaktionssystem von außen wirkenden Zwängen ausweicht, ist zuerst von LE CHATELIER beschrieben worden.

Allerdings besitzen die Reaktionspartner auch in diesem Fall bei Raumtemperatur nicht die nötige Eigenenergie, um die Aktivierungsschwelle zu überwinden. Die dazu nötige Temperaturerhöhung (mit Katalysatoren bei ca. 450°C) wirkt sich in der Technik nachteilhaft auf die Ausbeute aus.

<u>Aufgabe 8</u>

Schwefeltrioxid wird in der Technik aus Schwefeldioxid und Sauerstoff nach

$$2\ SO_2 + O_2 \longrightarrow 2\ SO_3$$

gewonnen. Schreibe die Gleichgewichtsreaktion in Form des Massenwirkungsgesetzes und überlege, wie unter Anwendung des Massenwirkungsgesetzes eine gegebene Menge des relativ teuren Schwefeldioxids weitgehend in das exotherme SO_3 überführt werden kann!

<u>Aufgabe 9</u>

Ethylalkohol und Essigsäure reagieren miteinander unter Wasserabspaltung und Bildung eines Esters nach

$$C_2H_5OH + CH_3COOH \longrightarrow CH_3COOC_2H_5 + H_2O$$

Geht man von je einem Mol Alkohol und Essigsäure aus, ist das Gleichgewicht erreicht, wenn 2/3 Mol Wasser gebildet sind. Berechne, wieviel Gramm Alkohol, Essigsäure, Ester und Wasser im Gleichgewicht vorliegen, wenn man von 10 g Alkohol und 15 g Essigsäure ausgeht!

d) Kinetik chemischer Reaktionen

Während die Thermodynamik (s. vorigen Abschnitt) lediglich die Frage beantwortet, ob Ausgangs- oder Endprodukte einer chemischen Reaktion im Gleichgewicht überwiegen und welche Maßnahmen sich treffen lassen, um die Gleichgewichtslage in einem für den Chemiker günstigen Sinn zu verschieben, ist es Anliegen der Kinetik, den Weg zu verfolgen, auf dem sich das Gleichgewicht einstellt. Die wichtigste Größe der Kinetik chemischer Reaktionen ist daher die Reaktionsgeschwindigkeit. Sie ist als Stoffumsatz je Zeiteinheit definiert:

$$v = \frac{c}{t}$$

Voraussetzung für eine Reaktion zwischen zwei Molekülen ist ein Zusammenstoß der beiden. Es tritt jedoch nur bei den Molekülen eine Reaktion ein, deren Energieinhalt die durchschnittliche Energie sämtlicher Moleküle um die Aktivierungsenergie übersteigt. Ist auf der Reaktionskoordinate der Punkt höchster Energie erreicht, befinden sich die Reaktionspartner im Übergangszustand, von dem aus ein Zerfall in die Ausgangsprodukte ebenso möglich ist, wie Reaktion zu den Endprodukten. Da die Reaktionsgeschwindigkeit den Konzentrationen der Reaktionspartner direkt proportional ist, muß der Einfluß der Aktivierungsenergie in der Proportionalitätskonstanten k zu suchen sein. Tatsächlich findet man für diese auch als Geschwindigkeitskonstante bezeichnete Größe folgende Abhängigkeit:

$$k = Z \cdot \exp - \frac{E_a}{RT}$$

(Z = Anzahl der Stöße pro Zeiteinheit; E_a = Aktivierungsenergie; die energetischen Verhältnisse sind in Abb.9 dargestellt).

Diese Korrelation zwischen Aktivierungsenergie und Reaktionsgeschwindigkeit ist unter dem Namen BOLTZMANN-Verteilung bekannt. Aus der Gleichung geht hervor, daß die Reaktionsgeschwindigkeit der Temperatur proportional und der Aktivierungsenergie umgekehrt proportional ist. Eine Temperaturerhöhung führt zu einer größeren Geschwindigkeit aller Teilchen in einem System und dementsprechend zu einem höheren Energieinhalt. Dadurch wird die Zahl der aktivierten Moleküle vergrößert. Als Faustregel kann man sich merken, daß eine Temperaturerhöhung um $10^{o}C$ eine Erhöhung der Reaktionsgeschwindigkeit um etwa das Doppelte zur Folge hat. An dieser Stelle sei darauf hingewiesen, daß eine Temperaturerhöhung nach den im vorigen Abschnitt erörterten energetischen Gesichtspunkten auch eine Änderung der Gleichgewichtslage nach sich ziehen kann. Denn da die Temperaturerhöhung nicht nur die Geschwindigkeit der Hin- sondern auch der Rückreaktion beschleunigt, kann es je nach energetischen Gegebenheiten des reagierenden Systems passieren, daß im Endeffekt wieder die Ausgangsprodukte vorliegen.

Man unterscheidet in der Kinetik Geschwindigkeitsgesetze verschiedener Ordnungen, je nachdem von wievielen Konzentrationen verschiedener, an der Reaktion beteiligter Stoffe die Umsetzung abhängt. Eine Reaktion erster Ordnung ist z.B. der Zerfall von Ethan in Ethen und Wasserstoff, da die Geschwindigkeit der Hinreaktion der ersten Potenz der Konzentration des Ausgangsstoffes proportional ist:

$$C_2H_6 \longrightarrow H_2 + C_2H_4$$

$$v_{hin} = k \cdot [C_2H_6]$$

Die Rückreaktion ist von zweiter Ordnung oder von erster Ordnung in Bezug auf Wasserstoff und erster Ordnung in Bezug auf Ethen, da ihre Konzentrationen in der Geschwindigkeitsgleichung jeweils in der ersten Potenz auftreten:

$$v_{rück} = k \cdot [H_2] \cdot [C_2H_4]$$

Auch der Zerfall von Iodwasserstoff ist eine Reaktion zweiter Ordnung, diesmal aber zweiter Ordnung in Bezug auf Iodwasserstoff:

$$v = k \cdot [HI] \cdot [HI] = k \cdot [HI]^2$$

Die aus diesen Überlegungen resultierenden Geschwindigkeitsgesetze werden im folgenden diskutiert.

1) Reaktion 1. Ordnung: $C_2H_6 \longrightarrow C_2H_4 + H_2$

Es sei $[C_2H_6]$ zu Beginn der Reaktion (t=0) gleich a. Nach einer gewissen Zeit t belaufe sich die Konzentration der Produkte auf x, und damit die von $[C_2H_6]$ auf a-x:

$$v = \frac{dx}{dt} = k\ (a-x)$$

Separierung der Variablen und Integration führt zu

$$\ln \frac{a}{a-x} = k \cdot t \qquad \text{oder} \qquad a-x = a \cdot \exp - kt$$

Diese Gleichung zeigt, daß die Konzentration (a-x) des Ausgangsstoffes von dem Anfangswert a exponentiell auf den Endwert 0 abnimmt. Eine wichtige kinetische Kenngröße ist die Halbwertszeit τ, in der sich die Hälfte der Ausgangssubstanz umsetzt ($x = \frac{1}{2}$):

$$\tau = \frac{\ln 2}{k}$$

2) Reaktion 2. Ordnung: $2\ HI \longrightarrow I_2 + H_2$

Es gelten die gleichen Konzentrationsbegriffe wie unter 1):

$$v = \frac{dx}{dt} = k \cdot (a-x)^2$$

Separierung der Variablen und Integration führt zu

$$\frac{x}{a(a-x)} = k \cdot t$$

In diesem Fall ändert sich x nicht exponentiell mit t. Ersetzt man wieder x durch $\frac{1}{2}$, ergibt sich für die Halbwertszeit:

$$\tau = \frac{1}{a \cdot k}$$

Bei diesen Reaktionen zweiter Ordnung ist τ auch wieder umgekehrt proportional zu k, aber zusätzlich auch zu a, wodurch Reaktionen zweiter Ordnung gekennzeichnet sind.

3) Reaktion 2. Ordnung: $I_2 + H_2 \longrightarrow 2\,HI$

Es gelten wieder die Konzentrationsbegriffe wie unter 1).

Außerdem muß, da in diesem Fall zwei unterschiedliche Ausgangsstoffe in die Gleichung eingehen, mit b die Anfangskonzentration der zweiten Molekülsorte berücksichtigt werden:

$$v = \frac{dx}{dt} = k \cdot (a-x) \cdot (b-x)$$

Separierung der Variablen, Partialbruchzerlegung, Koeffizientenvergleich und Integration liefern:

$$\frac{1}{a-b} \cdot \ln \frac{b(a-x)}{a(b-x)} = k \cdot t$$

Eine sinnvolle Angabe der Halbwertszeit ist nur dann möglich, wenn a=b, da anderenfalls der Bezugspunkt fehlt, durch den die Halbwertszeit definiert ist.

Zum Abschluß sei noch darauf hingewiesen, daß der Begriff Reaktionsordnung, der lediglich auf das jeweils geltende Geschwindigkeitsgesetz anwendbar ist, nicht mit dem der Molekularität einer Reaktion verwechselt werden darf. Die Molekularität gibt nämlich an, wieviele Moleküle am Übergangszustand beteiligt sind, der zum Produkt führt. Im Gegensatz zur stets ganzzahligen Molekularität treten mitunter Reaktionen auf, deren Geschwindigkeitsgesetz einer gebrochenen Ordnung (beispielsweise $\frac{3}{2}$) entspricht. Zerfallsreaktionen sind immer monomolekular, da an ihrem Übergangszustand nur ein, nämlich das zerfallene Molekül beteiligt ist. Unter bimolekularen Reaktionen versteht man entsprechend solche, in deren Übergangszustand zwei Moleküle miteinander in Wechselwirkung stehen. Trimolekulare Reaktionen werden zwar häufig in der Literatur zitiert; es ist jedoch noch nicht ganz sicher, ob es sich bei ihnen nicht um zwei aufeinanderfolgende bimolekulare Reaktionen handelt.

Versuch 14

Bei Raumtemperatur werden 2 ml einer verdünnten $FeCl_3$-Lösung mit gleichen Volumenteilen einer verdünnten Natriumthiosulfat-Lösung vermischt. Die Lösung färbt sich vorübergehend violett, da sich ein instabiles Zwischenprodukt $FeClS_2O_3$ bildet. Notiere die Zeit bis zum Verschwinden der Färbung! Nun wird der Versuch mit den gleichen Mengen derselben Lösungen wiederholt, die aber vorher im Wasserbad auf 60 °C erwärmt wurden. Notiere wieder die Zeit bis zum Verschwinden der Färbung und interpretiere das Ergebnis!

Versuch 15

Die Reaktionsgeschwindigkeit läßt sich ebenfalls durch Katalysatoren erhöhen. Wiederhole den ersten Teil des Versuches 14, nachdem der $FeCl_3$-Lösung ein Tropfen einer verdünnten Kupfersulfat-Lösung hinzugefügt wurde. Deute das Ergebnis unter Berücksichtigung der Tatsache, daß ein Katalysator an der Lage des Gleichgewichts nichts ändert, da er sowohl Hin- als auch Rückreaktion beschleunigt.

Versuch 16

Biokatalysatoren sind Enzyme oder Fermente. Sie spielen eine wichtige Rolle bei vielen biologischen Reaktionen. Im Blut und in der Hefe ist das Ferment Katalase enthalten. Es beschleunigt den Zerfall von Wasserstoffperoxid H_2O_2. Zu 1-2 ml einer verdünnten H_2O_2-Lösung wird etwas Hefeaufschlämmung gegeben. Die unter Aufschäumen verlaufende Sauerstoffentwicklung läßt sich mit einem glimmenden Holzspan nachweisen.

$$2\ H_2O_2 \longrightarrow 2\ H_2O + O_2$$

Versuch 17
Katalysatoren können durch Fremdstoffe leicht vergiftet werden. Der vorstehende Versuch wird wiederholt, nachdem der Lösung einige Tropfen einer Kaliumcyanid-Lösung zugefügt wurden. Was kann man beobachten? (Vorsicht! Kaliumcyanid ist äußerst giftig!)

e) Die elektrolytische Dissoziation als Gleichgewichtsreaktion

Die elektrolytische Dissoziation ist eine typische Gleichgewichtsreaktion, bei der sich - wie bei allen Ionenreaktionen - das Gleichgewicht zwischen den Ionen und den undissoziierten Molekülen momentan einstellt. Starke Elektrolyte sind praktisch vollständig dissoziiert. Auf sie läßt sich wegen des Fehlens eines meßbaren Gleichgewichts das Massenwirkungsgesetz nicht anwenden. Auf Lösungen schwacher Elektrolyte dagegen ist es anwendbar. Die Berechnung der als Dissoziationskonstante bezeichneten Gleichgewichtskonstante erfolgt mit Hilfe des Dissoziationsgrades α, der sich aufgrund des elektrischen Leitvermögens experimentell ermitteln läßt. Unter dem Dissoziationsgrad versteht man das Verhältnis der Zahl der dissoziierten Moleküle zur Gesamtzahl der Moleküle, also der dissoziierten und undissoziierten:

$$\alpha = \frac{\text{Zahl der dissoziierten Moleküle}}{\text{Gesamtzahl der Moleküle}}$$

Für einen Elektrolyten AB, der nach dem Schema

$$AB \longrightarrow A^{\oplus} + B^{\ominus}$$

in zwei Ionen dissoziiert, gilt nach dem Massenwirkungsgesetz folgende Gleichung:

$$K = \frac{[A^{\oplus}]\,[B^{\ominus}]}{[AB]}$$

Beträgt die Gesamtkonzentration des Elektrolyten AB c Mol/Liter, und ist der Dissoziationsgrad α, so wird

$$[A^{\oplus}] = [B^{\ominus}] = c \cdot \alpha$$

und die Konzentration der undissoziierten Moleküle

$$[AB] = c - c\alpha = c \cdot (1-\alpha)$$

Durch Einsetzen dieser Werte in die Formel des Massenwirkungsgesetzes erhält man

$$K = \frac{c \cdot \alpha^2}{1-\alpha}$$

oder, wenn man anstelle der molaren Konzentration c das Volumen V in Litern angibt, in welchem ein Mol des Elektrolyten gelöst ist, also $c = \frac{1}{V}$

$$K = \frac{\alpha^2}{V(1-\alpha)}$$

Diese Beziehung wird auch das OSTWALDsche Verdünnungsgesetz genannt. Es besagt, daß die Dissoziation mit der Verdünnung zunimmt.

Versuch 18
Zu 3 ml Wasser, das mit einem Tropfen Salzsäure versetzt wurde, werden zwei Tropfen Eisen(III)chlorid-Lösung und zwei Tropfen Ammoniumrhodanid-Lösung gegeben. Es bildet sich nach

$$Fe^{3\oplus} + 3\ SCN^{\ominus} \rightleftharpoons Fe(SCN)_3$$

tiefrot gefärbtes Eisenrhodanid. Nun wird in einem Becherglas zu der Lösung so lange destilliertes Wasser gefüllt, bis die Rotfärbung verschwindet und die Lösung nur noch gelb erscheint. Hebe die Lösung für die nachstehenden Versuche auf!

Versuch 19
a) Zu 3 ml der vorstehenden Lösung werden einige ml einer konzentrierten $FeCl_3$-Lösung gefügt. Erkläre die auftretende Farbänderung mit dem Massenwirkungsgesetz!
b) Zu weiteren 3 ml der sehr verdünnten Eisenrhodanid-Lösung werden einige ml konzentrierter Ammoniumrhodanid-Lösung gefügt. Erkläre auch hier die auftretende Farbänderung mit dem Massenwirkungsgesetz!

Versuch 20
2 ml einer Natriumchromat-Lösung werden mit einem ml verdünnter Schwefelsäure versetzt. Die Farbe der Lösung ändert sich von gelb nach orange, da nach

$$2\ CrO_4^{2\ominus} + 2\ H^{\oplus} \rightleftharpoons Cr_2O_7^{2\ominus} + H_2O$$

das orange Dichromat-Ion entsteht. Füge verdünnte Natronlauge zu, bis die Lösung wieder gelb erscheint! Bei erneutem Säurezusatz wird wieder Farbwechsel beobachtet. Welche Erklärung kann für diese Erscheinung gegeben werden?

f) Wasser als Lösungsmittel

Von allen Lösungsmitteln ist das Wasser das wichtigste. Es hat ein ausgeprägtes Lösungsvermögen für Stoffe aller Art und zwar sowohl für organische als auch für anorganische Verbindungen. Elektrolyte, wie Säuren, Basen, Salze sind besonders gut in Wasser löslich. Auch gasförmige Substanzen, wie das Kohlendioxid CO_2, Schwefeldioxid SO_2, Ammoniak NH_3 und Chlorwasserstoff HCl werden in beträchtlicher Menge von Wasser gelöst. Dabei werden viele Stoffe, wie z.B. die angeführten Gase, die selbst keine Elektrolyte darstellen, unter der aktiven Mitwirkung der Wassermoleküle zu echten Elektrolyten. Diese Stoffe werden daher auch als potentielle Elektrolyte bezeichnet. Aus dem Säureanhydrid Schwefeltrioxid, das den elektrischen Strom selbst nicht leitet, wird z.B. nach

$$SO_3 + H_2O \longrightarrow H_2SO_4$$

Schwefelsäure, deren wäßrige Lösung gute elektrische Leitfähigkeit besitzt. Von organischen Stoffen sind vor allem solche Verbindungen leicht löslich, die eine polare Gruppe im Molekül enthalten, wie Alkohole, Carbonsäuren, Amine usw.

Für das Wasser als Lösungsmittel ist seine Neigung, sich an andere Verbindungen oder auch Ionen anzulagern und hiermit Hydrate zu bilden, besonders kennzeichnend. Weitere wichtige Merkmale dieses Lösungsmittels sind die in ihm ablaufenden Protonenübertragungsprozesse (s. Kap. 3), die auch in reinem Wasser ablaufen. Dabei bilden sich Oxonium-Ionen H_3O^+, $H_9O_4{}^+$ und höher assoziierte sowie OH^--Ionen:

$$2\ H_2O \rightleftharpoons H_3O^{\oplus} + OH^{\ominus}$$

oder vereinfacht

$$H_2O \rightleftharpoons H^{\oplus} + OH^{\ominus}$$

Aus dem äußerst geringen elektrischen Leitvermögen von reinstem Wasser errechnet sich die Konzentration der Wasserstoff-Ionen und der Hydroxyl-Ionen bei 25°C zu je 10^{-7} mol/Liter, d.h. also, daß in einem Liter Wasser 1/100000000 mol H^+-Ionen und entsprechend viele OH^--Ionen vorhanden sind. Bedenkt man, daß in allen verdünnten wäßrigen Lösungen das Wasser gleichzeitig Lösungsmittel ist, seine Konzentration im Verhältnis zur Konzentration von H^+ und OH^- sehr groß ist und die Änderung der Konzentration des undissoziierten Wassers durch eine Verschiebung des Gleichgewichts in der einen oder anderen Richtung gegenüber der Totalkonzentration verschwindend klein ist, so kann die Konzentration des undissoziierten Wassers praktisch als konstant betrachtet werden. Das Massenwirkungsgesetz für das Dissoziationsgleichgewicht des Wassers

$$K = \frac{[H^{\oplus}][OH^{\ominus}]}{[H_2O]}$$

kann daher zu $K_w = [H^+]\cdot[OH^-]$ vereinfacht werden. Diese Formel wird auch das Ionenprodukt des Wassers genannt. Da die $[H^+]$ und $[OH^-]$ in reinem Wasser gleich 10^{-7} ist, folgt für $K_w = 10^{-14}$.

Viele der bemerkenswerten Eigenschaften des Lösungsmittels Wasser werden durch den Bau der Wasser-Moleküle verständlich. Die beiden Wasserstoff-Atome liegen mit dem Sauerstoff-Atom nicht auf einer Geraden H-O-H; die drei Atome bilden vielmehr einen Winkel von etwa 105°. Infolge dieser unsymmetrischen Anordnung fallen die Schwerpunkte der Ladungen nicht mehr zusammen (das O-Atom ist elektronegativer, die Wasserstoff-Atome sind elektropositiver);

es verbleiben kleine Restladungen an den Enden des Moleküls, die dazu führen, daß das Wasser-Molekül ein Dipol ist. Diese Dipolnatur ist die Ursache für viele charakteristische Eigenschaften des Wassers.

An dieser Stelle sollen einige Überlegungen zum Lösungsvorgang angestellt werden. Wenn man z.B. ein Stück Zucker mit Wasser übergießt, verschwindet es allmählich, es löst sich. Dabei verteilen sich die einzelnen Zuckermoleküle gleichmäßig in der Lösung. Unter energetischen Gesichtspunkten ist dabei folgendes zu berücksichtigen: 1) Die einzelnen Moleküle müssen den wohlgeordneten Gitterverband verlassen. Zu dieser Entropieerhöhung muß also Arbeit gegen die Gitterkräfte oder Gitterenergie geleistet werden. 2) Die einzelnen Moleküle brauchen Hohlräume zwischen den Lösungsmittelmolekülen. Diese müssen gegen die beim Wasser besonders starken zwischenmolekularen Kräfte unter Energieaufwand gebildet werden.

In Anbetracht dieser beiden Punkte wäre der Lösungsvorgang endergonisch, wenn dieser Energiefehlbetrag nicht durch Hydratation aufgebracht werden könnte. Darunter versteht man die unter Energieabnahme verlaufende Ausbildung von Hydrathüllen, in denen die gelösten Moleküle und die umhüllenden Wassermoleküle durch Wasserstoffbrückenbindungen zusammengehalten werden. Im Falle von anorganischen Salzen liegen in der Lösung natürlich keine Salzmoleküle, sondern Ionen vor. Auch die Ionen sind hydratisiert, wobei die Bindung zwischen Ion und Wassermolekülen durch Ion-Dipolwechselwirkung erfolgt. Allgemein bezeichnet man die Wechselwirkung zwischen gelöstem Stoff und umhüllenden Lösungsmittelmolekülen als Solvatation. Die dabei frei werdende Energie wird als Solvatationsenthalpie (Hydratationsenthalpie) bezeichnet. Ist deren Betrag höher als die gegen die Gitterkräfte aufzuwendende Energie, wird sich ein Salz solange lösen, bis kein Wasser mehr zur Ausbildung neuer Hydrathüllen vorhanden ist, d.h. bis zum Sättigungspunkt. In einer solchen gesättigten Lösung besteht ein echtes dynamisches Gleichgewicht zwischen dem Bodenkörper und den gelösten Teilchen. Da die Größen Gitterenergie und Hydratationsenthalpie in einem ähnlichen Verhältnis zueinander stehen wie Entropie und Enthalpie bei chemischen Reaktionen, lassen sich auch in diesem Fall exergonische und endergonische Lösungsvorgänge unterscheiden, wobei erstere exotherm oder endotherm verlaufen können. Daher zeigt auch die Löslichkeit aller Salze eine ausgeprägte Temperaturabhängigkeit.

Die Wechselwirkung zwischen gelösten und Lösungsmittelmolekülen hat außerdem einen niedrigeren Dampfdruck der Lösung gegenüber dem reinen Lösungsmittel zur Folge. Daraus ergibt sich eine Erhöhung des Siedepunkts, die der Zahl der gelösten Teilchen proportional ist (RAOULTsches Gesetz).

$$\Delta E_s = E_s \cdot n$$

(ΔE_s = Siedepunktserhöhung [°C]; E_s = molare Siedepunktserhöhung [°C/Mol], charakteristische, lösungsmittelabhängige Konstante; n = Molzahl des gelösten Stoffes)

Aus ähnlichen Überlegungen resultiert eine Gefrierpunktserniedrigung:

$$\Delta E_g = E_g \cdot n$$

(E_g, Eg analog definiert wie ΔE_s, E_s)

Die Werte werden auf je 1000 g Lösungsmittel bezogen. Siedepunktserhöhung und Gefrierpunktserniedrigung sind zur Molmassenbestimmung geeignet.

Versuch 21

In je 20 ml Wasser löst man je 0,1 Mol Ammoniumchlorid, Natriumchlorid und Natriumhydroxid. Man beobachtet die Temperaturveränderung mit einem Thermometer. Welche Erklärungen können gegeben werden?

Versuch 22

Im Reagenzglas werden 3-4 ml Wasser zum Sieden erhitzt und solange festes Kaliumnitrat eingetragen, bis sich nicht mehr alles löst. Die heiße Lösung wird darauf in ein sauberes Reagenzglas filtriert. Beim Erkalten kristallisiert ein Teil des Kaliumnitrats wieder aus. Ist dies nicht der Fall, so läßt sich die Übersättigung der Lösung dadurch aufheben, daß man der Lösung ein KNO_3-Kriställchen als Impfkristall zusetzt; auch durch Reiben der inneren Glaswand mit einem Glasstab kann die Übersättigung der Lösung aufgehoben werden. Der Versuch zeigt, daß Kaliumnitrat in der Wärme leichter löslich ist als in der Kälte. Prüfe in der gleichen Weise, wie sich Kochsalz verhält!

Von der größeren Löslichkeit in der Wärme macht man Gebrauch, um Substanzen durch Umkristallisieren zu reinigen.

Versuch 23

Ein kleines Erlenmeyer-Kölbchen wird zu $\frac{1}{3}$ mit Wasser gefüllt. Verschließe die Öffnung mit dem Daumen und schüttele kräftig durch. Mit diesem Wasser wird ein Reagenzglas bis zum Rand gefüllt. Auf die Öffnung des Reagenzglases drücke man nun einen einfach durchbohrten Gummistopfen, durch den ein 3 cm langes Glasröhrchen geführt ist. Dabei muß das Wasser vollständig in das Röhrchen eindringen. Verschließe nun die Öffnung des Röhrchens mit dem Finger und stelle es umgekehrt in ein zu $\frac{3}{4}$ mit Wasser gefülltes Becherglas. Beim Erwärmen des Becherglases beobachtet man die Bildung von Gasbläschen, die sich im oberen Teil des Reagenzglases ansammeln.

Gase lösen sich ebenfalls in Wasser. Ihre Löslichkeit nimmt mit steigender Temperatur ab. Überlege am Beispiel einer Selterswasserflasche, ob Druck die Löslichkeit des Kohlendioxids erhöht oder erniedrigt. Ohne die Löslichkeit von Sauerstoff in Wasser wäre Leben in den Gewässern nicht denkbar.

Versuch 24

Stelle das Gerät nach Abb.10 zusammen und klammere a an einem Stativ fest. In a werden einige Spatelspitzen Natriumhydrogensulfit und 2-3 ml verdünnte Salzsäure gefüllt, in b etwa 10 ml Wasser. Nun wird a vorsichtig erwärmt und das entweichende Schwefeldioxid 1-2 min lang in b aufgefangen. Jetzt wird unterbrochen, indem zunächst b fortgenommen und dann erst der Brenner entfernt wird. Bei umgekehrten Hantieren kann das Wasser leicht von b nach a gesaugt werden. Überprüfe mit Lackmuspapier oder Universalindikatorpapier die saure Reaktion der Lösung. SO_2 ist ein potentieller Elektrolyt, der durch Reaktion mit den Lösungsmittelmolekülen den echten Elektrolyten schweflige Säure liefert:

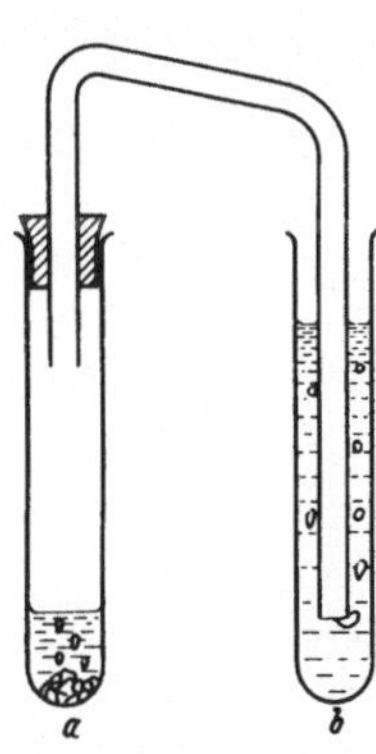

Abb.10

$$SO_2 + H_2O \longrightarrow H_2SO_3$$

Gib zur H_2SO_3-Lösung vorsichtig solange verdünnte Natronlauge, bis das Indikatorpapier neutrale Reaktion anzeigt. Auf Zusatz einer Calciumchlorid-Lösung scheidet sich schwerlösliches $CaSO_3$ ab.

$$Ca^{2\oplus} + SO_3^{2\ominus} \longrightarrow CaSO_3$$

Notiere die Reaktionsgleichung, nach der aus Natriumhydrogensulfit, $NaHSO_3$ und HCl Schwefeldioxid gebildet wird.

Versuch 25

Gebrannter Gips hat die Formel $CaSO_4 \cdot \frac{1}{2} H_2O$. Er geht durch Aufnahme von Wasser nach

$$2\ CaSO_4 \cdot \frac{1}{2} H_2O + 3\ H_2O \longrightarrow 2\ CaSO_4 \cdot 2\ H_2O$$

leicht in das Dihydrat über. Die Wasseraufnahme erfolgt unter Erwärmung; dabei wird der Gips infolge der Verfilzung seiner Kristalle sehr hart, ohne daß er seine Form stark verändert. Man macht hiervon bei der Herstellung von Gipsabgüssen sowie beim Anlegen von Gipsverbänden Gebrauch. Berechne die für das Erhärten von 5 g Gips notwendige Wassermenge und rühre mit ihr den Gips in einer Reibschale zu einem dicken Brei an. Drücke den Brei in eine leere Zündholzschachtel und streiche die Oberfläche mit einem Spatel glatt. In die glatte Masse wird eine Münze oder ein ähnlicher Gegenstand gedrückt. Prüfe mit einem Finger an einer freien Stelle die mit der Härtung einhergehende Temperaturerhöhung. Nach 2 min läßt sich die Münze anheben. Worauf ist die Erwärmung zurückzuführen?

Versuch 26

Im Reagenzglas werden 2 ml H_2O zu 2 ml Ethanol gefügt. Beide Stoffe sind vollständig miteinander mischbar. Man erhitze die Lösung. Sie beginnt noch unter 100 °C zu sieden. Der Siedepunkt des Alkohols liegt bei 78 °C; er verdampft also zuerst. Stoffe mit verschiedenen Siedepunkten lassen sich auf diese Weise - durch Destillation - voneinander trennen. Entzünde die entweichenden Alkoholdämpfe am Reagenzglasende. Die Flamme erlischt nach einiger Zeit, da die Dämpfe laufend alkoholärmer aber wasserreicher werden.

Versuch 27

Nicht alle Stoffe sind mit Wasser vollständig mischbar. Man überzeuge sich davon, indem zu 5 ml Wasser vorsichtig - am besten mit einer Meßpipette - tropfenweise Ether zugesetzt wird. Nach jedem Tropfen wird das Reagenzglas verschlossen und kräftig durchgeschüttelt. Das Verfahren wird solange fortgesetzt, bis sich der erste Tropfen des Ethers an der Wasseroberfläche abscheidet. Das Auftreten einer neuen Flüssigkeitsphase läßt sich durch Zusatz von etwas festem Iod leichter erkennen, da Ether Iod besser löst als Wasser und die etherische Phase daher dunkler ist. Ermittle die ungefähre Löslichkeit des Ethers in Wasser aus der Tropfenzahl, dem Tropfenvolumen und der Dichte des Ethers (D = 0,72)!

Kapitel 3

a) Säuren

Säuren sind nach der Definition von BROENSTED Stoffe, welche in wäßriger Lösung Wasserstoff-Ionen (=Protonen) abgeben, so daß die Zahl der hydratisierten Protonen (Oxonium-Ionen, H_3O^+) oder höher assoziierter Verbände (Hydronium-Ionen, $H_9O_4^+$) größer wird als in reinem Wasser. Eine wäßrige Chlorwasserstoff-Lösung reagiert sauer, weil die homöopolare Verbindung HCl in der Reaktion mit Wasser nach

$$HCl + H_2O \rightleftharpoons H_3O^{\oplus} + Cl^{\ominus}$$

in das Oxonium-Ion und das Chlorid-Ion dissoziiert. Das Oxonium-Ion bindet in seiner äußeren Sphäre zunächst drei weitere Wasser-Moleküle:

$$H_3O^{\oplus} + 3\,H_2O \rightleftharpoons H_9O_4^{\oplus}$$

zum Hydronium-Ion. Gewöhnlich läßt man das Lösungsmittel Wasser fort und schreibt die Dissoziation der Salzsäure vereinfacht

$$HCl \rightleftharpoons H^{\oplus} + Cl^{\ominus}$$

Für eine beliebige Säure HA lautet die Dissoziationsgleichung entsprechend

$$HA \rightleftharpoons H^{\oplus} + A^{\ominus}$$

Säuren sind also imstande, bei der Dissoziation Protonen zu liefern, sie werden daher auch Protonendonatoren genannt.
Säuren, d.h. Hydronium-Ionen, können durch verschiedene Wirkungen erkannt werden. Sie verleihen den Lösungen einen sauren Geschmack auf der Zunge. Zuverlässigere und vor allem gefahrlosere Indikatoren sind Farbstoffe, wie z.B. Lackmus, Methylrot oder Methylorange, die in saurem Medium anders gefärbt sind als in neutraler oder basischer Lösung. Charakteristisch für Säuren ist ferner ihre Reaktion mit unedlen Metallen, wie Zink, Eisen oder Aluminium. Hierbei wird Wasserstoff entwickelt, während sich das Metall auflöst. Beim Eindampfen dieser Lösungen werden die Salze der betreffenden Säuren erhalten. In ihnen ist der Wasserstoff der Säure durch Metallkationen ersetzt. Da bei der Dissoziation einer Säure Protonen und Säurerest-Ionen entstehen, leiten ihre wäßrigen Lösungen den Strom.

Der Befund, daß auch wasserstoffreie Verbindungen sauer reagieren können, also die $[H^+]$ in Wasser erhöhen, führte zu einer Erweiterung des BROENSTEDschen Säurebegriffes. Die Protonenkonzentration kann nämlich auch steigen, wenn die betreffende Verbindung

Hydroxyl-Ionen aus dem Wasser an sich bindet. Aufgrund der hohen Ladungsdichte der Hydroxyl-Ionen muß die sauer reagierende Verbindung eine Elektronenfehlstelle oder -lücke besitzen, in die sich das Hydroxyl-Ion einlagern kann. Dies ist beispielsweise bei der Borsäure und ihren Estern der Fall, da das Bor wegen seiner ungünstigen Elektronenkonfiguration in seinen Verbindungen das klassische Elektronenoktett nicht realisieren kann. Reaktion einer solchen Verbindung ($B(OH)_3$ oder $B(OR)_3$ mit OH^-) führt zum Elekronenoktett und negativer Ladung am Bor:

$$(RO)_3B + H_2O \longrightarrow (RO)_3B^{\ominus}-OH + H^{\oplus}$$

(R = H oder Alkyl)

Diese von LEWIS aufgestellte Säuredefinition bezeichnet als Säuren Stoffe, die eine Elektronenlücke besitzen und dadurch als Elektronenpaar-Acceptor fungieren. Ein weiteres Beispiel für eine LEWIS-Säure ist der potentielle Elektrolyt Schwefeltrioxid, dessen Elektronenlücke unbesetzte d-Orbitale darstellen:

$$SO_3 + H_2O \longrightarrow H^{\oplus} + HSO_4^{\ominus}$$

Im weiteren Verlauf verhält sich das so entstandene Hydrogensulfat-Ion als BROENSTED – Säure

$$HSO_4^{\ominus} \longrightarrow H^{\oplus} + SO_4^{2\ominus}$$

<u>Aufgabe 12</u>
Schreibe die Dissoziationsgleichungen für Salpetersäure, Essigsäure, Fluorwasserstoff und Bromwasserstoff!

<u>Versuch 28</u>
Baue das Gerät nach Abb.10 zusammen. Beschicke a mit einigen Spatelspitzen Kochsalz und füge 4 ml konzentrierte Schwefelsäure hinzu. Nach

$$2\ NaCl + H_2SO_4 \longrightarrow 2\ HCl + Na_2SO_4$$

entwickelt sich Chlorwasserstoffgas, das in b über Wasser aufgefangen wird; zweckmäßigerweise taucht der rechte Schenkel nicht in das Wasser ein, da sonst leicht ein Teil des Wassers nach a gesaugt wird, wobei eine sehr heftige Reaktion des Wassers mit der konzentrierten Schwefelsäure erfolgen kann. Das HCl-Gas ist gut wasserlöslich und wird in ausreichender Menge gelöst, auch wenn das Einleitungsrohr nicht eintaucht. Die Lösung wird mit Indikatorpapier auf saure Reaktion geprüft. Zum Nachweis der bei der Dissoziation entstandenen Chlorid-Ionen verfahre man wie in Versuch 12!

Das beste Darstellungsverfahren des Chlorwasserstoffs (Verdrängung einer Säure aus ihrem Salz durch eine schwerer flüchtige Säure) ist häufig anwendbar. Früher wurde so aus Chilesalpeter ($NaNO_3$) und Schwefelsäure Salpetersäure gewonnen. Formuliere die Gleichung!

Versuch 29

Im Reagenzglas werden 3-4 Stückchen granuliertes Zink mit einigen ml halbkonzentrierter Salzsäure übergossen. Es setzt lebhafte Gasentwicklung ein. Verschließe das Reagenzglas während der Gasentwicklung kurze Zeit mit dem Daumen und halte die Öffnung des Reagenzglases anschließend an die Flamme. Das Gasgemisch verpufft mit pfeifendem Knall (Knallgas).

$$2\ Zn + 4\ H^{\oplus} \longrightarrow 2\ Zn^{2\oplus} + 2\ H_2$$

$$2\ H_2 + O_2 \longrightarrow 2\ H_2O$$

Beim Eindampfen der Lösung unter dem Abzug bleibt Zinkchlorid zurück.

Versuch 30

Wiederhole das vorstehende Experiment, verwende aber anstelle von Zink und halbkonzentrierter Salzsäure Eisenspäne und verdünnte Salzsäure. Formuliere die Gleichung! Zum Nachweis des in Lösung gegangenen Eisen(II)-Ions gieße man etwas von der Lösung in ein anderes Reagenzglas. Beim Zufügen von Kaliumhexacyanoferrat(III), $K_3Fe(CN)_6$, auch rotes Blutlaugensalz genannt, bildet sich ein tiefblauer Niederschlag (Berliner Blau):

$$Fe^{2\oplus} + K^{\oplus} + Fe(CN)_6^{3\ominus} \longrightarrow K[Fe(II)Fe(III)(CN)]_6$$

Durch diesen Versuch ist das Eisen nachgewiesen.

Versuch 31

Man löse etwas wasserfreies Aluminiumchlorid in einigen ml Wasser (Vorsicht, sehr heftige Reaktion!). In die Lösung gibt man ein kleines Stück Magnesium. Wie lassen sich die Beobachtungen erklären?

Mehrwertige Säuren: Enthält eine Verbindung mehrere als Protonen abspaltbare Wasserstoff-Atome in ihrem Molekül, so wird die Säure je nach der Anzahl saurer Wasserstoff-Atome als mehrwertige Säure bezeichnet. H_2SO_4 ist eine zweiwertige Säure, Phosphorsäure, H_3PO_4, eine dreiwertige, da alle drei Wasserstoff-Atome abdissoziieren. Dagegen ist die unterphosphorige Säure H_3PO_2 eine einwertige Säure, weil hier nur Dissoziation nach

$$H_2P(=\overline{O})\overline{O}H \longrightarrow H_2P(=\overline{O})\overline{O}|^{\ominus} + H^{\oplus}$$

erfolgt. In dieser Verbindung ist nur das am Sauerstoff befindliche Wasserstoff-Atom wirklich sauer. Charakteristisch für die mehrwertigen Säuren ist ihre stufenweise Dissoziation. Schwefelsäure gibt nicht beide Protonen gleichzeitig ab, sondern nacheinander. Dabei erfolgt die Abdissoziation des ersten Protons stets viel leichter als die der nachfolgenden. Nachdem sich ein Proton abgelöst hat, hinterbleibt ein negativ geladenes Ion, von dem sich weitere Protonen aufgrund der elektrostatischen Anziehung nur erheblich schwerer entfernen können. Die Dissoziationsgleichungen für H_2SO_4 und H_3PO_4 lauten daher:

$$H_2SO_4 \rightleftharpoons H^{\oplus} + HSO_4^{\ominus} \quad \text{1. Dissoziationsstufe}$$

$$HSO_4^{\ominus} \rightleftharpoons H^{\oplus} + SO_4^{2\ominus} \quad \text{2. Dissoziationsstufe}$$

$$H_3PO_4 \rightleftharpoons H^{\oplus} + H_2PO_4^{\ominus}$$ 1. Dissoziationsstufe

$$H_2PO_4^{\ominus} \rightleftharpoons H^{\oplus} + HPO_4^{2\ominus}$$ 2. Dissoziationsstufe

$$HPO_4^{2\ominus} \rightleftharpoons H^{\oplus} + PO_4^{3\ominus}$$ 3. Dissoziationsstufe

Versuch 32

Berechne, wieviel festes NaOH benötigt wird, um nach der Gleichung

$$H_2SO_4 + NaOH \longrightarrow NaHSO_4 + H_2O$$

50 ml 10%ige Schwefelsäure quantitativ in Natriumhydrogensulfat zu überführen. Wäge diese Menge ab, löse sie in 20 ml Wasser und gib beide Lösungen zusammen. Darauf wird die vereinigte Lösung in einer Porzellanschale unter häufigem Umrühren mit dem Glasstab bis fast zur Trockene eingedampft. Wenige der abgeschiedenen Kristalle trockne man zwischen Filterpapier, überspüle sie zur Reinigung mit wenigen Tropfen Ethylalkohol, und darauf mit wenigen Tropfen Ether. Die reinen Kristalle löse man erneut in Wasser und prüfe die Reaktion gegen Methylorange. Stelle das Dissoziationsschema für das Salz auf!

Säurestärke: Die Stärke einer Säure ist nicht von der Anzahl der sauren Wasserstoff-Atome im undissoziierten Molekül der Säure abhängig. H_3PO_4 ist z.B. eine schwächere Säure als HCl. Sie wird vielmehr durch die Zahl der tatsächlich in einer Lösung vorhandenen Oxonium-Ionen bestimmt. Dies ergibt sich allein aus der Lage des Dissoziationsgleichgewichts. Die unterschiedliche Stärke der Säuren läßt sich durch verschieden lange Gleichgewichtspfeile zum Ausdruck bringen. Bei den starken Mineralsäuren, wie z.B. Perchlorsäure und Salzsäure, liegt praktisch vollständige Dissoziation vor:

$$HClO_4 \rightleftharpoons H^{\oplus} + ClO_4^{\ominus}$$

$$HCl \rightleftharpoons H^{\oplus} + Cl^{\ominus}$$

Entsprechend ist die Dissoziationsgleichung der Phosphorsäure wie folgt zu schreiben:

$$H_3PO_4 \rightleftharpoons H^{\oplus} + H_2PO_4^{\ominus}$$

$$H_2PO_4^{\ominus} \rightleftharpoons H^{\oplus} + HPO_4^{2\ominus}$$

$$HPO_4^{2\ominus} \rightleftharpoons H^{\oplus} + PO_4^{3\ominus}$$

Bei mehrwertigen Säuren läßt sich das Massenwirkungsgesetz auf jede Dissoziationsstufe anwenden:

$$k_1 = \frac{[H^{\oplus}]\cdot[HSO_4^{\ominus}]}{[H_2SO_4]} \qquad k_2 = \frac{[H^{\oplus}]\cdot[SO_4^{2\ominus}]}{[HSO_4^{\ominus}]} \qquad k_1\cdot k_2 = K$$

Die einzelnen Dissoziationskonstanten unterscheiden sich oft um mehrere Zehnerpotenzen.

Aufgabe 13

Iodwasserstoff ist eine starke Säure, schweflige Säure eine mittelstarke und Kohlensäure eine sehr schwache Säure. Schreibe die Dissoziationsgleichungen und bringe die Stärke der Säure durch verschieden lange Gleichgewichtspfeile zum Ausdruck.

Aufgabe 14
Wie lautet das Massenwirkungsgesetz für die erste Dissoziationsstufe der Borsäure H_3BO_3?

Aufgabe 15
Wodurch kann in einer Phosphorsäure-Lösung die Konzentration der Phosphat-Ionen stark erhöht werden?

Versuch 33
Vier gleich lange (2-3 cm) Stücke sauberen Magnesiumbands werden auf vier trockene Reagenzgläser verteilt. Nun werden der Reihe nach jeweils 10 ml von den folgenden 1-N Säuren HCl, H_2SO_4, CH_3COOH und H_3PO_4 in einem Guß in die Reagenzgläser gebracht. Dabei wird die Zeit notiert, in denen in den verschiedenen Proben vollständige Auflösung des Magnesiums beobachtet wird. Vergleiche die Zeitdauer der Auflösung und gib hiernach die unterschiedliche Stärke der Säuren an! N bedeutet Normallösung. Eine Normallösung enthält im Liter ein Grammäquivalent gelöst. Bei HCl und CH_3COOH ist das Äquivalentgewicht gleich dem Molgewicht, bei der Schwefelsäure als zweiwertiger Säure gleich dem halben Molgewicht, bei der Phosphorsäure einem Drittel des Molgewichts (s. hierzu auch quantitativer Teil). Formuliere die Bruttogleichung aller Umsetzungen!

b) Basen

Im Lösungsmittelsystem Wasser versteht man unter einer Base eine Verbindung, welche die Hydroxylionen-Konzentration des Wassers erhöht. In Analogie zur BROENSTEDsche Säuredefinition ist es im einfachsten Fall ein Stoff, der OH^--Ionen abdissoziiert, wie Natriumhydroxid:

$$NaOH \rightleftharpoons Na^{\oplus} + OH^{\ominus}$$

Basische Reaktion kann aber auch in Analogie zur LEWIS-Definition dadurch eintreten, daß eine Verbindung Protonen von den Wasser-Molekülen aufnimmt, wodurch Hydroxyl-Ionen frei werden. Dies setzt allerdings voraus, daß das Molekül über ein freies Elektronenpaar verfügt, welches das Proton zu binden vermag. Ein Beispiel hierfür ist das Ammoniak:

$$|NH_3 + H_2O \rightleftharpoons NH_4^{\oplus} + OH^{\ominus}$$

Da eine Säure nach BROENSTED als Protonendonator definiert ist, läßt sich umgekehrt unter Beachtung obiger Gleichung auch sagen: Eine Base ist ein Protonenacceptor. Durch diese Definition sind "korrespondierende Säure-Base-Paare" aufgrund der Gleichung

$$\text{Säure} \rightleftharpoons \text{Base} + \text{Proton}$$

miteinander verbunden. Das Ammonium-Ion ist demnach eine Säure, d.h. ein Protonendonator; das NH_3 dagegen ist die korrespondierende Base oder der Protonenacceptor.

$$NH_4^{\oplus} \rightleftharpoons |NH_3 + H^{\oplus}$$

Daraus ergibt sich, daß Säure- und Basereaktionen unauflösbar miteinander verknüpft sind. Man kann diesen Reaktionstyp als Konkurrenzreaktionen um Protonen bezeichnen. Trägt man eine Säure in Wasser ein, so konkurrieren Wasser-Moleküle und Säure-Anionen um die Protonen, bis sich das Gleichgewicht eingestellt hat. Das Wasser tritt, wie das Säure-

Anion als Base auf. Umgekehrt versucht die Base dem Wasser Protonen zu entreißen; das Wasser übt hier die Funktion einer Säure aus.

Ebenso wie bei den Säuren unterscheidet man zwischen ein- und mehrwertigen Basen; letztere vermögen mehr als ein OH^--Ion abzudissoziieren bzw. mehr als ein H^+ zu binden. Es sind vor allem die Hydroxylverbindungen mehrwertiger Metalle, wie $Mg(OH)_2$, $Ba(OH)_2$, $Al(OH)_3$ u.a. Die Dissoziation erfolgt ebenfalls stufenweise. Hieraus ergibt sich, daß es nicht nur saure sondern in entsprechender Weise auch basische Salze gibt.

Die Basenstärke hängt ebenfalls von der Lage des Dissoziationsgleichgewichts ab. Die Hydroxide der Alkalimetalle sind die stärksten Basen, sie sind praktisch vollständig dissoziiert. Mittelstarke Basen sind die Erdalkalihydroxide, während die Hydroxide der in der dritten Hauptgruppe stehenden Erdmetalle nur noch sehr schwache Basen sind. Bei vielen Basen geht die Löslichkeit parallel mit der Basenstärke, so sind $Al(OH)_3$ und $Fe(OH)_3$ praktisch unlöslich.

Die verschiedene Basenstärke der Metallhydroxide kann letzten Endes aus der Natur der chemischen Bindung gedeutet werden. Starke Basen sind im festen Zustand überwiegend heteropolare Verbindungen, in denen die positiv geladenen Metall-Ionen und die Hydroxyl-Ionen durch COULOMBsche Kräfte zusammengehalten werden. Je kleiner die Ladung und je größer der Ionenradius des Matall-Kations, umso geringer ist die Bindekraft und umso leichter dissoziiert das Hydroxid. Daher ist Cäsiumhydroxid eine viel basischere Verbindung als Lithiumhydroxid. Beim Aluminium-Ion beträgt die Ladung +3, gleichzeitig ist der Ionenradius infolge der stärkeren Kontraktion der Elektronenhülle durch die größere Ladung erheblich kleiner als beim Natrium-Ion. Nach dem COULOMBschen Gesetz ist die Kraft, mit der das OH^--Ion gebunden wird, daher sehr viel größer. Diese starke Anziehung bewirkt beim $Al(OH)_3$ eine Deformation der Elektronenhülle des Sauerstoffs, durch die der positive Kern des Sauerstoff-Atoms nach außen verlagert wird. Darin liegt die Ursache für das amphotere Verhalten des Aluminiumhydroxids, das je nach Milieu als Säure oder Base reagieren kann. Die Al^{3+}-Ionen sind aufgrund ihrer hohen Ladungsdichte stark hydratisiert:

als Säure $Al(OH)_3 + OH^{\ominus} \longrightarrow [Al(OH)_4]^{\ominus}$

als Base $Al(OH)_3 + H^{\oplus} + 3\ H_2O \longrightarrow [Al(OH)_2(H_2O)_4]^{\oplus}$

$$[Al(OH)_2(H_2O)_4]^{\oplus} + H^{\oplus} \rightleftharpoons [Al(OH)(H_2O)_5]^{2\oplus}$$

$$[Al(OH)(H_2O)_5]^{2\oplus} + H^{\oplus} \rightleftharpoons [Al(H_2O)_6]^{3\oplus}$$

Da das $[Al(H_2O)_6]^{3+}$ aufgrund obiger Gleichgewichtslage eine starke Neigung zur Protonenabgabe besitzt, reagieren alle löslichen Aluminium-Salze des Typs AlX_3 sauer:

$$AlX_3 + 6\ H_2O \longrightarrow [Al(H_2O)_6]^{3\oplus} + 3\ X^{\ominus}$$

$$[Al(H_2O)_6]^{3\oplus} \rightleftharpoons H^{\oplus} + [Al(OH)(H_2O)_5]^{2\oplus}$$

Das Phänomen der Amphoterie tritt bei sämtlichen Hydroxiden der Elemente auf, die sich im Periodensystem in der Nähe der Grenze zwischen Metallen und Nichtmetallen befinden ($Si(OH)_4$, "$As(OH)_5$", $Be(OH)_2$).

Versuch 34
Bringe jeweils einen Tropfen der Basen Natronlauge, Calciumhydroxid, Ammoniakwasser und Barytwasser auf ein Uhrglas und prüfe ihre Reaktion gegen rotes Lackmuspapier. Methylrot und Phenolphthalein. Basen werden ebenso wie Säuren an ihren Reaktionen gegenüber Farbindikatoren erkannt.

Versuch 35
In einem kleinen Becherglas wird eine Spatelspitze Ammoniumchlorid mit 5 ml verdünnter Natronlauge übergossen. Dann wird das Becherglas mit einem Uhrglas abgedeckt, an dessen Unterseite ein feuchter Streifen roten Lackmuspapieres haftet. Erkläre den Befund mit dem Massenwirkungsgesetz und der Tatsache, daß schwererflüchtige Basen leichterflüchtige aus ihren Salzen vertreiben!

Versuch 36
Sehr kleine Mengen Ammoniak lassen sich mit NESSLERs Reagens, einer alkalischen Lösung von $K_2[HgI_4]$ nachweisen. Man verdünne einen Tropfen verdünnten Ammoniakwassers mit etwa 10 ml Wasser und füge einige Tropfen NESSLERs Reagens hinzu. Es entsteht ein gelbbrauner Niederschlag von $Hg_2NI \cdot H_2O$. Dieser Niederschlag dient zur Erkennung von Ammoniak in Trinkwasser. Ammoniakhaltiges Trinkwasser entsteht meist durch Fäulnis organischer Stoffe und ist nicht trinkbar.
Die reaktive Komponente des NESSLERschen Reagens' ist das HgI_2, dem zur Erhöhung der Löslichkeit zwei Äquivalente KI zugesetzt werden ($\longrightarrow K_2[HgI_4]$):

$$2\ K_2[HgI_4] + NH_3 + H_2O \longrightarrow Hg_2NJ \cdot H_2O + 4\ KI + 3\ HI$$

Hg_2N^+ ist zu einem polymeren, dreidimensionalen $(Hg_2N^+)_n$- Netzwerk verbunden, in dessen Hohlräumen I^--Ionen zur Ladungskompensation sowie ein Äquivalent Kristallwasser eingelagert sind. Die Verbindung ist das Iodid der sogenannten MILLONschen Base Hg_2NOH.

Versuch 37
Füge in einem Reagenzglas zu einer Spatelspitze Calciumoxid einige ml Wasser und prüfe die Reaktion gegen Lackmus. Metalloxide reagieren mit Wasser zu Hydroxiden:

$$CaO + H_2O \longrightarrow Ca(OH)_2$$

Versuch 38
Man wiederhole den vorstehenden Versuch mit MgO und gebe die Reaktionsgleichung an!

Versuch 39
Ein Tüpfelrohr ist ein etwa 20 cm langes dünnes Glasrohr, dessen oberes Ende mit dem Zeigefinger verschlossen werden kann. Durch vorsichtiges Lüpfen des Fingers lassen sich kleine Flüssigkeitsmengen zutropfen. Das Rohr wird durch Einstellen in die Reagenzglasflasche und Verschließen mit dem Finger gefüllt. Damit eine Verunreinigung der Reagenzien unterbleibt, muß das Tüpfelrohr nach jedem Gebrauch sofort innen und außen abgespült und getrocknet werden.
Zu einigen ml Aluminiumsulfat-Lösung (Überprüfe den pH-Wert!) wird mit dem Tüpfelrohr tropfenweise eine verdünnte Natronlauge zugefügt. Es scheidet sich schwerlösliches Aluminiumhydroxid aus. Bei weiterem Laugenzusatz löst es sich wieder auf (als Natriumhydroxoaluminat; s.a. Komplexe). Gib die einzelnen Reaktionsschritte an und erkläre die Ursache dieses ungewöhnlichen Verhaltens!

Versuch 40
Wiederhole Versuch 39, nimm aber anstelle des Aluminiumsulfats eine Zinkchlorid-Lösung. Notiere die Beobachtungen in Form von Reaktionsgleichungen. Zink bildet ebenfalls ein Tetrahydroxosalz.

c) Neutralisation

Äquivalente Mengen Säuren und Basen reagieren in der Weise miteinander, daß sich saure und basische Eigenschaften gegenseitig aufheben. Diese Reaktion wird Neutralisation genannt. Die Neutralisationsreaktion beruht darauf, daß sich die H^+- und die OH^--Ionen dem Ionenprodukt des Wassers entsprechend verbinden, da das Produkt $H^+ \cdot OH^-$ den Wert von 10^{-14} nicht überschreiten darf. Das Wesentliche jeder Neutralisationsreaktion läßt sich demnach durch die Ionengleichung

$$H^{\oplus} + OH^{\ominus} \longrightarrow H_2O$$

wiedergeben. Bei der Neutralisation wird Wärme frei (exotherme und exergonische Reaktion), pro Mol gebildeten Wassers stets die gleiche Wärmemenge von 56,2 kJ/mol. Da in den Säuren als Gegenionen zu den Protonen noch Säurerest-Ionen oder Anionen vorliegen, in den Basen dagegen noch Kationen, entstehen bei dem Neutralisationsvorgang stets noch Salze.

$$H^{\oplus} + Cl^{\ominus} + Na^{\oplus} + OH^{\ominus} \longrightarrow H_2O + Na^{\oplus} + Cl^{\ominus}$$

Versuch 41

In einer Porzellanschale werden 10 ml der ausstehenden verdünnten Natronlauge abgefüllt und 2 Tropfen Phenolphtaleinlösung hinzugegeben. Darauf läßt man aus einer Meßpipette unter stetem Rühren mit dem Glasstab vorsichtig 1-N Salzsäure solange zulaufen, bis die rote Farbe des Indikators gerade verschwindet. Diese erste Neutralisation dient nur zur Orientierung über den ungefähren Säureverbrauch. Man lese die verbrauchte Säuremenge ab, und wiederhole den Versuch, wobei man diesmal einen ml weniger einlaufen läßt als bei der ersten Durchführung. Den letzten ml gebe man tropfenweise zu und überzeuge sich nach jedem Tropfen, ob der Farbumschlag schon eingetreten ist. Notiere den genauen Säureverbrauch für die nächste Aufgabe! Die Lösung wird anschließend in einer Porzellanschale auf dem Drahtnetz eingedampft. Es bleibt Kochsalz zurück.

Aufgabe 16

Berechne aus dem Säureverbrauch die in 10 ml der ausstehenden Natronlauge enthaltene Menge Natriumhydroxid NaOH.

d) Hydrolyse

Löst sich ein Salz in Wasser, dissoziiert es im allgemeinen praktisch vollständig. Daneben sind in der Lösung auch noch die Ionen des Wassers vorhanden. Wird das Salz mit KatAn bezeichnet (Kat=Kation, An=Anion), gelten für die Salzlösung die beiden Dissoziationsgleichungen:

$$KatAn \rightleftharpoons Kat^{\oplus} + An^{\ominus}$$

$$H_2O \rightleftharpoons H^{\oplus} + OH^{\ominus}$$

Ist die aus den Ionen der rechten Seite zusammensetzbare Säure HAn und ebenso die Base KatOH ein starker Elektrolyt, so können die vier Ionensorten unverändert nebeneinander bestehen. Die Konzentration der H^+- und OH^--Ionen wird durch die Ionen des Salzes nicht verändert, die Lösung reagiert also neutral. Ist aber die Säure HAn oder die Base KatOH schwach, so werden sich die Ionen des Salzes im ersten Fall mit den Protonen oder im zweiten mit den Hydroxyl-Ionen des Wassers zur undissoziierten Säure oder Base verbinden, und zwar in einem Verhältnis, das der Konstanten des jeweiligen Dissoziationsgleichgewichts von Säure und Base in Wasser entspricht. Hierdurch werden aus dem Wasser-Gleichgewicht Protonen oder Hydroxyl-Ionen entfernt, so daß die Lösung nunmehr basisch oder sauer reagiert.

KCN, Kaliumcyanid, ist das Salz einer starken Base, KOH, und einer schwachen Säure, HCN, der Blausäure. Beim Lösen des Salzes in Wasser werden sich die Cyanid-Ionen teilweise mit den Protonen des Wassers zu undissoziierter Blausäure zusammenlagern, so daß die Lösung alkalisch reagiert.

Diese Reaktion des Salzes mit den Molekülen des Wassers wird als hydrolytische Spaltung oder einfach als Hydrolyse bezeichnet. Die Hydrolyse stellt formal die Umkehr der Neutralisation dar, ist allerdings in diesem Sinn nur auf schwache Elektrolyte anwendbar.

$$\text{Säure} + \text{Base} \underset{\text{Hydrolyse}}{\overset{\text{Neutralisation}}{\rightleftharpoons}} \text{Salz} + \text{Wasser}$$

Hydrolyse erfolgt auch dann, wenn die Ionenpartner des Salzes einer schwachen Säure und einer schwachen Base zugehören. Die Reaktion der Salzlösung hängt in diesem Fall von der relativen Stärke der durch Hydrolyse gebildeten Säure und Base ab.

Versuch 42

Man löse je eine Spatelspitze Natriumcarbonat Na_2CO_3 , Ammoniumchlorid NH_4Cl , Natriumacetat $NaOOCCH_3$ und Ammoniumcarbonat $(NH_4)_2CO_3$ in wenig Wasser und prüfe die Reaktion gegen Indikatorpapier! Begründe die Beobachtungen durch Aufstellen der Hydrolysegleichungen!

Aufgabe 17

Schwefelwasserstoff H_2S , Blausäure HCN und Aluminiumhydroxid $Al(OH)_3$ sind sehr schwache Elektrolyte. Sage die Reaktion von Dinatriumsulfid Na_2S , Kaliumcyanid (KCN) und Alaun $KAl(SO_4)_2 \cdot 12\ H_2O$ voraus und prüfe hinterher die Richtigkeit der Voraussage!

Kapitel 4

a) Allgemeine Zusammenhänge im Periodensystem

Die bisher besprochenen Eigenschaften anorganischer Verbindungen (Säurestärken der Säuren, Basenstärken der Basen, Wertigkeiten, Atom- und Ionenradien) zeigen eine auffallende Systematik in Bezug auf die Stellung, welche die an den jeweiligen Verbindungen beteiligten Elemente im Periodensystem einnehmen.
So nehmen Elektronegativität und Nichtmetallcharakter in den einzelnen Perioden von links nach rechts zu, in den Gruppen von oben nach unten ab. In Umkehrung dazu nehmen Atomradius und Metallcharakter in den Perioden von rechts nach links zu, in den Gruppen von oben nach unten zu. Einige weitere wichtige Eigenschaften seien tabellarisch dargestellt (s. folgende Seite).
Die Elemente der ersten Achterperiode Li, Be, B, C, N, O, F zeichnen sich durch eine Reihe weiterer Merkmale aus. Die Oktettregel ist ausschließlich auf diese Elemente anwendbar (während beispielsweise PCl_5 stabil ist, gibt es kein NCl_5). Ferner besitzen sie, soweit es die stöchiometrischen Gegebenheiten erlauben, die Fähigkeit, sehr stabile Doppelbindungen einzugehen und zwar vorwiegend mit Elementen der ersten Achterperiode (CO_2, N_2O_3, $>C{=}N-$,...). Hingegen sind Doppelbindungen zwischen den Elementen der höheren Langperioden weitgehend unbekannt, was auf unzureichende Überlappung der Orbitale wegen des großen Atomradius' zurückzuführen ist. Bei Verbindungen, in denen Elemente der ersten und einer höheren Langperiode miteinander verknüpft sind, treten bevorzugt Einfachbindungen auf (SiO_2 ist ein polymeres -Si-O-Netzwerk, SO_3 in reiner Form ein trimerer Sechsring), obwohl die gemessenen Bindungsabstände oft auf starke Doppelbindungsanteile hindeuten und deswegen meist als Doppelbindungen bezeichnet werden. Außerdem besitzen die Wasserstoff-Verbindungen der Elemente der ersten Achterperiode wesentlich höhere Siedepunkte als die unter ihnen stehenden Verbindungen der höheren Perioden, was insofern überrascht, als die Siedepunkte im allgemeinen mit der Größe der Molekülmasse wachsen.

CH_4	-161°C	NH_3	-33°C	H_2O	100°C	HF	20°C
SiH_4	-112°C	PH_3	-87°C	H_2S	-62°C	HCl	-85°C
GeH_4	- 88°C	AsH_3	-62°C	H_2Se	-42°C	HBr	-66°C
InH_4	- 51°C	SbH_3	-17°C	H_2Te	- 2°C	HI	-35°C

Hauptgruppe	1	2	3	4	5	6	7	8
Bezeichnung	Alkalimetalle	Erdalkalimetalle	Erdmetalle	C-Gruppe	N-Gruppe	Chalkogene	Halogene	Edelgase
Valenzelektronenkonfiguration	ns^1	ns^2	ns^2p^1	ns^2p^2	ns^2p^3	ns^2p^4	ns^2p^5	ns^2p^6
maximale Oxidationszahl	+1	+2	+3	+4	+5	+6	+7	
minimale Oxidationszahl	0	0	0	−4	−3	−2	−1	
stöchiometrische Wertigkeit	1	2	3	2/4	3/5	2/4/6	1/3/5/7	

Atomradien nehmen ab --→

Acidität der OH-Verbindungen nimmt zu --→

Auch innerhalb einer Periode ist eine Gesetzmäßigkeit bezüglich der Siedepunkte festzustellen. Sie steigen mit zunehmender Polarität der H-E-Bindung (E=Element). Die Ursache für die abnorm hohen Siedepunkte der Wasserstoff-Verbindungen der ersten Achterperiode liegt in der Ausbildung sehr stabiler Wasserstoffbrückenbindungen, so daß beim Verdampfen dieser Substanzen nicht nur Arbeit gegen den Atmosphärendruck und die VAN DER WAALS-Kräfte geleistet werden muß, sondern außerdem die Brückenbindungen gelöst werden müssen. Für diese sehr starken Wasserstoffbrückenbindungen ist u.a. die hohe Ladungsdichte in den mit freien Elektronenpaaren besetzten Orbitalen verantwortlich, woraus sich auch die Abnahme der Siedepunkte innerhalb einer Langperiode von rechts nach links ergibt: Mit dem Siedepunkt nimmt auch die Zahl freier Elektronenpaare ab, so daß der Temperatursprung der Siedepunkte von NH_3 (ein freies Elektronenpaar) zum CH_4 (kein freies Elektronenpaar) besonders drastisch ausfällt. Gleiches gilt für den Anstieg der Siedepunkte von NH_3 nach H_2O. Bei den höheren Homologen besitzen die freien Elektronenpaare in den HE-Verbindungen wegen ihrer größeren Ausdehnung eine geringere Ladungsdichte. Die Ausbildung von Wasserstoffbrücken ist nicht mehr so bevorzugt, die Siedepunkte liegen dementsprechend niedrig.

Eine weitere Periodizität der Eigenschaften findet man bei den Oxidationszahlen. Die maximale Oxidationszahl entspricht der Gruppennummer (Zahl der Valenzelektronen), die minimale der Gruppennummer minus acht. Dabei ist zu beachten, daß die Stabilität der höchsten Oxidationsstufe innerhalb einer Gruppe von oben nach unten abnimmt. Während beispielsweise Kohlenstoff in Verbindung mit anderen, elektronegativen Elementen (also keine C-C-Bindungen) - von wenigen Ausnahmen abgesehen - ausschließlich in der Oxidationsstufe +4 vorliegt, bevorzugt das Blei die Oxidationsstufe +2. $GeCl_2$ ist ein kräftiges Reduktionsmittel (Ge(II) $\longrightarrow$ Ge(IV)), PbO_2 zeigt hingegen stark oxidierende Eigenschaften (s. Kapitel "Redox-Reaktionen").

Interessante Zusammenhänge eröffnen sich, wenn man die Säurestärke von E-H- und E-O-H-Verbindungen (E=Element) untersucht.

1) E-H-Verbindungen: In der Reihe CH_4-NH_3-H_2O-HF nimmt die Säurestärke mit wachsender Elektronegativitätsdifferenz zwischen den Bindungspartnern vom CH_4 zum HF hin zu. Die Erklärung ist in der damit einhergehenden zunehmenden Bindungspolarität zu suchen, die eine zunehmende Bevorzugung der heterolytischen Bindungsspaltung in Wasser und wasserähnlichen Lösungsmitteln zur Folge hat. Gleichzeitig schrumpft der Radius des Anions in dieser Reihe nur unwesentlich (CH_3^-, NH_2^-, OH^-, F^-), so daß sein Einfluß auf die Säurestärke gering bleibt. Untersucht man nun die einzelnen Gruppen auf die Säurestärke ihrer E-H-Verbindungen, so stellt man eine von oben nach unten zunehmende Säurestärke fest (5. Gruppe: NH_3, PH_3, AsH_3, SbH_3; 6. Gruppe: H_2O, H_2S, H_2Se, H_2Te; 7. Gruppe: HF, HCl, HBr, HI). Dies läßt sich in diesem Fall nicht mit zunehmender Bindungspolarität aufgrund wachsender Elektronegativitätsdifferenzen erklären (die Elektronegativitätsdifferenz sinkt nämlich), sondern hat einerseits seine Ursache in der zunehmenden Schwäche der H-E-Bindung, da die Überlappung des s-Orbitals des Wasserstoffs mit den immer größer werdenden Hybrid-Orbitalen der jeweiligen Elemente abnimmt. Andererseits kann die negative Ladung, die nach Abdissoziation des Protons auf dem Anion zurückbleibt umso besser

delokalisiert werden, je mehr Raum ihr zur Verfügung steht. Dies ist zweifellos bei den Elementen höherer Ordnungszahlen der Fall. Dieser Effekt wirkt sich innerhalb einer Gruppe natürlich stärker aus als innerhalb einer Periode, so daß in den einzelnen Perioden die Elektronegativitätsdifferenz für den Gang der Säurestärke verantwortlich ist, in den einzelnen Gruppen die Zunahme der Atom- und Ionenradien.

4. Gruppe		5. Gruppe		6. Gruppe		7. Gruppe	
CH_4	(0,77/2,5)	NH_3	(0,70/3,0)	H_2O	(0,66/3,5)	HF	(0,64/4,0)
SiH_4	(1,17/1,8)	PH_3	(1,10/2,1)	H_2S	(1,04/2,5)	HCl	(0,99/3,0)
GeH_4	(1,22/1,7)	AsH_3	(1,21/2,0)	H_2Se	(1,17/2,4)	HBr	(1,14/2,8)
SnH_4	(1,40/1,7)	SbH_3	(1,40/1,8)	H_2Te	(1,37/2,1)	HI	(1,33/2,4)

(Radius des Anions E^- [Å] /Elektronegativität)

2) E-O-H-Verbindungen: Bei diesen Verbindungen nimmt die Acidität von links nach rechts innerhalb einer Periode zu. Auch in diesem Fall ist dafür die steigende Elektronegativität des Atoms E verantwortlich, die sich über den ebenfalls stark elektronegativen Sauerstoff auf die Protonen auswirkt. Innerhalb einer Gruppe (Alkali-, Erdalkali- und Erdmetalle) sinkt die Säurestärke (steigt die Basizität), da bei den Metallen in der linken Hälfte des Periodensystems die positive Ladung mit steigender Atommasse besser auf die ebenfalls wachsenden Orbitale verteilt werden kann; dies hat eine leichtere Abdissoziation der OH^--Gruppe zur Folge.

1. Gruppe	2. Gruppe	3. Gruppe	4. Gruppe	5. Gruppe
LiOH	$Be(OH)_2$	$B(OH)_3$	$C(OH)_4$	$N(OH)_5$
			CO_2	HNO_3
NaOH	$Mg(OH)_2$	$Al(OH)_3$	$Si(OH)_4$	$P(OH)_5$
			H_2SiO_3	H_3PO_4
KOH	$Ca(OH)_2$	$Ge(OH)_3$	$Ge(OH)_4$	$As(OH)_5$
			GeO_2	As_2O_5
CsOH	$Ba(OH)_2$			

Die Trennungslinie zwischen sauren und basischen E-O-H-Verbindungen bilden die amphoteren Stoffe $Be(OH)_2$, $Al(OH)_3$, GeO_2 und As_2O_5. Rechts davon stehen die E-O-H-Verbindungen, die in Wasser vorwiegend Protonen abgeben; links davon die Basen, die sich durch Abdissoziation von OH^- auszeichnen.

Zum Abschluß sei noch erwähnt, daß es in der rechten Hälfte des Periodensystems E-O-H-Verbindungen unterschiedlicher stöchiometrischer Zusammensetzung gibt, die ebenfalls nicht ohne Einfluß auf die Säurestärke ist. In der 5. Hauptgruppe kennt man die Stickstoff-Sauerstoff-Säuren (Oxosäuren) HNO_2 und HNO_3 , sowie die Phosphor-Sauerstoff-Säuren H_3PO_2, H_3PO_3 und H_3PO_4 (analog H_3AsO_2, H_3AsO_3, H_3AsO_4 und die von Sb). Abgesehen davon, daß die Stabilität der höchsten Oxidationsstufe bei As und Sb gegenüber ihren leichteren Homologen N und P schon stark herabgesetzt ist, steigt die Säurestärke mit der Oxidationszahl, weil die negative Ladung im Säureanion auf mehrere Atome delokalisiert werden kann. Dies bewirkt eine erhöhte Stabilität des Anions. Entsprechendes findet man für die Schwefelsäuren H_2SO_3, H_2SO_4 und die Halogensäuerstoffsäuren HXO, HXO_2, HXO_3, HXO_4 (X=Cl, Br, I,). Dies sei im folgenden Schema veranschaulicht:

$$H\text{-}O\text{-}Cl \rightleftharpoons H + ClO^{\ominus} \qquad |\overline{\underline{Cl}}\text{-}\overline{\underline{O}}|^{\ominus} \longleftrightarrow {}^{\ominus}|\overline{\underline{Cl}}{=}\overline{\underline{O}}$$

Die formale Ladung kann auf nur zwei (mesomere) Strukturen verteilt werden, anders bei der Perchlorsäure $HClO_4$:

$$HClO_4 \rightleftharpoons H + ClO_4^{\ominus}$$

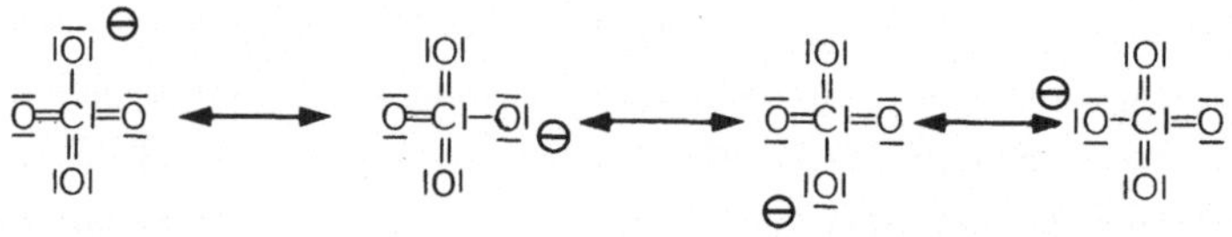

[Mesomere Grenzstrukturen des Perchlorat-Anions: negative Ladung jeweils an einem der vier Sauerstoffatome, verbunden durch ⟷]

wo insgesamt vier Möglichkeiten bestehen, und welche die stärkere Säure ist. Hinzu kommt, daß der Elektronensog, den die Perchlorsäure auf den in ihr gebundenen Wasserstoff ausübt, wegen der vier stark elektronegativen Sauerstoff-Atome erheblich stärker ausfällt als bei der hypochlorigen Säure. Weitere Einzelheiten zu den Sauerstoff-Säuren der Nichtmetalle werden im folgenden besprochen.

Aufgabe 18
Versuche die zunehmende Säurestärke in der Reihe HF-HCl-HBr-HI mit dem COULOMBschen Gesetz zu erklären. Begründe, warum es keine Perfluorsäure geben kann ebenso wie die Nichtexistenz einer Säure H_3BiO_4!

b) Chlor-Sauerstoff-Säuren

Den Chlor-Sauerstoff-Säuren liegt, wie den übrigen Halogen-Sauerstoff-Säuren folgende Systematik zugrunde:

Formel	Name	Salze	Oxidationsstufe des Chlors
HClO	Unterchlorige Säure	Hypochlorite	+1
$HClO_2$	Chlorige Säure	Chlorite	+3
$HClO_3$	Chlorsäure	Chlorate	+5
$HClO_4$	Perchlorsäure	Perchlorate	+7

Versuch 43

Entwickle in der in Abb.5 skizzierten Apparatur, wie bei Versuch 8 beschrieben, Chlorgas und leite es einige Zeit in 10 ml verdünnte Natronlauge ein. Es entsteht Natriumchlorid und Natriumhypochlorit:

$$2\ OH^{\ominus} + Cl_2 \longrightarrow Cl^{\ominus} + ClO^{\ominus} + H_2O$$

Verteile die Lösung auf zwei Reagenzgläser und prüfe die oxidierenden Eigenschaften des Hypochlorits, indem zu der Lösung etwas Indigo gegeben wird. Der Farbstoff wird oxidativ zerstört. Zu der anderen Hälfte gebe man konzentrierte Salzsäure. Was wird beobachtet und welche Erklärung kann dafür gegeben werden? Aus Chlor und Calciumhydroxid bildet sich Chlorkalk. Er findet als technisches Desinfektionsmittel Verwendung.

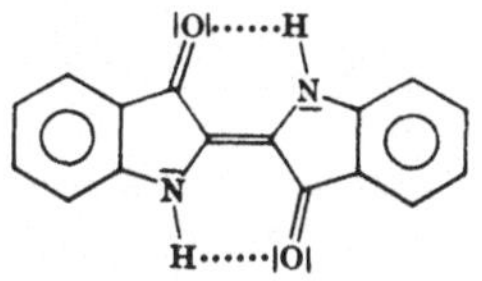

Abb. 11 Indigo

Versuch 44

Im Reagenzglas löse man eine Spatelspitze Kaliumchlorat in Wasser und versetze mit wenig verdünnter Schwefelsäure und etwas Silbernitrat; da Silberchlorat gut löslich ist, fällt kein Niederschlag. Nach Zugabe eines Stückchens Zinks scheidet sich weißes Silberchlorid ab. Das Chlorat wird zum Chlorid reduziert:

$$ClO_3^{\ominus} + 3\ Zn + 6\ H^{\oplus} \longrightarrow Cl^{\ominus} + 3\ Zn^{2\oplus} + 3\ H_2O$$

c) Stickstoff-Sauerstoff-Säuren

Die beiden wichtigsten Stickstoff-Sauerstoff-Säuren sind die salpetrige Säure und die Salpetersäure, HNO_2 und HNO_3. HNO_2 ist allerdings nicht in reiner Form, sondern nur in wäßrigen Lösungen und in Form ihrer Salze bekannt. Beide Säuren sind recht stark und zudem kräftige Oxidationsmittel. Die Salze der Salpetersäure, die Nitrate, sind thermisch nicht stabil, sie zerfallen beim Erhitzen. Dabei geben Schwermetallnitrate Metalloxid, Stickstoffdioxid und Sauerstoff, während die Alkalinitrate unter Sauerstoffabgabe in Nitrite übergehen. Eine Sonderstellung nimmt das Ammoniumnitrat ein, das in Wasser und Distickstoffoxid zerfällt. Distickstoffoxid, N_2O (Lachgas) findet in der Anästhesie vielfach Verwendung.

Formel	Name	Salze	Oxidationsstufe des Stickstoffs
HNO_2	salpetrige Säure	Nitrite	+3
HNO_3	Salpetersäure	Nitrate	+5

Aufgabe 19

Überlege anhand der mesomeren Strukturen des Nitrat- und des Nitrit-Ions, welche der zugehörigen Säuren stärker dissoziiert ist!

Versuch 45

Beim Zusammenbau des für den nächsten Versuch notwendigen Gerätes verbinde man Teil a der Abb.10 über ein Stückchen Gummischlauch mit der nebenstehend abgebildeten pneumatischen Wanne. In a werden einige Spatelspitzen Ammoniumnitrat gefüllt, und das Reagenzglas darauf vorsichtig mit starker Flamme erhitzt, bis lebhafte Gasentwicklung einsetzt. Das Distickstoffoxid sammelt sich in dem mit Wasser gefüllten Zylinder an.

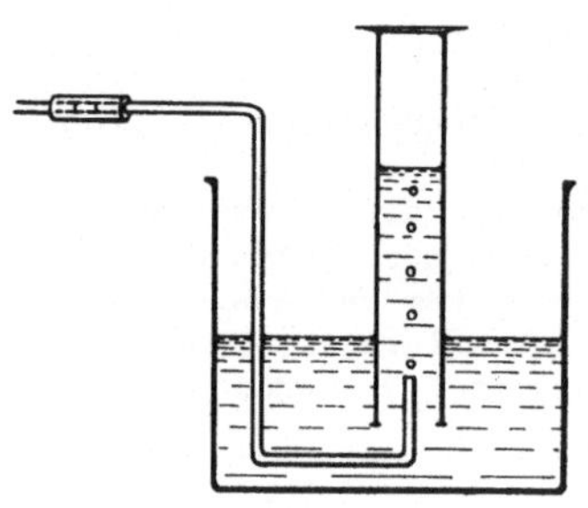

Abb.12 Wanne zum Auffangen von Gasen

$$NH_4NO_3 \xrightarrow{170\text{-}250^o} N_2O + 2\ H_2O$$

Bei zu schneller Erwärmung kann unter Umständen explosionsartiger Zerfall eintreten:

$$2\ NH_4NO_3 \xrightarrow{300^o} 2\ N_2 + O_2 + 4\ H_2O$$

Beim Einbringen eines glimmenden Holzspans in den mit Distickstoffoxid gefüllten Zylinder flammt der Holzspan auf. N_2O vermag seinen Sauerstoff nur bei höherer Temperatur abzugeben, die menschliche Atmung unterhält es nicht. Bei Lachgasnarkosen muß daher stets Sauerstoff zugemischt werden.

d) Phosphorsäure

Verbindungen der Phosphorsäure bilden einen wesentlichen Bestandteil des menschlichen und tierischen Organismus'. So ist das Calciumsalz, 3 $Ca_3(PO_4)_2 \cdot Ca(OH)_2$ (Hydroxylapatit) Hauptbestandteil der Knochen- und der Zahnsubstanz. Organische Derivate der Phosphorsäure sind im Blut und in der Muskelsubstanz enthalten, beispielsweise sind die phosphorhaltigen Nucleinsäuren unentbehrliche Bestandteile der Zellkerne. Wieder andere Phosphorsäureester, wie z.B. einige Cofermente, ferner die Adenosindi- und Adenosintriphosphorsäure (ADP, ATP) haben wichtige Funktionen im Stoffwechsel zu erfüllen. Neben der Orthophosphorsäure H_3PO_4 existieren noch weitere Säuren, die sich ebenfalls vom Phosphor der Oxidationsstufe +5 ableiten, und die als Polyphosphorsäuren bezeichnet werden. Sie können aus der Orthophosphorsäure durch Wasserabspaltung aufgebaut werden:

$$\mathrm{HO{-}\overset{\overset{\displaystyle O}{\|}}{\underset{\underset{\displaystyle OH}{|}}{P}}{-}OH} + \mathrm{HO{-}\overset{\overset{\displaystyle O}{\|}}{\underset{\underset{\displaystyle OH}{|}}{P}}{-}OH} \longrightarrow \mathrm{HO{-}\overset{\overset{\displaystyle O}{\|}}{\underset{\underset{\displaystyle OH}{|}}{P}}{-}O{-}\overset{\overset{\displaystyle O}{\|}}{\underset{\underset{\displaystyle OH}{|}}{P}}{-}OH} + H_2O$$

Diphosphorsäure $H_4P_2O_7$

Bei Wasserabspaltung zwischen drei Molekülen Orthophosphorsäure erhält man Triphosphorsäure:

$$\mathrm{HO{-}\overset{\overset{\displaystyle O}{\|}}{\underset{\underset{\displaystyle OH}{|}}{P}}{-}O{-}\overset{\overset{\displaystyle O}{\|}}{\underset{\underset{\displaystyle OH}{|}}{P}}{-}O{-}\overset{\overset{\displaystyle O}{\|}}{\underset{\underset{\displaystyle OH}{|}}{P}}{-}OH}$$

Triphosphorsäure $H_5P_3O_{10}$

$$\mathrm{HO{-}\overset{\overset{\displaystyle O}{\|}}{\underset{\underset{\displaystyle OH}{|}}{P}}{-}O{-}\left(\overset{\overset{\displaystyle O}{\|}}{\underset{\underset{\displaystyle OH}{|}}{P}}{-}O\right)_n{-}\overset{\overset{\displaystyle O}{\|}}{\underset{\underset{\displaystyle OH}{|}}{P}}{-}OH}$$

Polyphosphorsäure

Noch weitergehende Kondensation führt schließlich zu hochmolekularen Säuren der Zusammensetzung $H_{n+2}P_nO_{3n+1}$. Bei sehr großen n entspricht die stöchiometrische Zusammensetzung annähernd der Formel HPO_3. Eine monomolekülare Verbindung dieser Zusammensetzung ist jedoch nicht bekannt. Hingegen gibt es die ringförmig gebauten polymeren Metaphosphorsäuren $(HPO_3)_3$ und $(HPO_3)_4$.
Charakteristisch für alle Polyphosphorsäuren ist die energiereiche Sauerstoffbindung zwischen zwei Phosphor-Atomen. Die in dieser Bindung gespeicherte Energie wird bei deren hydrolytischer Spaltung wieder frei, was für die Energieübertragung im Organismus mit Hilfe der Verbindungen ADP und ATP von Bedeutung ist.

Formel	Name	Salze	Oxidatitionsstufe des Phosphors
H_3PO_2	Hypophosphorige Säure	Hypophosphite	+1
H_3PO_3	Phosphorige Säure	Phosphite	+3
H_3PO_4	Orthophosphorsäure	Phosphate	+5

Aufgabe 20
Hypophosphorige Säure ist eine einwertige, phosphorige Säure eine zweiwertige Säure. Suche eine Erklärung dafür!

Versuch 46
Unter dem Abzug wird in einer kleinen Porzellanschale eine Spatelspitze roten Phosphors entzündet und der weiße Rauch an der inneren Wand eines darüber gestülpten Trichters aufgefangen. Das nach

$$P_4 + 5\ O_2 \longrightarrow P_4O_{10}$$

entstandene Phosphoroxid (meist nach der einfachsten stöchiometrischen Zusammensetzung als Phosphorpentoxid bezeichnet) wird darauf mit wenigen Tropfen kalten Wassers in ein Reagenzglas gespült und die Lösung auf zwei Reagenzgläser verteilt.
a) Zu der einen Probe gibt man schnell einen Tropfen sehr verdünntes Ammoniakwasser sowie etwas Silbernitrat-Lösung. Es bildet sich ein weißer Niederschlag, der aus Tetrasilbermetaphosphat $Ag_4(PO_3)_4$ oder $Ag_4(P_4O_{12})$ besteht.
b) Die andere Probe wird nach Zusatz von einigen Tropfen Salpetersäure kurze Zeit gekocht. Darauf neutralisiere man die Lösung vorsichtig (Prüfung mit Universalindikatorpapier). Auf Zusatz von Silbernitrat-Lösung scheidet sich ein gelber Niederschlag von Silberorthophosphat aus, der in Säuren und Ammoniak löslich ist.

Erklärung: P_4O_{10} besitzt die untenstehende Struktur. Bei der Reaktion mit kaltem Wasser werden zunächst nur wenige P-O-P-Bindungen gelöst. Hierbei entsteht, wie aus dem untenstehenden Schema ersichtlich, Tetrametaphosphorsäure. Die Aufspaltung der übrigen P-O-P-Bindungen geht schon in der Kälte langsam, in der Hitze und unter dem Einfluß von Säuren rasch weiter; das Endprodukt dieser Hydrolyse ist die Orthophosphorsäure.

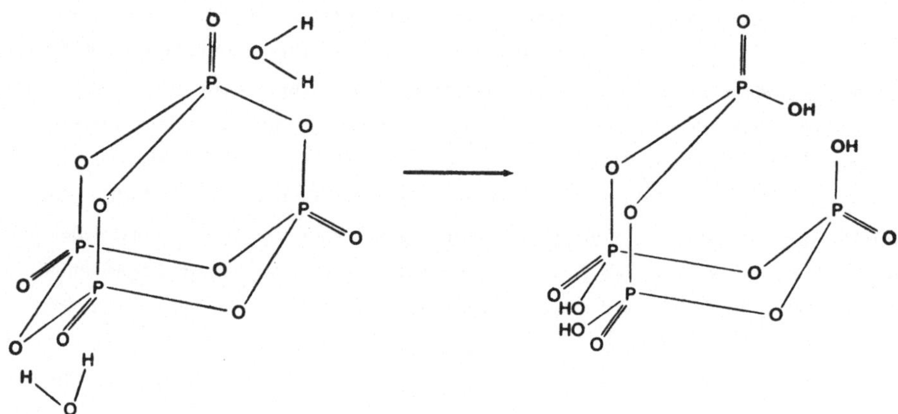

Versuch 47

2 ml einer 10%igen Ammoniummolybdat-Lösung werden mit dem gleichen Volumen konzentrierter Schwefelsäure vermischt. Der intermediär ausfallende Niederschlag muß wieder in Lösung gegangen sein. Zu dieser Lösung fügt man wenige Tropfen einer Dinatriumhydrogenphosphat-Lösung. Beim Erhitzen fällt ein gelber, schwerer Niederschlag von Ammoniummolybdatophosphat aus. Die Reaktion dient zum Nachweis der Phosphorsäure.

Erklärung: Da Molybdän in der 6. Nebengruppe des Periodensystems steht, entsprechen die Molybdate in ihrer stöchiometrischen Zusammensetzung den Sulfaten ($MoO_4^{2-} \triangleq SO_4^{2-}$). Durch Kondensationsreaktionen, ähnlich wie bei der Bildung von Meta- und Polyphosphorsäuren, bilden sich Polymolybdänsäuren, von denen die dem Ammoniummolybdat zugrundeliegende die Formel "$H_6Mo_6O_{21}$" hat. Die Fällungsgleichung lautet also :

$$3\ NH_4^{\oplus} + 2\ Mo_6O_{21}^{6\ominus} + 12\ H^{\oplus} + PO_4^{3\ominus} \longrightarrow (NH_4)_3[P(Mo_3O_{10})_4] \cdot 6\ H_2O$$

Man kann das in eckige Klammern gesetzte Anion auch als $[PO_4(Mo_3O_9)_4]^{3-}$ auffassen, bei dem sich das Phosphat-Ion im Zentrum eines dreidimensionalen Gebildes von zwölf MoO_6-Einheiten befindet (Oktaedereinheiten), die kantenverknüpft sind, so daß je ein Sauerstoff-Atom zwei Molybdän-Atomen zugehört (s. Lehrbücher der anorganischen Chemie).

Kapitel 5

a) Der pH-Wert

Der Ablauf vieler Reaktionen hängt in starkem Maß von der Wasserstoff-Ionenkonzentration ab, so daß eine genaue Kenntnis der jeweils herrschenden $[H^+]$ für viele Zwecke sehr wichtig ist. Da die H^+-Konzentration selbst sehr verschiedene, sich um viele Zehnerpotenzen unterscheidende Werte annehmen kann und in den praktisch wichtigen Fällen die Wasserstoff-Ionenkonzentration zudem nur sehr klein ist, ist es unpraktisch, mit der Wasserstoff-Ionenkonzentration selbst zu rechnen. Als international vereinbartes Maß zur Angabe der Säurestärke einer Lösung wurde daher der pH-Wert eingeführt. Hierunter versteht man den negativen, dekadischen Logarithmus der Wasserstoff-Ionenkonzentration:

$$pH = -\log [H^+]$$

In reinem Wasser ist $[H^+] = 10^{-7}$, der pH demnach 7, denn der Logarithmus von 10^{-7} ist gleich -7, der negative Logarithmus also +7. Für saure Lösungen folgt $pH < 7$, für basische dagegen $pH > 7$.

Liegt die Wasserstoff-Ionenkonzentration außerhalb einer glatten Zehnerpotenz, so erfolgt die Bestimmung des pH-Wertes mit Hilfe einer Logarithmentafel.

Bei starken Säuren ist die Angabe des pH-Wertes einfach, da - jedenfalls in verdünnten Säuren - praktisch 100%ige Dissoziation erfolgt. Die Konzentration der Wasserstoff-Ionen ist somit gleich der Gesamtkonzentration der Säure. Der pH-Wert einer 0,001 molaren Salzsäure beträgt also 3, da $[H^+] = 10^{-3}$; der pH-Wert einer 0,01 molaren Salzsäure beträgt entsprechend 2. Die Berechnung des pH-Wertes aus der Konzentration ist exakt nur für sehr verdünnte Lösungen zulässig. Bei konzentrierteren Lösungen muß anstelle von Konzentrationen mit Aktivitäten gerechnet werden. Sie werden durch Multiplikation der Konzentrationen mit den Aktivitätskoeffizienten erhalten (s. Lehrbücher der physikalischen Chemie).

Die Berechnung des pH-Wertes von schwachen Säuren setzt die Kenntnis der Säurekonzentration und der Dissoziationskonstanten voraus. Beispiel: Die Berechnung des pH-Wertes einer 0,1 molaren Essigsäure ($K_s = 1{,}8 \cdot 10^{-5}$) erfolgt mit Hilfe des Massenwirkungsgesetzes. Es gilt:

$$K_s = \frac{[H^{\oplus}] \cdot [CH_3COO^{\ominus}]}{[CH_3COOH]} = 1{,}8 \cdot 10^{-5}$$

K_s = Säurekonstante

Die Konzentration des undissoziierten Teils der Säure ist gleich der Gesamtkonzentration minus der Konzentration des dissoziierten Teils. Folglich ist $[CH_3COOH] = 0{,}1 - [H^+]$. Weiterhin ist $[CH_3COO^-] = [H^+]$, da bei der Dissoziation auf ein Proton auch ein Acetat-Ion entsteht. Einsetzen dieser Werte für $[CH_3COOH]$ und $[CH_3COO^-]$ in die Formel des Massenwirkungsgesetzes ergibt:

$$\frac{[H^+]^2}{0{,}1 - [H^+]} = 1{,}8 \cdot 10^{-5}$$

$[H^+]$ ist nun im Vergleich zu 0,1 außerordentlich klein. Die Überlegung zeigt, daß der Subtrahent vernachlässigt werden kann. Hieraus folgt:

$$[H^+]^2 = 0{,}1 \cdot 1{,}8 \cdot 10^{-5} \quad \left[\frac{mol}{l}\right]^2$$

$$[H^+] = 1{,}8 \cdot 10^{-6} = 1{,}34 \cdot 10^{-3} \quad \frac{mol}{l}$$

$$pH = 2{,}87$$

Daraus läßt sich eine allgemeine Formel zur Berechnung des pH-Wertes schwacher Säuren ableiten

$$[H^+] = \sqrt{c \cdot K_s} \qquad c = \text{Gesamtkonzentration}$$

Die experimentelle Bestimmung des pH-Wertes ist praktisch leicht durchführbar. Sie erfolgt entweder colorimetrisch mit Hilfe geeigneter Indikatorfarbstoffe oder noch genauer durch eine potentiometrische Messung unter Verwendung der Glaselektrode (näheres hierzu siehe Lehrbücher der physikalischen Chemie). Aus dem gemessenen pH-Wert läßt sich leicht auch die Wasserstoff-Ionenkonzentration angeben. Beispiel: Der pH wurde zu 3,3 gemessen. Da $pH = -\log[H^+]$, ist $\log[H^+] = -3{,}3 = 0{,}7 - 4$. Diesem Logarithmus entspricht der Numerus 0,000501. Folglich ist $[H^+] = 5{,}01 \cdot 10^{-4}$.

Aufgabe 20

Berechne den pH-Wert folgender Säuren: 0,0001 molare HNO_3, 0,1 molare HCl, 0.01 molare $HClO_4$, 0,00001 molare H_2SO_4!

Aufgabe 21

Berechne den pH-Wert einer verdünnten Säure, die in einem Liter 0,0036 g (0,0421; 0,000623; 0,0278) Wasserstoff-Ionen enthält!

Aufgabe 22

Berechne die Wasserstoff-Ionenkonzentration und den pH in 1 molarer Essigsäure sowie in 1 molarer Ammoniak-Lösung ($K_s = 1{,}8 \cdot 10^{-5}$, $K_b = 1{,}8 \cdot 10^{-5}$)! Beachte dabei, daß bei der Berechnung des pH-Wertes von Ammoniak ein pOH-Wert als Ergebnis anfällt. Dieser Wert ist über das Ionenprodukt des Wassers jedoch leicht in den pH-Wert überführbar.

Versuch 48

Stelle durch Verdünnen von 1 N Essigsäure eine 0,1 N Essigsäure und eine 0,01 N Essigsäure her; am einfachsten indem im 10 ml Meßzylinder 1 ml der Ausgangssäure mit Wasser 10 ml aufgefüllt, das andere Mal 1 ml der Ausgangssäure auf 100 ml aufgefüllt wird. Bestimme die pH-Werte der Lösungen mit einem geeigneten Indikatorpapier. Berechne hieraus die Wasserstoff-Ionenkonzentration, die Dissoziationskonstante und den Dissoziationsgrad α . Vergleiche die Werte!

b) Pufferlösungen

Mischungen von schwachen Säuren mit ihren gutlöslichen Salzen zeigen eine bemerkenswerte Eigenschaft: Sie fangen die Protonen und Hydroxyl-Ionen zugesetzter Säuren oder Basen ab, so daß sich der pH-Wert solcher Gemische praktisch kaum ändert. Man sagt daher auch, die zugesetzten Oxonium-Ionen oder Hydroxyl-Ionen werden weggepuffert. Diese Erscheinung läßt sich mit Hilfe des Massenwirkungsgesetzes gut verstehen, wie ein einfaches Zahlenbeispiel an einem Essigsäure-Acetat-Puffer zeigen möge. Die Konzentration des Puffergemisches sei sowohl an Essigsäure als auch an Acetat-Ionen 1 N. Da bei der einwertigen Essigsäure ($K_s = 1{,}8 \cdot 10^{-5}$) Normalität = Molarität, lautet das Massenwirkungsgesetz:

$$\frac{[H^{\oplus}] \cdot 1}{1} = 1{,}8 \cdot 10^{-5} \qquad [H^{\oplus}] = 1{,}8 \cdot 10^{-5}$$

Nimmt man 100 ml des Puffergemisches und fügt man dieser Menge gerade einen ml 1 N HCl hinzu, so würde ohne Anwesenheit der beiden Stoffe die neue H^+-Ionenkonzentration in den 100 ml aufgrund der Verdünnung 1:100 gerade 0,01 N betragen. Nach Maßgabe des Massenwirkungsgesetzes ist dies wegen der kleinen Dissoziationskonstante der Essigsäure jedoch nicht möglich. Die zugeführten H^+-Ionen werden vielmehr mit den Acetat-Ionen aus dem Vorrat des Puffergemisches zu undissoziierter Essigsäure zusammentreten, bis sich das Dissoziationsgleichgewicht der Essigsäure wieder eingestellt hat. Dies ist der Fall, wenn fast alle zugefügten Protonen weggepuffert wurden. Dadurch wird die $[CH_3COO^-]$ um 0,01 verringert, die $[CH_3COOH]$ um dieselbe Menge vermehrt. Folglich gilt:

$$\frac{[H^{\oplus}] \cdot 0{,}99}{1{,}01} = 1{,}8 \cdot 10^{-5} \qquad [H^{\oplus}] = 1{,}84 \cdot 10^{-5}$$

Statt auf 10^{-2} ist die H^+-Ionenkonzentration demnach nur von $1{,}8\ 10^{-5}$ auf $1{,}84 \cdot 10^{-5}$ gestiegen. Sie ist also praktisch unverändert geblieben.

Für die Berechnung des pH-Wertes eines Puffergemisches, welches aus einer schwachen, einwertigen Säure und ihrem Alkalisalz besteht, und deren Totalkonzentrationen gegeben sind, eignet sich folgende Beziehung:

$$\frac{[H^{\oplus}] \cdot [\text{Anion}]}{[\text{Säure}]} = K_s \qquad [H^{\oplus}] = K_s \cdot \frac{[\text{Säure}]}{[\text{Anion}]}$$

Da die Konzentration des Anions nur unwesentlich von der Salzkonzentration abweicht, gilt

$$pH = -\log K_s + \log \frac{[\text{Salz}]}{[\text{Säure}]}$$

Diese Beziehung enthält zwei Ungenauigkeiten, die jedoch außerhalb der Meßgenauigkeit für pH-Werte liegen. Erstens ist die Anionenkonzentration um genau den Anteil größer als die eigentliche Salzkonzentration, der durch die Dissoziation der Säure in ihre Ionen entsteht. Zweitens ist die Säurekonzentration um denselben Anteil kleiner, da ein dem Dissoziationsgleichgewicht entsprechender Teil in Form der Ionen vorliegt. Da es sich jedoch um eine schwache Säure handelt, und die beiden Ungenauigkeiten nur als additive Glieder in die Gleichung eingehen, macht sich die rechnerisch dadurch tatsächlich auftretende Änderung der H^+-Ionenkonzentration erst mehrere Stellen hinter dem Komma bemerkbar und kann daher vernachlässigt werden.
Aus der obigen Beziehung ist ersichtlich, daß bei gleicher Salz- und Säurekonzentration, da log 1 = 0, der pH = -log K_s oder pH = pK_s wird (-log K_s = pK_s analog der pH-Wert-Definition). Diese Beziehung ermöglicht es, für jedes gewünschte pH-Gebiet ein Puffergemisch anzusetzen. Man braucht dafür nur eine Säure auszuwählen, deren negativer Logarithmus der Dissoziationskonstante = pK_s den gleichen Wert besitzt wie der pH-Wert, dessen zugehörige Wasserstoff-Ionenkonzentration aufrechterhalten werden soll. Die äquimolare Mischung von Säure und Salz stellt man her, indem man die Hälfte der Natronlaugemenge, die zur Neutralisation einer bestimmten Säuremenge erforderlich ist, mit der gleichen Säuremenge vermischt. Pufferlösungen werden häufig in der physiologischen Chemie gebraucht, um Reaktionen bei bestimmten und konstanten pH-Werten ablaufen zu lassen. Der pH-Wert des Blutes wird durch Hydrogencarbonat- und Phosphat-Puffergemische, hauptsächlich jedoch durch die puffernde Wirkung der Eiweißstoffe aufrechtgehalten.

Versuch 49

Im Meßzylinder werden je 10 ml 1 N Essigsäure und 1 N Natriumacetat-Lösung abgemessen und in ein Becherglas gegossen. Nachdem die Lösung gut durchmischt wurde, verteilt man das Puffergemisch auf zwei Reagenzgläser. In zwei weitere Reagenzgläser werden je 10 ml Wasser gefüllt. Darauf wird in allen vier Proben mit Hilfe von Universalindikatorpapier der pH-Wert bestimmt und notiert. Nun fügt man jeweils zu der einen Pufferlösung und der einen Wasserprobe je einen ml 1 N HCl und darauf zu den anderen Proben einen ml 1 N NaOH. Miß erneut die pH-Werte der Lösungen und vergleiche sie mit den vorher gefundenen! Gib eine Erklärung!

Aufgabe 23

Wie ändert sich der pH-Wert, wenn ein ml 1 N Salpetersäure zu a) 100 ml 1 N Essigsäure, b) zu 100 ml einer Pufferlösung aus 0,1 N Essigsäure und 0,15 molarer Natriumacetat-Lösung gefügt werden (K_s der Essigsäure = $1{,}8 \cdot 10^{-5}$)?

c) Löslichkeitsprodukt

Das Massenwirkungsgesetz ist in der bisher beschriebenen Form nur auf Reaktionen anwendbar, die in einer homogenen Phase (Gase, Lösungen) ablaufen. Für heterogene, bei denen z.B. ein fester Stoff mit gelösten Bestandteilen im Gleichgewicht steht, gilt das Massenwirkungsgesetz in etwas abgewandelter Form. Als Beispiel für eine derartige

Gleichgewichtsreaktion soll der Lösungsvorgang eines schwerlöslichen Salzes betrachtet werden. Hierzu stelle man sich eine gesättigte wäßrige Lösung des schwerlöslichen Silberchlorids vor, in der noch ungelöstes Silberchlorid als Bodenkörper vorhanden ist. Das Lösungsgleichgewicht läßt sich nun in zwei Teilreaktionen zerlegen, zunächst wird das feste, kristalline AgCl ($AgCl_{fest}$) mit gelöstem, aber undissoziierten AgCl-Molekülen ($AgCl_{gel.}$) im Gleichgewicht stehen:

$$AgCl_{fest} \rightleftharpoons AgCl_{gel.}$$

Gleichzeitig herrscht aber zwischen dem gelösten AgCl und seinen dissoziierten Ionen Ag^+ und Cl^- Gleichgewicht. Dafür gilt:

$$AgCl_{gel.} \rightleftharpoons Ag^{\oplus} + Cl^{\ominus}$$

Da sich der zweite Vorgang in homogener Phase abspielt, kann hierauf das Massenwirkungsgesetz zur Anwendung kommen:

$$K = \frac{[Ag^{\oplus}] \cdot [Cl^{\ominus}]}{[AgCl_{gel.}]}$$

Nun ist die Konzentration des gelösten, undissoziierten AgCl aber konstant, da eine gesättigte Lösung vorliegt (die Sättigungskonzentration ist für jeden Stoff bei einer bestimmten Temperatur konstant). Sie kann daher mit in die Gleichgewichtskonstante einbezogen werden. Die sich hieraus ergebende neue Konstante $[AgCl_{gel.}] \cdot K$ wird als Löslichkeitsprodukt bezeichnet:

$$[Ag^{\oplus}] \cdot [Cl^{\ominus}] = L_{AgCl}$$

Allgemein gilt: Das Löslichkeitsprodukt ist das Ionenprodukt der gesättigten Salzlösung. Daraus folgt, daß ein Salz aus seiner Lösung ausfällt, sobald das Produkt seiner Ionenkonzentrationen den Wert des Löslichkeitsproduktes überschreitet; umgekehrt wird ein Stoff sich wieder auflösen, wenn durch Verdünnen oder aber durch Zusatz eines Reagens' sein Löslichkeitsprodukt unterschritten wird.

Die Löslichkeitsprodukte der meisten Salze sind bekannt; doch lassen sie keine Aussage darüber zu, wieviel Mol eines Salzes in einem Liter Wasser gelöst werden können. Die molare Löslichkeit eines Salzes der Zusammensetzung A_xB_y (A = Kation, B = Anion) läßt sich jedoch aus dem Ionenprodukt leicht berechnen. Für das Gleichgewicht gilt:

$$A_xB_y \rightleftharpoons x\, A^{n\oplus} + y\, B^{m\ominus}$$

Das Löslichkeitsprodukt gehorcht folgender Beziehung:

$$L = [A^{n\oplus\, x}] \cdot [B^{m\ominus\, y}]$$

Da ein dissoziierendes Molekül A_xB_y x Ionen A^{n+} und y Ionen B^{m-} freisetzt, kann man schreiben:

$$[A^{n\oplus}] = x \cdot [A_xB_y]$$
$$[B^{m\ominus}] = y \cdot [A_xB_y]$$

Diese Überlegung setzt voraus, daß der gelöste Anteil des Salzes vollständig dissoziiert ist. Dies trifft in der Regel zu. Führt man diese Beziehung in das Löslichkeitsprodukt ein, so ergibt sich:

$$L = x^x \cdot [A_xB_y]^x \cdot y^y \cdot [A_xB_y]^y$$

$$A_xB_y = \sqrt[x+y]{\frac{L}{x^x \cdot y^y}} \qquad \text{molare Löslichkeit}$$

Beispiel 1: Es soll die in g/Liter ausgedrückte Löslichkeit von Calciumoxalat in Wasser berechnet werden, unter der Annahme, daß der gelöste Anteil des Salzes vollkommen dissoziiert ist. Das Löslichkeitsprodukt von Calciumoxalat beträgt $L = 1{,}8 \cdot 10^{-9}$. Die stöchiometrische Zusammensetzung des Salzes CaC_2O_4 liefert für $x = y = 1$; Einsetzen in die Formel für die molare Löslichkeit:

$$\sqrt[1+1]{\frac{1{,}8 \cdot 10^{-9}}{1^1 \cdot 1^1}} = \sqrt{1{,}8 \cdot 10^{-9}}$$

Unter Berücksichtigung der Molekularmasse von CaC_2O_4 (128,1)

$$[CaC_2O_4] = 5{,}4 \cdot 10^{-3} \text{ g/Liter}$$

Beispiel 2: Es soll der pH-Wert berechnet werden, bei dem aus einer 0,1-N-Mg^{2+}-Salzlösung Magnesiumhydroxid, $Mg(OH)_2$, ausfällt. Das Löslichkeitsprodukt von $Mg(OH)_2$ beträgt 10^{-11}.

$$L_{Mg(OH)_2} = [Mg^{2\oplus}] \cdot [OH^{\ominus}]^2$$

Folglich ist

$$[OH^{\ominus}] = \sqrt{\frac{L}{[Mg^{2\oplus}]}} \qquad . \qquad [OH^{\ominus}] = \sqrt{\frac{10-11}{10^{-1}}} \frac{mol}{l}$$
$$[OH^{\ominus}] = 10^{-5} \frac{mol}{l}$$

Die OH^--Ionenkonzentration, bei der die Fällung des $Mg(OH)_2$ beginnt, ist demnach $10^{-5} \frac{mol}{l}$. Mit Hilfe des Ionenprodukts des Wassers errechnet sich die Wasserstoff-Ionenkonzentration zu 10^{-9}. Bei pH = 9 fällt also $Mg(OH)_2$ aus.

Versuch 50

Neutralisiere im Becherglas etwa 5 ml ungefähr 2 N $HClO_4$ mit verdünnter Kalilauge. Der Niederschlag wird abfiltriert und mehrmals mit Wasser auf dem Filter ausgewaschen. Darauf löst man das Kaliumperchlorat in heißem Wasser und läßt danach erkalten. Dabei scheidet sich der größte Teil des Salzes wieder aus. Die gesättigte Lösung wird erneut abfiltriert und gleichmäßig auf drei Reagenzgläser verteilt. Zu der ersten Probe setzt man konzentriertes KOH, zur zweiten $HClO_4$ und zur dritten etwas Kochsalz-Lösung hinzu. Was beobachtet man und wie kann dies erklärt werden?

Versuch 51

Zu einigen ml der ausstehenden Magnesiumchlorid-Lösung setzt man verdünntes Ammoniakwasser hinzu. Es entsteht eine Fällung von Magnesiumhydroxid; versetze die Probe nun mit Ammoniumchlorid-Lösung. Erkläre den Befund!

Versuch 52

Etwas Zinksulfat-Lösung wird mit Ammoniumsulfid-Lösung versetzt. Es fällt ein weißer Niederschlag von Zinksulfid aus.

$$Zn^{2\oplus} + S^{2\ominus} \longrightarrow ZnS$$

Beim Ansäuern mit verdünnter Mineralsäure geht das Zinksulfid in Lösung In neutraler und ammoniakalischer Lösung wird das Löslichkeitsprodukt des Zinksulfids überschritten.

$$L = [Zn^{2\oplus}]\cdot[S^{2\ominus}]$$

Es fällt also aus. Die Auflösung beim Zusatz von Säuren läßt sich nach dem Massenwirkungsgesetz verstehen. Schwefelwasserstoff ist nur eine außerordentlich schwache Säure, deren beide Dissoziationskonstanten sehr kleine Werte haben.

$$K = k_1 \cdot k_2 = \frac{[H^{\oplus}]^2 \cdot [S^{2\ominus}]}{[H_2S]}$$

Durch die zugesetzten Protonen wird die Konzentration der S^{2-}-Ionen soweit zurückgedrängt, daß das Löslichkeitsprodukt unterschritten wird und das Zinksulfid wieder in Lösung geht. Aus einer mineralsauren Zinksalz-Lösung kann daher mit Schwefelwasserstoff kein Zinksulfid ausfallen.

Versuch 53

Für die qualitative Analyse der anorganischen Stoffe ist es von Bedeutung, daß alle Kationen mit Hilfe des Schwefelwasserstoffs in drei große analytische Gruppen eingeteilt werden können. Die Schwefelwasserstoff-Gruppe setzt sich aus den Metallen zusammen, die in mineralsaurer Lösung schwerlösliche Sulfide bilden. Die Löslichkeitsprodukte dieser Metallsulfide sind folglich sehr klein. In der Schwefelammonium-Gruppe werden die Elemente zusammengefaßt, deren Sulfide nur in neutraler oder ammoniakalischer Lösung ausfallen. In der dritten Gruppe stehen schließlich alle Metalle, die überhaupt keine schwerlöslichen Sulfide bilden und die daher bei Zusatz des Reagens' $(NH_4)_2S$ auch in ammoniakalischem Medium in Lösung bleiben.
Es werden jeweils wenige Kristalle folgender Salze in zehn verschiedene Reagenzgläser gegeben:
$MnSO_4$, $CdCl_2$, $NiSO_4$, $CaCl_2$, $FeSO_4$, $SbCl_3$, $Al_2(SO_4)_3$, KNO_3, $CuSO_4$, $HgCl_2$.
Mit Ausnahme des Antimonchlorids löst man alle Salze in 3-4 ml Wasser, das $SbCl_3$ in verdünnter Salzsäure. Nun wird zu jeder Salzlösung - ausgenommen das $SbCl_3$ - ein ml konzentrierter HCl und darauf nach Durchmischen etwas H_2S-Wasser gefügt. Bei den Metallen, die analytisch in die Schwefelwasserstoff-Gruppe gehören, scheidet sich ein Sulfid-Niederschlag ab. Schreibe die zur H_2S-Gruppe gehörigen Elemente auf und formuliere die Reaktionsgleichungen für die Sulfidfällungen! Nun fügt man zu den klargebliebenen Proben konzentriertes Ammoniakwasser bis zur ammoniakalsichen Reaktion hinzu. Jetzt fallen die Metalle der Ammonsulfid-Gruppe aus. Notiere das Ergebnis und gib die Gleichungen für die Sulfidfällungen an! Welche der untersuchten Metalle bilden auch in ammoniakalischer Lösung keine schwerlöslichen Sulfide? Der aus der Alu-

miniumsalz-Lösung abgeschiedene Niederschlag ist kein Aluminiumsulfid sondern Aluminiumhydroxid, $Al(OH)_3$. Erkläre diese Erscheinung aufgrund der Hydrolyse!

Versuch 54

In eine stark verdünnte Kaliumchromat-Lösung gibt man einige Tropfen Silbernitrat-Lösung. Es fällt braunrotes Silberchromat aus. Setzt man nun etwas Natriumchlorid-Lösung hinzu, so verschwindet der Chromatniederschlag und an seine Stelle tritt ein Chloridniederschlag. Erkläre dieses Ergebnis mit dem Massenwirkungsgesetz!

Versuch 55

Versetze 2 ml einer Silbernitrat-Lösung mit überschüssiger Natriumthiosulfat-Lösung, dann lasse je einen Teil dieser Lösung mit einigen Tropfen Natriumchlorid- und Natriumbromid-Lösung sowie mit Schwefelwasserstoffwasser reagieren! Erkläre den Befund!

Aufgabe 24

Ordne folgende Substanzen nach ihrer molaren Löslichkeit:

$BaSO_4$ ($L=1{,}08\cdot10^{-10}$), $Fe(OH)_2$ ($L=4{,}8\cdot10^{-16}$), $Fe(OH)_3$ ($L=3{,}8\cdot10^{-38}$), HgS ($L=3\cdot10^{-54}$), Bi_2S_3 ($L=1{,}6\cdot10^{-72}$), $Ag_2Cr_2O_7$ ($L=2\cdot10^{-7}$), Ag_2CrO_4 ($L=4{,}05\cdot10^{-12}$)

und **gib** an, wieviele Moleküle HgS in einem Liter Wasser gelöst sind. Berechne außerdem, wieviel Wasser nötig wäre, um mindestens ein Molekül zu lösen!

Aufgabe 25

Mit wieviel Wasser darf eine Calciumoxalat-Fällung gewaschen werden, damit höchstens 0,4 mg CaC_2O_4 in Lösung gehen ($L=1{,}8\cdot10^{-9}$)?

Aufgabe 26

Berechne die maximale Konzentration an Mg^{2+}-Ionen in einer Lösung, die in 100 ml 10 ml 25%iges Ammoniakwasser von der Dichte 0,91 und 2 g Ammoniumchlorid enthält ($L_{Mg(OH)_2} = 4\cdot10^{-11}$, $K_b=1{,}8\cdot10^{-5}$)!

Kapitel 6

a) Oxidation - Reduktion

Unter Oxidation verstand man ursprünglich die Aufnahme von Sauerstoff, wie sie z.B. bei der Verbrennung des Magnesiums zu Magnesiumoxid (Versuch 2) erfolgt. Ein Vergleich dieser Reaktion mit der Verbrennung des Zinks oder des Antimons in elementarem Chlor (Versuch 8) läßt indessen schon äußerlich eine große Verwandtschaft zwischen beiden Reaktionsabläufen erkennen. Nach den heutigen Vorstellungen vom Bau der Atome und der Natur der chemischen Bindung handelt es sich in der Tat um wesensgleiche Vorgänge, die darauf beruhen, daß von dem metallischen Element - Mg oder Zn - bei der Vereinigung mit dem Nichtmetall Elektronen auf das Sauerstoff- oder das Chlor-Atom übertragen werden. Solche Vorgänge lassen sich dabei in zwei Teilreaktionen zerlegen. Einerseits gibt das Metall Elektronen ab, wobei in diesen Fällen gleich zweifach geladene Kationen entstehen:

1) Oxidation: $Mg \longrightarrow Mg^{2\oplus} + 2\,e^{\ominus}$

$Zn \longrightarrow Zn^{2\oplus} + 2\,e^{\ominus}$

Die Elektronen werden andererseits von dem jeweiligen Nichtmetall-Atom aufgenommen, wobei dieses seine äußere Elektronenschale zu einer stabilen Elektronenkonfiguration ergänzt. Sauerstoff benötigt hierzu zwei, wogegen das Chlor-Atom nur ein Elektron aufnimmt, so daß für die Bindung der beiden vom Zink abgegebenen Elektronen gleich zwei Chlor-Atome oder ein Chlor-Molekül erforderlich sind:

2) Reduktion: $O + 2\,e^{\ominus} \longrightarrow O^{2\ominus}$

$Cl_2 + 2\,e^{\ominus} \longrightarrow 2\,Cl^{\ominus}$

Der Vorgang der Elektronenabgabe wird als Oxidation, der hierzu umgekehrte, durch Elektronenaufnahme gekennzeichnete Prozeß dagegen als Reduktion bezeichnet. Mit der Oxidation ist stets eine Erhöh ung der Oxidationsstufe verbunden, während die Reduktion eines Stoffes die Erniedrigung seiner Oxaditionsstufe zur Folge hat. Beide Vorgänge laufen stets miteinander verkoppelt ab, sie können nur im Zusammenhang betrachtet werden. Eine Substanz kann ihre Elektronen nur in Gegenwart eines Stoffes abgeben, der sie seinerseits aufnimmt. Ähnlich wie in Kapitel 3 Säure-Base-Reaktionen als Konkurrenzreaktionen um Protonen bezeichnet wurden, stellen Oxidations-Reduktions-Vorgänge Konkurrenzreaktionen um Elektronen dar.

Als Oxidationsmittel wirken daher Stoffe, die eine Tendenz zur Aufnahme von Elektronen besitzen und somit die Oxidationsstufe des zu oxidierenden Stoffes erhöhen. Von den Elementen sind es außer Sauerstoff vor allem die Halogene Fluor, Chlor, Brom, Iod. Daneben gibt es zahlreiche Verbindungen, die leicht Sauerstoff abgeben, wie z.B. Wasserstoffperoxid, Kaliumpermanganat, Kaliumdichromat, Salpetersäure und andere. Schließlich wirken auch hochgeladene Metall-Kationen, wie Fe^{3+} und Pb^{4+} oxidierend, da sie in niedrigeren Oxidationsstufen oft beständiger sind. Das gleiche gilt für Edelmetall-Kationen, wie Cu^{+}, Ag^{+} und andere, die dann zum Metall reduziert werden. Oxidationsmittel sind also Elektronenacceptoren. Analog verhalten sich Reduktionsmittel als Elektronendonatoren. Sie gehen unter Elektronenabgabe in einen Zustand höherer Oxidationszahl über. Zu dieser Gruppe gehören die meisten Metalle, Kohlenstoff, Kohlenmonoxid, ferner Wasserstoff und Wasserstoff abgebende Verbindungen (meist organische Moleküle), sowie Ionen niederer Oxidationsstufe, die in einer höheren beständiger sind.

Oxidations-Reduktionsreaktionen – häufig als Redox-Reaktionen abgekürzt – erfolgen also nicht nur zwischen elementaren Stoffen, sondern weit häufiger zwischen mehr oder weniger kompliziert gebauten Ionen oder Molekülen. Ein Beispiel hierfür ist die Oxidation des Fe^{2+} zum Fe^{3+} mit Kaliumpermanganat in saurer Lösung:

$$MnO_4^{\ominus} + 5\,Fe^{2\oplus} + 8\,H^{\oplus} \longrightarrow Mn^{2\oplus} + 5\,Fe^{3\oplus} + 4\,H_2O$$

Diese zunächst nur schwer überschaubare Reaktionsgleichung wird übersichtlicher, wenn man sie in zwei Teilschritte zerlegt: Den Prozeß der Elektronenabgabe und den der Elektronenaufnahme. Dabei geht man folgendermaßen vor. In der stöchiometrisch unvollständigen Gleichung des Stoffumsatzes

$$\overset{+7}{Mn}O_4^{\ominus} + \overset{+2}{Fe}{}^{2\oplus} \longrightarrow \overset{+2}{Mn}{}^{2\oplus} + \overset{+3}{Fe}{}^{3\oplus}$$

(Edukte und Produkte müssen bekannt sein) werden zunächst die Oxidationsstufen der Reaktionsteilnehmer bestimmt und die Gleichung in eine Oxidationsgleichung (unter Elektronenabgabe) und eine Reduktionsgleichung (unter Elektronenaufnahme) zerlegt.

$$\text{Ox.:}\quad \overset{+2}{Fe}{}^{2\oplus} \longrightarrow \overset{+3}{Fe}{}^{3\oplus} + e^{\ominus}$$

$$\text{Red.:}\quad \overset{+7}{Mn}O_4^{\oplus} + 5\,e^{\ominus} \longrightarrow \overset{+2}{Mn}{}^{2\oplus}$$

Dabei wird die der Oxidationsstufendifferenz entsprechende Zahl von Elektronen freigesetzt oder gebunden. Als nächstes prüft man jede Teilgleichung auf ihre stöchiometrische Richtigkeit. Rechts und links des Reaktionspfeiles müssen die gleichen Atome in konstanten Mengenverhältnissen auftreten. Außerdem müssen beide Seiten die gleiche Gesamtladung (inklusive übertragener Elektronen) aufweisen. Dies ist im obigen Beispiel für die Oxidationsgleichung der Fall. Die Reduktionsgleichung wird korrigiert, indem man die bei der Reaktion freiwerdenden vier Sauerstoff-Atome (formal O^{2-}-Ionen, die in wäßriger Lösung jedoch nicht existieren können) mit der entsprechenden Anzahl von H^{+}-Ionen zu Wasser bindet (in diesem Fall 8):

$$MnO_4^{\ominus} + 8\,H^{\oplus} + 5\,e^{\ominus} \longrightarrow Mn^{2\oplus} + 4\,H_2O$$

Wird bei dieser Teilreaktion Sauerstoff (als O^{2-}) verbraucht, wird er als Wasser H_2O in die Gleichung eingeführt. Auf der rechten Seite werden dann natürlich entsprechend viele Protonen frei (s. nächstes Beispiel).

Um die beiden Teilgleichungen zu einer Bruttoreaktionsgleichung zusammensetzen zu können, müssen sie je mit einem Faktor multipliziert werden, der gewährleistet, daß nach Addition der beiden Teilgleichungen keine freien Elektronen in der Gesamtgleichung auftreten:

$$\text{Ox.:}\quad Fe^{2\oplus} \longrightarrow Fe^{3\oplus} + e^{\ominus} \qquad | \times 5$$

$$\text{Red.:}\quad MnO_4^{\ominus} + 8\,H^{\oplus} + 5\,e^{\ominus} \longrightarrow Mn^{2\oplus} + 4\,H_2O \qquad | \times 1$$

$$MnO_4^{\ominus} + 5\,Fe^{2\oplus} + 8\,H^{\oplus} \longrightarrow Mn^{2\oplus} + Fe^{3\oplus} + 4\,H_2O$$

Die Bruttogleichung wird nun nochmals auf ihre stöchiometrische Richtigkeit überprüft; außerdem müssen die Summen der Ladungen rechts und links des Reaktionspfeils gleich groß sein.

Ein weiteres Beispiel stellt die Oxidation von Sulfit zu Sulfat-Ionen durch Kaliumdichromat dar, das dabei selbst zu Cr^{3+} reduziert wird. Stoffumsatz:

$$\overset{+6}{Cr_2}O_7^{2\ominus} + SO_3^{2\ominus} \longrightarrow \overset{+3}{Cr}{}^{3\oplus} + \overset{+6}{S}O_4^{2\ominus}$$

Zerlegung in zwei Teilgleichungen:

$$\text{Ox.:}\quad \overset{+4}{S}O_3^{2\ominus} \longrightarrow \overset{+6}{S}O_4^{2\ominus} + 2\,e^{\ominus}$$

$$\text{Red.:}\quad \overset{+6}{Cr_2}O_7^{2\ominus} + 6\,e^{\ominus} \longrightarrow 2\,\overset{+3}{Cr}{}^{3\oplus}$$

Bindung formal freiwerdender oder verbrauchter O^{2-}-Ionen mit H^+:

$$\text{Ox.:}\quad SO_3^{2\ominus} + H_2O \longrightarrow SO_4^{2\ominus} + 2\,H^{\oplus} + 2\,e^{\ominus}$$

$$\text{Red.:}\quad Cr_2O_7^{2\ominus} + 14\,H^{\oplus} + 6\,e^{\ominus} \longrightarrow 2\,Cr^{3\oplus} + 7\,H_2O$$

Multiplikation der beiden Teilgleichungen mit geeigneten Faktoren und Zusammenfassung:

$$\text{Ox.:}\quad SO_3^{2\ominus} + H_2O \longrightarrow SO_4^{2\ominus} + 2\,H^{\oplus} + 2\,e^{\ominus} \qquad | \times 3$$

$$\text{Red.:}\quad Cr_2O_7^{2\ominus} + 14\,H^{\oplus} + 6\,e^{\ominus} \longrightarrow 2\,Cr^{3\oplus} + 7\,H_2O \qquad |$$

$$Cr_2O_7^{2\ominus} + 3\,SO_3^{2\ominus} + 14\,H^{\oplus} + 3\,H_2O \longrightarrow 3\,SO_4^{2\ominus} + 2\,Cr^{3\oplus} + 6\,H^{\oplus} + 7\,H_2O$$

Kürzen:

$$Cr_2O_7^{2\ominus} + 3\ SO_3^{2\ominus} + 8\ H^{\oplus} \longrightarrow 3\ SO_4^{2\ominus} + 2\ Cr^{3\oplus} + 4\ H_2O$$

Versuch 56

Etwas Schwefelwasserstoffwasser wird mit einigen Tropfen einer Iod-Lösung versetzt. Iod oxidiert die Sulfid-Ionen zu elementarem Schwefel, der sich in fein verteilter Form ausscheidet, während das Iod unter Bildung von Iodid-Ionen entfärbt wird:

$$I_2 + S^{2\ominus} \longrightarrow 2\ I^{\ominus} + S$$

Versuch 57

Zu einer mit verdünnter Schwefelsäure angesäuerten Lösung von Kaliumiodid fügt man einige Tropfen verdünnte Wasserstoffperoxid-Lösung. Es scheidet sich braunes, elementares Iod ab. Das Wasserstoffperoxid geht dabei in Wasser über. Formuliere die Reaktionsgleichung und erkläre die Notwendigkeit, den Versuch in saurem Medium durchzuführen!

Versuch 58

Für die Reduktion einer Arsenverbindung benutzt man ein nach Abb.13 hergerichtetes Reagenzglas. Der Versuch ist unbedingt unter dem Abzug durchzuführen! In dem Reagenzglas fügt man zu etwas arseniger Säure ($As_2O_3 + H_2O$) einige Stückchen granuliertes Zink, einen Tropfen verdünnte Kupfersulfat-Lösung und wenig konzentrierte Schwefelsäure. Das Kupfersulfat dient zur Erzeugung eines Lokalelements (s. Lehrbücher der anorganischen Chemie). Das Reagenzglas darf erst dann mit dem durchbohrten Stopfen verschlossen werden, wenn sich einige Zeit Wasserstoff entwickelt hat, und die Knallgasprobe gezeigt hat, daß kein Sauerstoff mehr im Reagenzglas vorhanden ist. Bei Anwesenheit von Sauerstoff im Röhrchen würde der Stopfen durch die Knallgasexplosion herausgeschossen. Darauf wird das entweichende Gas entzündet, wobei der Arsenwasserstoff mit fahlblauer Flamme zu einem weißen Rauch von Arsen(III)oxid verbrennt. Kühlt man jedoch die Flamme an der inneren Wandung einer kalten Porzellanschale, bleibt die Oxidation des Arsenwasserstoffs mit dem Luftsauerstoff auf der Stufe des metallischen Arsens stehen, so daß sich ein schwarzer Fleck des Metalls an der betreffenden Stelle der Porzellanschale bildet. Bei Abwesenheit von Sauerstoff zerfällt Arsenwasserstoff hingegen in die Elemente. Löse nun das in der Porzellanschale gebildete Arsen in alkalischer Wasserstoffperoxid-Lösung, wobei wieder Arsensäure entsteht. Diese als MARSHsche Probe bezeichnete Folge von Redox-Reaktionen dient zum Nachweis des Arsens bei Arsenvergiftungen. Formuliere sämtliche Redox-Gleichungen des Versuchs!

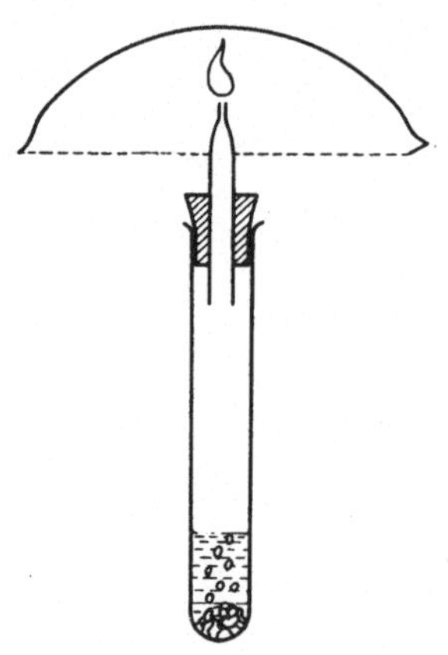

Abb.13 Vereinfachte MARSHsche Probe zum As-Nachweis

Versuch 59

Zu einigen ml einer wäßrigen Lösung von schwefliger Säure fügt man im Reagenzglas 2-3 Spatelspitzen Zn-Staub. Es wird 5 min lang durchgeschüttelt und anschließend filtriert. Zum Nachweis des entstandenen Zinkdithionits, ZnS_2O_4, füge man etwas $AgNO_3$-Lösung zum Filtrat, es bildet sich ein schwarzgrauer Niederschlag von metallischem Silber. Dithionite sind wegen der labilen S-S-Bindung, über die beide $-SO_2^-$-Gruppen verknüpft sind, starke Reduktionsmittel, schweflige Säure würde unter diesen Bedingungen das Ag^+ nicht zu Ag reduzieren. Das Zink-Metall hat zuvor die schweflige Säure zu Dithionit reduziert. Beachte hierbei, daß die Reduktion ohne Entwicklung von Wasserstoffgas verläuft. Die Elektronen werden direkt vom Metall an das S-Atom abgegeben. Dies ist bei allen Reduktionen mit Metallen der Fall. Es ist also nicht notwendig, Wasserstoff als intermediäres Reduktionsmittel anzunehmen. Formuliere die beiden Redox-Gleichungen!

Versuch 60
In schwefelsaurer Lösung füge man zu einer sehr verdünnten Kaliumpermanganat-Lösung einige Tropfen einer Lösung von Eisen(II)sulfat. Es erfolgt unter Entfärbung des MnO_4^--Ions Reduktion zu Mn^{2+}. Gleichzeitig wird das zweiwertige Eisen zu dreiwertigem oxidiert. Formuliere die Reaktionsgleichung!

Versuch 61
Zu einer mit einem ml verdünnter Schwefelsäure angesäuerten verdünnten Kaliumpermanganat-Lösung füge man einige Tropfen Oxalsäure-Lösung hinzu. In der Kälte wird die Lösung erst nach einiger Zeit entfärbt, da die Reaktion durch Mn^{2+}-Ionen katalysiert wird. Dabei entwickelt sich Kohlendioxid. Weise das Gas mit Barytwasser nach, das an einem Tüpfelrohr in den Gasraum über die Flüssigkeit gehalten wird. In der Hitze verläuft die Reaktion schneller. Formuliere die Reaktionsgleichung!

Versuch 62
Zu einer mit verdünnter Schwefelsäure angesäuerten Lösung von Kaliumpermanganat wird tropfenweise eine 3%ige Wasserstoffperoxid-Lösung gegeben. Wasserstoffperoxid wird zu Sauerstoff oxidiert, während das Oxidationsmittel MnO_4^- zu Mn^{2+} reduziert wird. Man überzeuge sich mit einem glimmenden Holzspan davon, daß das entweichende Gas tatsächlich Sauerstoff ist. Der Versuch zeigt, daß ein Oxidationsmittel, wie das H_2O_2, dann als Reduktionsmittel reagiert, wenn es mit einem stärkeren Oxidationsmittel in Berührung kommt. Gib die Gleichung an!

Versuch 63
Zu einer mit verdünnter Natronlauge alkalisch gemachten Permanganat-Lösung fügt man einige ml einer verdünnten Dinatriumsulfit-Lösung hinzu. Es scheidet sich schwerlösliches, braunes Mangandioxid ab; das Sulfit-Ion ist dabei zum Sulfat-Ion oxidiert worden. Das Beispiel zeigt, daß die Reduktion des Permangant-Ions in alkalischer Lösung nur bis zur vierwertigen Oxidationsstufe des Mangans verläuft. Formuliere die Gleichung!

Versuch 64
Zu wenigen ml einer Kaliumchlorat-Lösung gibt man schweflige Säure. Schweflige Säure reduziert Chlorat zu Chlorid, dabei wird sie zur Schwefelsäure oxidiert. Weise das entstandene Cl^- und SO_4^{2-} nach und stelle die Bruttogleichung für die Reaktion auf!

Aufgabe 27
Man übe das Aufstellen von Redox-Gleichungen und gebe Bruttcgleichungen für die folgenden, qualitativ beschriebenen Umsetzungen an:

1) $MnO_4^- + I^- \longrightarrow Mn^{2+} + I_2 + H_2O$

2) $Cu + NO_3^- \longrightarrow Cu^{2+} + NO + H_2O$

3) $IO_3^- + I^- \longrightarrow I_2 + H_2O$

Oxidation organischer Moleküle: Bei organischen, wasserstoffhaltigen Verbindungen ist die Oxidation häufig mit einer Abspaltung von Wasserstoff, einer sogenannten Dehydrierung, verbunden. In diesen Fällen kann man bei der Aufstellung der Gleichungen die abgespaltenen Wasserstoff-Atome in Protonen und Elektronen zerlegen und diese in die entsprechende Seite der Reaktionsgleichung einsetzen. Eine weitere, allgemein gültigere Methode besteht in der Bestimmung der Oxidationsstufe des Kohlenstoffs, der oxidiert oder reduziert wird. Ein typisches Beispiel für eine derartige Dehydrierung ist die Oxidation von Ethanol zu Acetaldehyd, die leicht mit Dichromat-Ionen erfolgt:

$$\text{Ox.:}\quad \overset{-1}{C}H_3\text{-}CH_2\text{-}OH \quad\quad \overset{+1}{CH_3\text{-}C}(=O)H \;+\; 2\,H^{\ominus} \;+\; 2\,e^{\ominus} \quad | \times 3$$

$$\text{Red.:}\quad \overset{+6}{Cr_2}O_7^{2\ominus} \;+\; 14\,H^{\oplus} \;+\; 6\,e^{\oplus} \quad\quad 2\,\overset{+3}{Cr}{}^{3\oplus} \;+\; 7\,H_2O \quad | \times 1$$

$$3\,CH_3\text{-}CH_2\text{-}OH \;+\; Cr_2O_7^{2\ominus} \;+\; 8\,H^{\oplus} \quad\quad 3\,CH_3\text{-}C(=O)H \;+\; 2\,Cr^{3\oplus} \;+\; 7\,H_2O$$

Versuch 65
2 ml einer verdünnten Kaliumchromat-Lösung werden mit dem gleichen Volumen konzentrierter Schwefelsäure versetzt und durchmischt. Zu der Mischung gibt man etwas Ethanol. Die Lösung färbt sich beim Kochen grün. Alle Salze des Chrom(III) sind in der Siedehitze grün gefärbt. Der durch Oxidation aus dem Ethanol entstandene Acetaldehyd wird an seinem stechenden Geruch erkannt.

Aufgabe 28
Erstelle die Bruttogleichungen für folgende Umsetzungen:

1) $C_6H_5\text{-}CH_3 + Cr_2O_7^{2-} \longrightarrow C_6H_5\text{-}COOH + Cr^{3+}$
2) $C_6H_5\text{-}S\text{-}C_6H_5 + MnO_4^- \longrightarrow C_6H_5\text{-}SO_2\text{-}C_6H_5 + Mn^{2+}$
3) $C_3H_7\text{-}OH + H_2O_2 \longrightarrow C_2H_5\text{-}COOH + H_2O$

Disproportionierungen: Wird im Verlauf einer Reaktion ein und derselbe Stoff sowohl oxidiert als auch reduziert, so bezeichnet man diesen Vorgang als Disproportionierung. Bei dieser Reaktion wirkt derselbe Stoff gegenüber gleichartigen Molekülen als Oxidationsmittel, wobei er selber reduziert wird. Da bei diesem Zerfall der Stoff nach der Umsetzung in einer höheren und einer niedrigeren Oxidationsstufe vorliegt - verglichen mit dem Ausgangszustand -, können nur Verbindungen mittlerer Oxidationsstufen disproportionieren. Eine typische Disproportionierung ist die Alkalireaktion der Halogene (s. Versuch 43).

Versuch 66
Man löse einige Kriställchen Iod in Natronlauge auf. Die Lösung entfärbt sich unter Bildung von Iodid und Hypoiodit. Das Hypoiodit-Ion ist nicht beständig und disproportioniert weiter zu Iodid und Iodat. Formuliere die beiden Disproportionierungsgleichungen. Säure nun die Lösung an und erkläre unter Zuhilfenahme des Massenwirkungsgesetzes den experimentellen Befund.

Versuch 67
5 ml einer Quecksilber(I)nitrat-Lösung ($Hg_2(NO_3)_2$) werden mit 5 ml verdünnter HCl versetzt. Es fällt farbloses Kalomel (Hg_2Cl_2) aus. Der Niederschlag wird abfiltriert und mit verdünntem Ammoniak übergossen. Deute die dabei gemachten Beobachtungen! Zur Hilfe: Quecksilber(I)-Salze enthalten keine Hg^+-Ionen, sondern $^+Hg\text{-}Hg^+$-Ionen (daher die ungewöhnliche Schreibweise). Hg(II)-Salze reagieren mit NH_3 bei Anwesenheit von Cl^--Ionen zum $(Hg\text{-}NH_2)_n^+Cl_n^-$ (lange gewinkelte Kationenketten), dem unschmelzbaren Präzipitat, einer außerordentlich stabilen Verbindung.

Die Umkehrung der Disproportionierung wird als **Symp**roportionierung bezeichnet. So fällt beispielsweise aus einer alkalischen Permanganat-Lösung bei Zugabe von Mn^{2+}-Ionen Braunstein aus. Erstelle die Reaktionsgleichung!

b) Elektrochemische Spannungsreihe

Wie aus Versuch 58 und 62 hervorgeht, kann ein und derselbe Stoff (in diesem Fall H_2O_2) sowohl Oxidationsmittel als auch Reduktionsmittel sein. Eine Voraussage darüber, wann sich ein Stoff als Reduktions- oder Oxidationsmittel verhält und inwieweit Konzentration, Temperatur und pH-Wert seine Eigenschaften bestimmen, ist mit Hilfe der elektrochemischen Spannungsreihe und der NERNSTschen Gleichung möglich, die in diesem Abschnitt behandelt werden sollen.

Wenn man einen Metallstab in Wasser taucht, wird sich soviel Metall in Form von Kationen im Wasser lösen, wie es der Neigung des Metalls entspricht, Elektronen abzugeben. Folglich lädt sich der Metallstab negativ auf, bis der für dieses Me/Me^+-System (Me=Metall) charakteristische Gleichgewichtszustand erreicht ist. Verbindet man zwei derartig behandelte Platten verschiedener Metalle mit ungleicher Elektronenabgabetendenz leitend über einen Spannungsmesser miteinander, wird eine Potentialdifferenz auftreten; es fließen Elektronen von der stärker negativ geladenen Platte zur schwächer negativ geladenen. Da die experimentelle Untersuchung dieses Effektes eine spezielle Versuchsanordnung erfordert, arbeitet man im allgemeinen mit einem sogenannten GALVANIschem Element, in welchem die Metallplatten nicht in Wasser, sondern in eine Salzlösung desselben Metalls eintauchen, und bei denen eine leitende Verbindung zwischen den Metallplatten und über einen Stromschlüssel (meist konzentrierte K-Salzlösungen) zwischen den Lösungen besteht. Abb.14 zeigt diese Anordnung für den Fall einer Zn/Zn^{2+}- und einer Cu/Cu^{2+}-Halbzelle (so heißen die einzelnen Reaktionsgefäße eines GALVANIschen Elements)! Im Falle einer Cu/Cu^{2+}-Zn/Zn^{2+}-Kombination bezeichnet man das GALVANIsche Element auch als DANIELL-Element. Bevor die Leitung zwischen den beiden Zellen hergestellt wird, sind die Zn- und die Cu-Platten ihrer Neigung entsprechend, Elektronen abzugeben, schwach negativ geladen, da die konzentrierten Salzlösungen, in die sie eintauchen, das Gleichgewicht $Me/Me^{2+} + 2\ e^-$ nach links verschieben, Stellt man nun die Leitung her, wird man einen Elektronenfluß von der Zn/Zn^{2+}-Halbzelle zur Cu/Cu^{2+}-Halbzelle feststellen können. Das in der Zn/Zn^{2+}-Halbzelle gestörte Gleichgewicht (die Zn-Platte besitzt ja nicht mehr soviel negative Ladung, wie es dem Zustand vor Einschalten des Stroms entspricht) stellt sich nun dadurch ein, daß verstärkt Zn als Zn^{2+} von der Platte in Lösung geht und die Platte die verlorene Ladung auf diese Weise wieder zurückzugewinnen versucht. In der zweiten Halbzelle befindet sich auf der Cu-Platte durch den Elektronenzufluß eine höhere Ladung als es dem dortigen Gleichgewichtszustand entspricht. Dieser Störung wird nun seitens der Cu/Cu^{2+}-Halbzelle in der Weise entgegengearbeitet, daß sich Cu^{2+}-Ionen aus der Lösung an der Kupferplatte sammeln, die über-

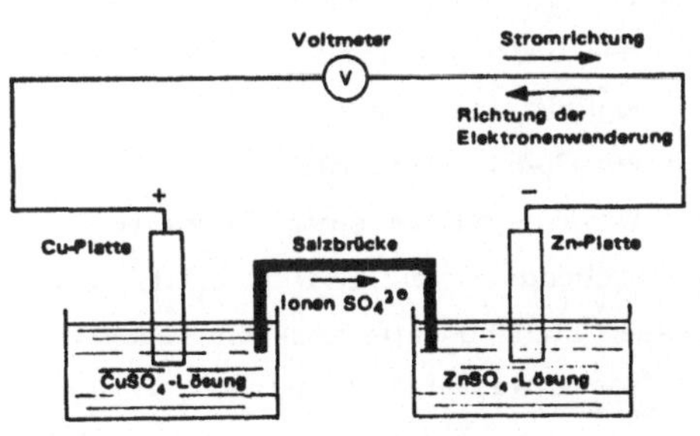

Abb.14 GALVANIsches Element

schüssige Ladung aufnehmen und sich dort als elementares Kupfer abscheiden. Im Endeffekt ist also Zn als Zn^{2+} in Lösung gegangen, es ist oxidiert worden; und zwar von den Cu^{2+}-Ionen, die sich an der Cu-Platte entladen haben. Dieser Vorgang läßt sich durch folgende Gleichung ausdrücken:

$$Cu^{2\oplus} + Zn \longrightarrow Zn^{2\oplus} + Cu$$

Verbindet man eine Cu/Cu^{2+}-Halbzelle in der geschilderten Weise mit einer Ag/Ag^{+}-Halbzelle, löst sich die Kupferplatte auf, während an der Ag-Platte elementares Silber abgeschieden wird. Demzufolge ($2Ag^{+} + Cu \longrightarrow Cu^{2+} + 2\,Ag$) wird ein GALVANIsches Element aus den beiden Halbzellen Ag/Ag^{+} und Zn/Zn^{2+} in der Weise reagieren, daß Zn in Lösung geht und Ag^{+} reduziert wird. Ag^{+} ist also ein stärkeres Oxidationsmittel als Cu^{2+}. Die Stärke läßt sich aus der gemessenen Spannung ableiten, sofern in Lösungen gleicher Konzentration gearbeitet wird. Die sich daraus ergebende Potentialdifferenz besitzt für jedes GALVANIsche Element einen charakteristischen Wert. Für die angegebenen Beispiele mißt man in 1-molaren Lösungen bei 25°C:

Zn/Cu $U = 1{,}11$ V
Cu/Ag $U = 0{,}46$ V
Zn/Ag $U = 1{,}57$ V

Diese Werte stellen die Differenzen je zweier Einzelpotentiale dar $U = E_1 - E_2$ (unter Standardbedingungen, d.h. 1-molare Lösungen, 25°C: $U = E_1^0 - E_2^0$). Da die Absolutweite der Einzelpotentiale selbst nicht gemessen werden können und damit immer nur über die Potentialdifferenz zwischen zwei Halbzellen Angaben möglich sind, hat man sich auf die Einführung eines Normalpotentials geeinigt, das an einer Pt-Elektrode besteht, die bei 25°C in eine 1-molare H^{+}-Ionenlösung taucht und mit Wasserstoff bei einem Druck von 1.013 bar umspült wird. Das an dieser Elektrode herrschende Potential wird als $E^0 = 0$ definiert. Auf diese "Normalwasserstoffelektrode" lassen sich nun alle anderen Redox-Paare beziehen. Mißt man die Cu/Cu^{2+}-Halbzelle gegen die Normalwasserstoffelektrode, findet man:

$$U = E^0_{Cu/Cu^{2+}} - E^0_{H_2/H^+} = E^0_{Cu/Cu^{2+}} - 0 = 0{,}35 \text{ V}$$

Daraus ergibt sich für die angeführten Beispiele:

$$U = E^0_{Cu/Cu^{2+}} - E^0_{Zn/Zn^{2+}} = 1{,}11 \text{ V} = 0{,}35 \text{ V} - E^0_{Zn/Zn^{2+}}$$
$$E^0_{Zn/Zn^{2+}} = -\ 0{,}76 \text{ V}$$

$$U = E^0_{Ag/Ag^+} - E^0_{Cu/Cu^{2+}} \doteq 0{,}46 \text{ V} = E^0_{Ag/Ag^+} - 0{,}35 \text{ V}$$
$$E^0_{Ag/Ag^+} = 0{,}81 \text{ V}$$

Auf ähnliche Weise lassen sich für alle Redox-Paare E^0-Werte erstellen. Um das Verhalten einzelner Redox-Paare besser vergleichen zu können, werden in den Tabellen für Normalpotentiale stets Oxidationsreaktionen angegeben; diese Tabelle heißt chemische Spannungs-

reihe (s. Tab.).
Je negativer der E^0-Wert eines Redox-Paares in der Spannungsreihe, umso größer ist die Reduktionskraft der reduzierten Form. Umgekehrt steigt mit wachsendem E^0-Wert die Oxidationskraft der oxidierten Form. Eine Reaktion findet immer dann statt, wenn ein Reduktionsmittel mit einem in der Spannungsreihe unter ihm stehenden Oxidationsmittel zusammenkommt (s. gepunktete Pfeile).
Bei den bisherigen Überlegungen zu den Vorgängen in einem GALVANIschen Element ist der weitere Verlauf des Elektronenübertragungsvorgangs nach dem Herstellen der leitenden Verbindung zwischen den Einzelzellen unberücksichtigt geblieben. Während die Cu^{2+}-Salzlösung im Laufe der Zeit an Ionen verarmt, wird die Konzentration der Zn^{2+}-Salzlösung ständig zunehmen. Aus diesem Grund nimmt der Elektronenfluß allmählich ab, die Spannung fällt, bis zum Schluß der Elektronenübertragungsprozeß völlig zum Erliegen kommt. Dann hat sich das der Potentialdifferenz entsprechende Gleichgewicht der Ionenkonzentrationen eingestellt. Die Triebkraft der Elektronenübertragung nimmt also im Lauf der Zeit ab.

Elektrochemische Spannungsreihe

RED	OX	E^0 V
Li	$Li^+ + e^-$	-3,03
K	$K^+ + e^-$	-2,92
Na	$Na^+ + e^-$	-2,71
Mg	$Mg^{2+} + 2\ e^-$	-2,40
Al	$Al^{3+} + 3\ e^-$	-1,69
Zn	$Zn^{2+} + 2\ e^-$	-0,76
Fe	$Fe^{2+} + 2\ e^-$	-0,44
H_2	$2\ H^+ + 2\ e^-$	0,00
Cu^+	$Cu^{2+} + e^-$	+0,17
Cu	$Cu^{2+} + 2\ e^-$	+0,35
$2\ I^-$	$I_2 + 2\ e^-$	+0,58
Fe^{2+}	$Fe^{3+} + e^-$	+0,75
Ag	$Ag^+ + e^-$	+0,81
Hg	$Hg^{2+} + 2\ e^-$	+0,86
$2\ Br^-$	$Br_2 + 2\ e^-$	+1,07
$Cr^{3+} + 4\ H_2O$	$CrO_4^{2-} + 8\ H^+ + 3\ e^-$	+1,30
$2\ Cl^-$	$Cl_2 + 2\ e^-$	+1,50
$2\ F^-$	$F_2 + 2\ e^-$	+2,85

Dieses Phänomen erinnert an die Beziehung zwischen der freien Enthalpie ΔG einer Reaktion und deren Gleichgewichtskonstante (s. Kap. 2), aus der eine Abhängigkeit der Triebkraft von den Konzentrationen der Reaktionsteilnehmer hervorging. Eine ähnliche Beziehung ist auch in der Elektrochemie bekannt, ΔE wird bei solchen Vorgängen als elektromotorische Kraft (EMK) bezeichnet:

$$\Delta G = N \cdot F \cdot \Delta E$$

(n = Zahl der an dem Vorgang beteiligten e^-, F = FARADAY-Konstante, ΔE = Potentialdifferenz zwischen zwei beliebigen Redox-Paaren)

Die elektrische Arbeit, die eine Halbzelle leisten kann, beträgt demnach $n \cdot F \cdot E$ und unter Standardbedingungen $n \cdot F . E^0$. Setzt man diese Werte in die Gleichung

$$\Delta G = G^0 + RT \cdot \ln \cdot K$$

ein und berücksichtigt, daß ΔG negativ sein muß, damit die Reaktion abläuft, ergibt sich:

$$-n\ F\ E = -\ n\ F\ E^0 + RT\ \ln\ K$$

$$E = E^0 - \frac{RT}{nF} \ln K$$

Da die Gleichgewichtskonstante für die Redox-Reaktion $Me^+ + e^- \rightarrow Me$ als $K = \frac{[Me^+]}{[Me]}$, allgemein $K = \frac{[RED]}{[OX]}$ zu formulieren ist, schreibt man nach NERNST

$$E = E^0 + \frac{RT}{nF} \ln \frac{[OX]}{[RED]}$$

Mit den Zahlenwerten für R, F und T (=298 K) sowie der Umrechnung von ln in log:

$$E = E^0 + \frac{0{,}059}{n} \log \frac{[OX]}{[RED]}$$

Da sich der logarithmische Ausdruck aus der Gleichgewichtskonstante ableitet, müssen in ihm alle am Gleichgewicht beteiligten Konzentrationen (Ausnahme: H_2O) enthalten sein. Reagiert die reduzierte Form aus heterogener Phase, bleibt [Red] bei der Berechnung von E unberücksichtigt. Die Anwendung dieser Gleichung soll an einem Beispiel erläutert werden.

Es soll die pH-Abhängigikeit der Oxidationskraft des Permanganat-Ions gegenüber den Halogeniden festgestellt werden. Die hier interessierende Teilgleichung der Redox-Reaktion lautet:

$$MnO_4^{\ominus} + 8\ H^{\oplus} + 5\ e^{\ominus} \longrightarrow Mn^{2\oplus} + 4\ H_2O$$

Einsetzen in die NERNSTsche Gleichung und anschließende Umfassung

$$E = E^0 + \frac{0{,}059}{5} \cdot \log \frac{[MnO_4^{\ominus}] \cdot [H^{\oplus}]^8}{[Mn^{2\oplus}]}$$

$$E = E^0 + \frac{0{,}059}{5} \cdot \log \frac{[MnO_4^{\ominus}]}{[Mn^{2\oplus}]} + \log H^{\oplus 8}$$

Unter der Annahme, daß $\frac{[MnO_4^-]}{[Mn^{2+}]} = 10^5$ (fast reine Permanganat-Lösung, da auf 100000 MnO_4^--Ionen nur ein Mn^{2+} kommt) und unter Verwendung des Normalpotentials $E^0 = 1{,}50$ V:

$$E = 1{,}50 + 0{,}0118 \ \log 10^5 + \log [H^{\oplus}]^8$$

$$E = 1{,}50 + 0{,}059 + 0{,}0118 \ \log [H^{\oplus}]^8$$

Rechnet man das Oxidationspotential für verschiedene pH-Werte aus, und vergleicht es mit den E^0-Werten für die Halogenid/Halogen-Gleichgewichte, läßt sich das Ergebnis tabellarisch darstellen:

$$E = 1{,}56 - 0{,}0944 \cdot pH$$

MnO_4^- oxidiert	E^0	Cl^-/Cl	Br^-/Br	I^-/I
		1,36	1,07	0,58
pH	E			
0	1,56	+	+	+
3	1,28	-	+	+
6	0,99	-	-	+

Aufgabe 29

Berechne den pH-Wert, bei dem Permanganat-Ionen Fluorid-Ionen zu elementarem Fluor oxidieren könnten und nenne mindestens zwei Gründe, aus denen dies unmöglich ist!

Versuch 68

Im Reagenzglas wird ein blanker Eisennagel mit $CuSO_4$-Lösung übergossen. Auf dem Eisen schlägt sich metallisches Kupfer nieder.

$$Fe + Cu^{2\oplus} \longrightarrow Fe^{2\oplus} + Cu$$

Versuch 69

Man trage etwas Eisenpulver in eine $CuSO_4$-Lösung ein. Nachdem die lebhafte Reaktion beendet ist, wird filtriert und zu dem Filtrat etwas Kaliumhexacyanoferrat(III)-Lösung gefügt. Durch den blauen Niederschlag ist zweiwertiges Eisen nachgewiesen.

Versuch 70

Einige Kupferspäne werden mit konzentrierter Schwefelsäure übergossen und erwärmt. Das Kupfer wird oxidiert und löst sich auf. Gleichzeitig entweicht Schwefeldioxid, das an seinem stechenden Geruch erkannt werden kann. Stelle die Reaktionsgleichung auf!

Versuch 71

Man versetze eine mit verdünnter Schwefelsäure angesäuerte KI-Lösung tropfenweise mit Chlorwasser. Es scheidet sich braunes Iod aus, das sich beim Schütteln in etwas hinzugefügtem Chloroform mit violetter Farbe löst. Bei weiterer Zugabe von Chlorwasser wird die Lösung wieder farblos, da das Iod zu Iodat weiteroxidiert wird. Formuliere die beiden Redox-Gleichungen!

Versuch 72

Eine mit verdünnter Schwefelsäure angesäuerte KBr-Lösung wird tropfenweise mit Chlorwasser versetzt. Es scheidet sich elementares Brom ab, das sich mit brauner Farbe in Chloroform löst.

Kapitel 7

a) Komplexe Verbindungen

Eine wichtige Stoffklasse der anorganischen Chemie wird durch die sogenannten komplexen Verbindungen repräsentiert, die früher meist als Verbindungen höherer Ordnung bezeichnet wurden, da sich die Bindungsverhältnisse in solchen Molekülen nicht mit den gängigen Vorstellungen (einfaches Schalenmodell, Oktettregel) in Einklang bringen ließen. Im Zuge der Entwicklung modifizierter Bindungstheorien stellte sich jedoch heraus, daß die Bindungen in Komplexen qualitativ keine Unterschiede zu den Verbindungen "1. Ordnung" (frühere Bezeichnung für nicht komplexe Strukturen) aufweisen, sondern zur Erklärung der Bindungsverhältnisse lediglich eine Erweiterung der modernen Bindungstheorien nötig ist.
Daher sind Komplexe auch weniger durch die Art der in ihnen vorliegenden Bindungen charakterisiert, sondern zuerst durch ihre Zusammensetzung. Ein Komplex ist aus einem Zentralatom und mehreren, dieses umgebende Liganden aufgebaut. Komplexe mit mehreren Zentralatomen heißen mehrkernig. Das Zentralatom muß ebenso wie die Liganden für sich beständig sein. Als Zentralatome kommen hauptsächlich Metall-Kationen (besonders häufig Nebengruppenelemente) in Frage, während die Liganden meist Anionen oder Moleküle mit freien Elektronenpaaren darstellen. Dies hat zur Folge, daß es komplexe Anionen, Kationen und Moleküle gibt. Das Hexacyanoferrat(II)-Anion $[Fe(CN)_6]^{4-}$ ist nach dem bisher Gesagten ein Komplex, da es aus für sich allein beständigen Fe^{2+}-Ionen sowie sechs Cyanid-Ionen besteht. Im Gegensatz dazu stellt das Sulfat-Ion kein Komplexion dar, da weder S^{6+}- noch O^{2-}-Ionen beispielsweise in wäßriger Lösung beständig sind.
Zur Kennzeichnung komplexer Ionen oder Moleküle setzt man sie in ihren Summenformeln in eckige Klammern. Die Bezeichnung der Liganden lehnt sich eng an die Namen der ihnen zugrundeliegenden Anionen oder Moleküle an. Da sie nicht einheitlich ist, seien die wichtigsten an dieser Stelle aufgeführt: H_2O - aquo, NH_3 - ammin, Cl^- - chloro (analog die übrigen Halogene), CN^- - cyano, $S_2O_3^{2-}$ - thiosulfato, OH^- - hydroxo, NO_2^- - nitro, CO - carbonyl. In diesen Fällen handelt es sich ausschließlich um "einzähnige" Liganden, das sind solche, die Bindungen nur zu einem Zentralatom eingehen können. Ethylendiamin NH_2-CH_2-CH_2-NH_2 ist hingegen ein zweizähniger Ligand, da im Molekül zwei Zentren mit freien Elektronenpaaren zur Komplexbildung vorhanden sind. Ein sechszähniger Ligand ist die später noch zu besprechende Ethylendiamintetraessigsäure. Mehrzähnige Liganden sind in der Lage, entweder mehrkernige Komplexe zu bilden oder Chelatkomplexe, in denen ein Ligandenmolekül das Zentralatom quasi wie ein Krebs die Beute mit seinen Scheren umklammert (chele, gr.- Krebsschere). Dies führt zu Ringstrukturen in der Komplexchemie:

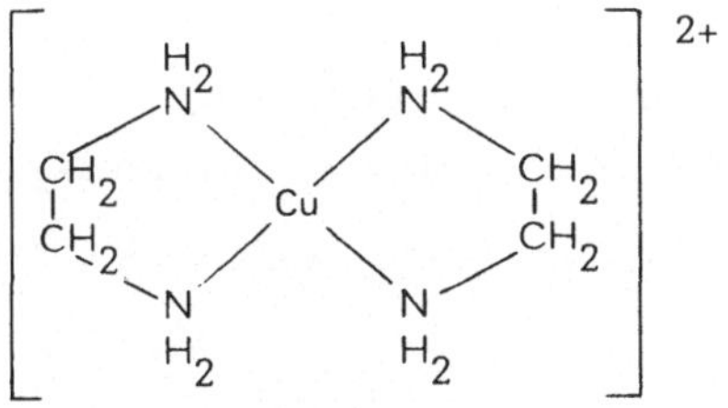

$$\left[\begin{array}{c}\text{Chelatkomplex: } Cu \text{ mit zwei } H_2N-CH_2-CH_2-NH_2\end{array}\right]^{2+}$$

Chelatkomplex

$$\left[L_5Me - NH_2 - CH_2 - CH_2 - NH_2 - MeL_5\right]$$

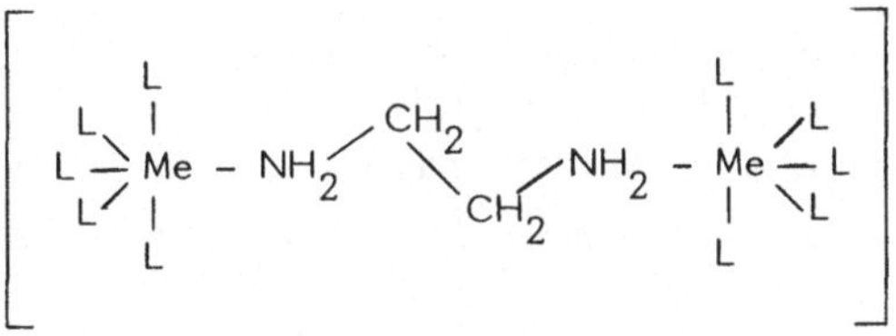

mehrkerniger Komplex

Eine weitere wichtige Kenngröße für Komplexverbindungen ist die Koordinationszahl (KZ). Sie gibt die Zahl der an ein Zentralatom gebundenen, einzähnigen Liganden an. Interessant ist in diesem Zusammenhang die daraus resultierende räumliche Struktur der komplexen Verbindungen:

KZ 2 Beispiel: $[Ag(NH_3)_2]^+$ linear

KZ 4 Beispiel: $[Cu(CN)_4]^{3-}$ tetraedrisch

KZ 4 Beispiel: $[Ni(CN)_4]^{2-}$ quadratisch planar

KZ 5 Beispiel: $[Fe(CO)_5]$ trigonal bipyramidal

KZ 6 Beispiel: $[Fe(CN)_6]^{4-}$ oktaedrisch

Bei der Benennung komplexer Verbindungen verfährt man ebenso wie bei den übrigen anorganischen Substanzen, indem zuerst das Kation, dann das Anion aufgeführt wird, gleichgültig, welches der beiden komplex gebaut ist. Die Namensgebung des Komplexions erfolgt nach folgenden Nomenklaturregeln (in angegebener Reihenfolge): 1) Zahl der Liganden (griechische Bezeichnung), 2) Art der Liganden (Anionen vor H_2O, H_2O vor NH_3), 3) Zentralatom (lateinischer Wortstamm im Komplex-Anion mit Endung -at), 4) Ionenwertigkeit des Zentralatoms (römische Ziffer).

Zwei Beispiele mögen dies erläutern:

$K_4[Fe(CN)_6]$ heißt: Kalium-hexacyanoferrat(II)

$[Cu(NH_3)_4]Cl_2$ heißt: Tetraamminkupfer(II)-chlorid

Aufgabe 30

Schreibe die Namen folgender Komplex-Salze auf:
$[CrCl_2(H_2O)_4]Cl$, $K_3[Cu(CN)_4]$, $[Fe(NH_3)_6]SO_4$, $K[BF_4]$, $[Cr(CO)_6]$, $Na_3[Ag(S_2O_3)_2]$, $[Ag(NH_3)_2]Cl$, $K_2[PtCl_6]$! Benenne die fünf Komplex-Verbindungen, an denen die räumlichen Strukturen komplexer Verbindungen aufgezeigt wurden!

b) Bindungsverhältnisse in Komplexen

Die modernen Theorien der Komplexchemie, die Kristall- und die Ligandenfeldtheorie, vermitteln ein recht detailliertes Bild von der Natur der bindenden Wechselwirkungen zwischen Zentralatom und Liganden. Es würde den Rahmen dieses Buches sprengen, jede der Theorien ausführlich zu behandeln. Daher seien die zum Verständnis der Komplexbindung wesentlichsten Aspekte herausgegriffen und an dieser Stelle zu einem mehr oder weniger vollständigen Bild zusammengesetzt.
Eines der wichtigsten Merkmale eines Liganden-Ions oder -Moleküls stellt die Verfügbarkeit über mindestens ein freies Elektronenpaar dar. Man kann daher sämtliche Liganden auch als LEWIS-Basen auffassen und die Komplexbindung mit den Säure-Base-Beziehungen nach LEWIS vergleichen. Demzufolge muß das Zentralatom eine oder mehrere Elektronenlücken besitzen, was bei den Übergangsmetall-Kationen in Form unbesetzter d-Orbitale tatsächlich der Fall ist.
Eisen besitzt im elementaren Zustand die Elektronenkonfiguration $3d^6\ 4s^2$, als Fe^{2+} $3d^6$. Das Fe^{2+} besitzt demnach zwölf Elektronen weniger als das die Periode abschließende Krypton. Diesen zwölf Elektronen entsprechen formal sechs Elektronenpaarlücken, die durch die freien Elektronenpaare von sechs hinzukommenden Ligandenmolekülen besetzt werden können. Wie ist das mit den Gesetzmäßigkeiten zu vereinbaren, die in Kapitel 1 über Atombau und Bindungstheorien besprochen wurden? Nach dem "Kästchen-Modell" kann die Elektronenkonfiguration des Fe und des Fe^{2+} unter Beachtung der HUNDschen Regel folgendermaßen dargestellt werden:

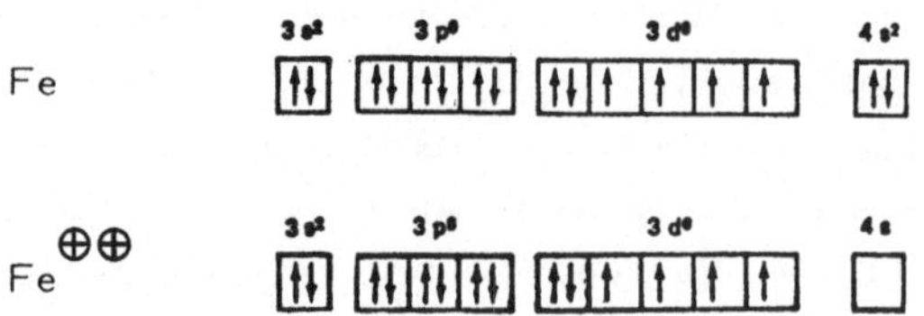

Die Bindung im $[Fe(CN)_6]^{4-}$ kann nun auf zwei verschiedene Arten zustande kommen.
1) Zwei der vier ungepaarten 3d-Elektronen besetzen unter Umkehr ihres Spins die beiden anderen, mit je einem Elektron besetzten d-Orbitale (Verstoß gegen die HUNDsche Regel). Damit stünden den sechs Liganden zwei unbesetzte d-, ein s-, und drei p-Orbitale zur Verfügung. Im Hexacyanoferrat(II)-Ion wäre also die Krypton-Konfiguration realisiert,

eine zweifellos recht stabile Anordnung, die allerdings unter Umgehung der HUNDschen Regel zustandekommt. 2) Die vier d-Elektronen bleiben der HUNDschen Regel entsprechend ungepaart; die freien Elektronenpaare der Liganden besetzen die s-, p- und d-Orbitale der vierten "Schale".

Nun zeigen Verbindungen mit ungepaarten Elektronen eine charakteristische Eigenschaft. Sie verdichten in einem homogenen Magnetfeld die Feldlinien in seinem Inneren (Paramagnetismus). Die Größe dieses paramagnetischen Effekts ist der Anzahl ungepaarter Elektronen direkt proportional (Einheit des Magnetismus BM = BOHRsches Magneton). Verbindungen ohne ungepaarte Elektronen zeigen diesen Effekt nicht und heißen diamagnetisch. Messungen liefern für das $[Fe(CN)_6]^{4-}$ einen Paramagnetismus von 0 BM, d.h. der Komplex besitzt keine ungepaarten Elektronen mehr. Demnach trifft die unter 1) abgeleitete Elektronenkonfiguration zu. Das Bestreben, die Elektronenkonfiguration des nächstfolgenden Edelgases zu erreichen, ist so groß, daß beispielsweise das mit einem ungepaarten Elektron paramagnetische $[Fe(CN)_6]^{3-}$ ein kräftiges Oxidationsmittel darstellt. Allerdings fallen bei weitem nicht alle Komplexe unter diese erweiterte "Edelgasregel".

<u>Aufgabe 29</u>
Bestimme die Elektronenkonfiguration folgender Komplexe nach dem Kästchenmodell:
$Fe(CO)_5$, $[Co(NO_2)_6]^{4-}$, $[Cu(CN)_4]^{3-}$, $[Cu(NH_3)_4]^{2+}$
Überlege, welche Verbindung wahrscheinlich oxidierende oder reduzierende Eigenschaften besitzt!

Untersucht man das Hexaquoferrat(II) genauer auf seine magnetischen Eigenschaften, stellt man einen Paramagnetismus fest, der vier ungepaarten Elektronen entspricht. Dieses Beispiel zeigt die eingeschränkte Allgemeingültigkeit der Edelgasregel für Komplexverbindungen, denn nach dem "Kästchenmodell" muß die Elektronenkonfiguration folgendermaßen aussehen:

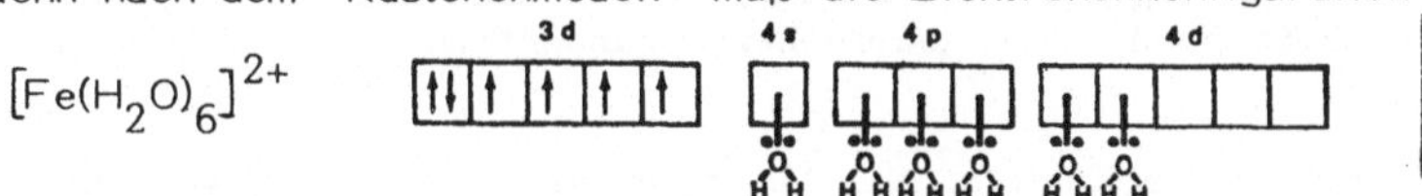

Die Erklärung für das unterschiedliche Verhalten des Fe^{2+} gegenüber CN^--Ionen und H_2O versagt die Theorie, die als einziges Stabilitäts- und Bindungskriterium die Edelgasregel gelten läßt. Besser verständlich wird es allerdings, wenn man die Wirkung von Liganden auf d-Elektronen genauer untersucht. Dies soll am Beispiel des oktaedrischen Ligandenfelds geschehen.

Im unkomplexierten Ion verteilen sich die d-Elektronen statistisch auf die fünf gleichwertigen Orbitale. Man könnte zum Beispiel im Fall des Fe^{2+} nicht sagen, welches der fünf Orbitale doppelt besetzt ist. Nähern sich nun entlang den Koordinaten sechs Ligandenmoleküle mit einer relativ hohen negativen Ladungsdichte, weichen die Elektronen des Zentralatoms wegen der elektrostatischen Abstoßung auf Orbitale aus, deren höchste Elektronendichte nicht auf den Koordinatenachsen liegt. Wie aus Abb.2 ersichtlich, sind dies die drei d_{xy}-, d_{xz}- und d_{yz}-Orbitale. Es findet also eine Aufspaltung der ursprünglich gleichwertigen d-Orbitale in drei energetisch niedrigere und zwei energetisch höhere statt

(s. Abb.15). Die Besetzung dieser Orbitale kann auf zwei Arten erfolgen. 1) Der Ligand besitzt am freien Elektronenpaar eine außerordentlich hohe Ladungsdichte. Dann werden sämtliche unteren Energieniveaus (d_ϵ) mit Elektronen des Zentralatoms gefüllt, und zwar im Sinn der HUNDschen Regel. Die freibleibenden d-Orbitale stehen zur Komplexbildung zur Verfügung. 2) Die Ladungsdichte am freien Elektronenpaar des Liganden ist mäßig bis gering. In diesem Fall ist die Aufspaltung zwischen d_ϵ - und d_γ -Orbitalen nicht so groß. Bei mehr als drei d-Elektronen am Zentralatom werden sich diese gemäß der HUNDschen Regel auf die d_ϵ - und d_γ -Orbitale verteilen. In diesem Fall stehen dem Liganden weniger d-Orbitale zur Verfügung. Er muß unter Umständen auf d-Orbitale der nächsthöheren "Schale" ausweichen.

In Abb.15 kann man deutlich die Abhängigkeit der Ligandenfeldaufspaltung von der Elektronendichte am freien Elektronenpaar des Liganden sehen. Während die Cyanid-Ionen eine hohe Aufspaltung der d-Orbitale bewirken,(so daß die Besetzung der d_ϵ - und d_γ -Orbitale entgegen der HUNDschen Regel erfolgt), vermag das Wasser nur eine verhältnismäßig kleine

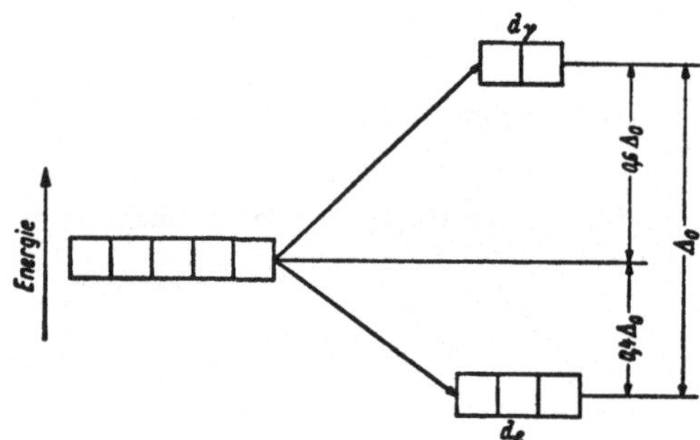

Abb.15 Aufspaltung der fünf energiegleichen d-Zustände eines Zentralatoms in zwei energieverschiedene d-Gruppen im oktaedrischen Ligandenfeld

Aufspaltung zu erzwingen. In diesem Fall erfolgt die Besetzung der d_ϵ - und d_γ -Orbitale im Sinn der HUNDschen Regel. Komplexe, die durch eine hohe Ligandenfeldaufspaltung charakterisiert sind, heißen aus ersichtlichen Gründen Low-spin-Komplexe, solche, bei denen die Ligandenfeldaufspaltung gering ist, High-spin-Komplexe.

Man kann die Liganden nach steigender Fähigkeit zur Ligandenfeldaufspaltung ordnen (spektrochemische Reihe der Liganden). Dabei zeigt sich, daß die Elektronendichte nur ein ungefähres Kriterium für die Ligandenstärke darstellt; die Ligandenfeldaufspaltung steigt in folgender Reihe:

I^-, Br^-, Cl^-, F^-, OH^-, H_2O, NH_3, CN^-, CO

Diese Aufspaltungen sind natürlich nur für die Elektronenkonfigurationen d^4-d^7 am Zentralatom von Interesse, da sich bei den übrigen Komplexen die Frage nach High-spin oder Low-spin gar nicht erst stellt (Abb.16).

Auch im tetraedrischen und im quadratischen Ligandenfeld treten Aufspaltungen in energiereichere und -ärmere d-Orbitale auf. Ohne die sterischen Überlegungen im einzelnen zu erläutern, die zur Erklärung dieser Aufspaltungen nötig sind, seien an dieser Stelle lediglich die Aufspaltungsschemata skizziert (s. Abb.17).

Zum Schluß sei noch auf ein elektrostatisches Problem eingegangen. Wenn man sich die Bildung des $[Fe(CN)_6]^{4-}$ stufenweise aus Fe^{2+} und 6 CN^- über $Fe(CN)^+$, $Fe(CN)_2$, $Fe(CN)_3^-$, $Fe(CN)_4^{2-}$, $Fe(CN)_5^{3-}$ zum $[Fe(CN)_6]^{4-}$ vorstellt, sollte es aus elektrostatischen Gründen unwahrscheinlich sein, daß das negativ geladene $Fe(CN)_3^-$ noch drei weitere, ebenfalls negativ geladene Cyanidreste binden kann. Die pro Ligand zugeführte, negative Formalladung

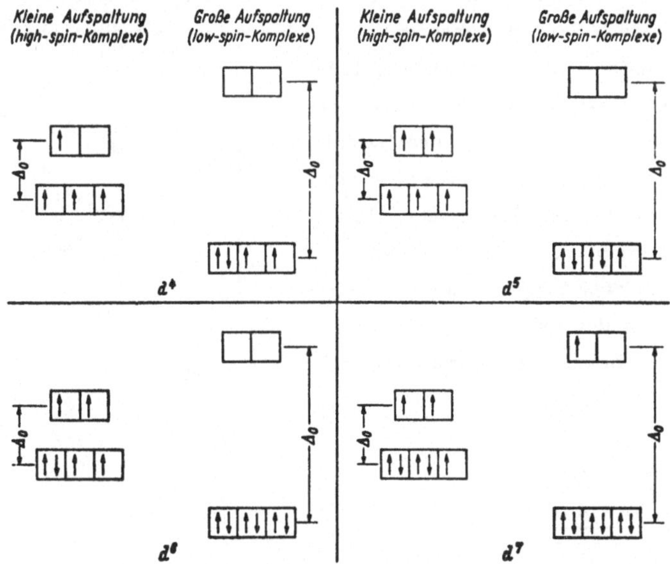

Abb.16 High-spin- und Low-spin-Komplexe von Zentralatomen mit d^4-, d^5-, d^6-, d^7-Konfiguration

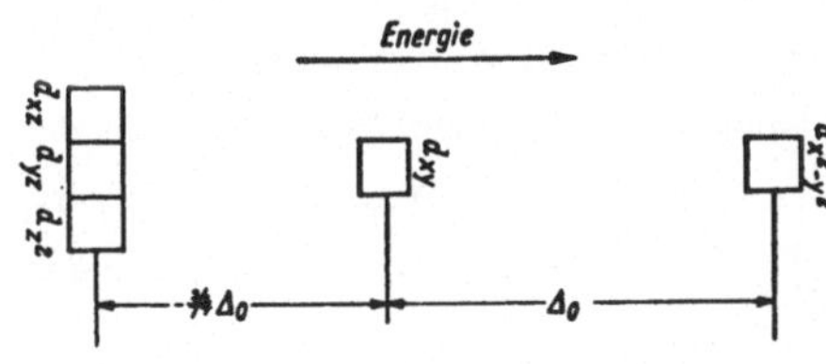

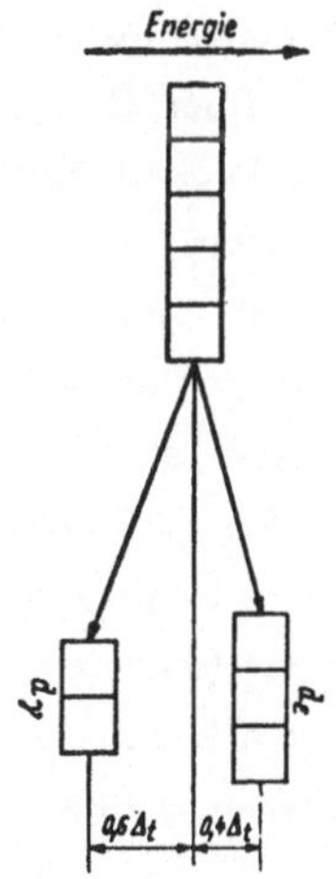

Abb.17 Oben: Aufspaltung der fünf energiegleichen d-Zustände eines Zentralatoms in zwei energieverschiedene d-Gruppen im tetraedrischen Ligandenfeld.
Rechts: Aufspaltung der fünf d-Zustände eines Zentralatoms im quadratischen Ligandenfeld.

müßte im $[Fe(CN)_6]^{4-}$ ein vierfach negativ geladenes Zentralatom zur Folge haben (s.Abb.18a)

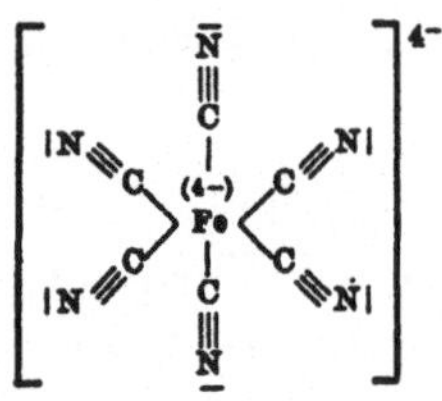

Abb.18a

Eine derartige Anhäufung von Ladungen auf einem Atom ist sehr unwahrscheinlich und man kann sich die Stabilität des Komplexes nur dadurch erklären,daß die freien Elektronenpaare des Zentralatoms unter Ladungsverschiebung sogenannte Rückbindungen zu den Cyanid-Liganden eingehen. Damit wird die Ladung an die Peripherie des Moleküls verlagert (Abb.18b). Dann befindet sich auf dem Zentralatom die formale Ladung -1, während die drei übrigen Ladungen auf die Stickstoff-Atome von je drei Cyanid-Liganden verteilt sind. Von den in Abb.18a und b gezeigten mesomeren Strukturen ist der aus Abb.18b zweifellos der höhere Wahrheitsgehalt zuzusprechen. Denn es muß außerdem berücksichtigt werden, daß diese Ladungen nicht auf drei bestimmte Liganden fixiert sind, sondern gleichmäßig auf alle Atome des Komplex-Ions verteilt sind. Letzten Endes führt dies zu einer Bindungsstärkung, da in je einer dieser mesomeren Strukturen drei Doppelbindungen ausgebildet werden, was, auf das ganze Komplex-Ion bezogen, einer 1,5-fachbindung zu jedem Liganden entspricht.

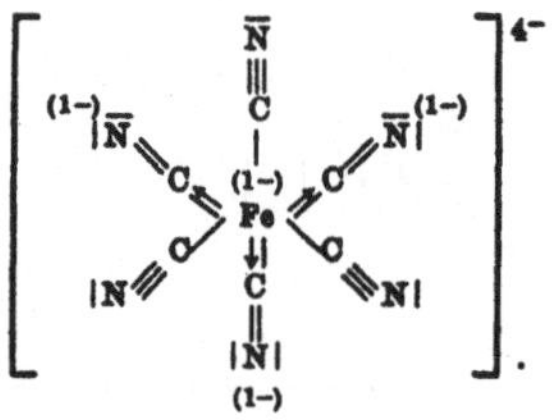

Abb.18b

c) Eigenschaften von Komplexen

Von den zahlreichen, charakteristischen Eigenschaften komplexer Verbindungen seien folgende genannt.

1) Aus chemischen Umsetzungen gehen komplexe Ionen unter Bewahrung ihrer komplexen Struktur hervor.

2) Die elektrische Leitfähigkeit der Lösungen des Komplexsalzes ist geringer als die, welche man bei vollständiger Dissoziation des Salzes in alle Einzelionen erwarten würde. Die molekulare Leitfähigkeit einer verdünnten Salzlösung ist im wesentlichen nur von der Zahl der Ionen abhängig, in die das betreffende Salz beim Lösen in Wasser dissoziiert. Leitfähigkeitsmessungen von Lösungen der Salze $Me_4[Me(CN)_6]$ haben gezeigt, daß tatsächlich nur Dissoziation in fünf und nicht in elf Ionen erfolgt.

3) Bei der Elektrolyse ist der Wanderungssinn der als Zentralatome vorliegenden Metalle geändert. Während das Fe^{2+}-Ion in normalen Salzen zur Kathode wandert, geht es im $K_4[Fe(CN)_6]$ mit dem komplexen Anion zur Anode.

4) Viele Komplexe stellen intensiv gefärbte Verbindungen dar. Die Farbigkeit rührt meistens von ungepaarten Elektronen in d_ε -Orbitalen her, die durch äußere Anregung (Licht) in die energiereicheren Orbitale angehoben werden.

Versuch 73

Man löse ein kleines Kriställchen $FeSO_4$ in Wasser und füge mit dem Tüpfelrohr Kaliumcyanid-Lösung hinzu (Vorsicht! KCN ist sehr giftig!). Es fällt ein brauner Niederschlag von $Fe(CN)_2$ aus, der beim Erwärmen mit überschüssigem KCN wieder in Lösung geht. Dabei hat sich das Komplexsalz $K_4[Fe(CN)_6]$ gebildet:

$$Fe^{2\oplus} + 2\ CN^{\ominus} \longrightarrow Fe(CN)_2$$

$$Fe(CN)_2 + 4\ KCN \longrightarrow 4\ K^{\oplus} + [Fe(CN)_6]^{4\ominus}$$

Verteile nun die Lösung auf zwei Reagenzgläser. In der einen Probe wird mit Ammoniumsulfid auf Fe(II) geprüft. Zu der anderen Probe fügt man einige Tropfen einer $FeCl_3$-Lösung, es bildet sich ein tiefblauer Niederschlag von Berliner Blau $Fe_4[Fe(CN)_6]_3$. Was zeigt dieser Versuch?

Versuch 74

Unter dem Abzug versetze man eine $CuSO_4$-Lösung tropfenweise mit KCN-Lösung. Es fällt ein Niederschlag von gelbem $Cu(CN)_2$ aus, der beim Erwärmen in weißes CuCN und gasförmiges Dicyan $(CN)_2$ zerfällt. Gib die Reaktionsgleichung an! Bei Zusatz weiteren Kaliumcyanids löst sich das CuCN wieder auf, da Tetracyanocuprat(I) entsteht. Der Komplex ist so stabil, daß mit H_2S kein Cu_2S ausfällt.
Man verschaffe sich mit Hilfe des Kästchenmodells einen Überblick über die elektronischen Verhältnisse in diesem komplexen Anion. Zeichne eine Valenzstrichformel, in der die einzelnen Bindungspartner des Komplex-Anions eine möglichst geringe Formalladung besitzen!

Versuch 75

Zu einer verdünnten Lösung von Quecksilber(II)chlorid (=Sublimat, es dient in der Medizin zum Desinfizieren der Hände) fügt man tropfenweise Kaliumiodid-Lösung. Es fällt zunächst schwerlösliches, hellrotes Quecksilber(II)iodid aus, das sich mit weiterem Kaliumiodid zum Tetraiodomercurat-Anion auflöst. Gib die Reaktionsgleichung an und untersuche die elektronischen Verhältnisse dieses Komplex-Ions! Erstelle auch in diesem Fall eine Valenzstrichformel, in der die Formalladungen möglichst weiträumig verteilt sind! Eine alkalische Lösung dieses Komplexsalzes dient als NESSLERs Reagens zum Nachweis von NH_3-Spuren im Trinkwasser.

Versuch 76

Etwas Kupfersulfat-Lösung wird tropfenweise mit Ammoniak versetzt. Es entsteht zunächst ein hellblauer Niederschlag von $Cu(OH)_2$. Mit weiterem Ammoniak erhält man eine tiefblaue Lösung, in der das Tetraamminkupfer(II)-Kation vorliegt. Gib die Reaktionsgleichung an!

Versuch 77

Man füge zu etwas $AgNO_3$-Lösung wenig verdünnte Salzsäure. Der Niederschlag von AgCl löst sich in Ammoniakwasser unter Bildung des Diamminsilber-Kations wieder auf. Was geschieht beim Ansäuern mit verdünnter Salpetersäure? Gib eine Erklärung!

Versuch 78

Ein Tropfen Silbernitrat-Lösung wird mit einem Tropfen Kaliumbromid-Lösung versetzt. Zu dem schwerlöslichen Silberbromid füge man einen ml Natriumthiosulfat-Lösung. Der Niederschlag geht unter Bildung des Dithiosulfatoargentat-Anions in Lösung. Formuliere die Reaktionsgleichung! In welche Ionen dissoziiert das Komplexsalz?

Versuch 79

Zu einer Lösung von $Fe(SCN)_3$, dargestellt nach Versuch 13, gebe man einige ml einer 10%igen Natriumfluorid-Lösung. Die Lösung wird entfärbt, da die Reaktion des Fe^{3+}-Ions durch Überführung in das komplexe Hexafluoroferrat(III)-Ion maskiert wird.

Versuch 80

Ein ml Kupfersulfat-Lösung wird mit einem ml Weinsäure und soviel verdünnter Natronlauge versetzt, daß die tiefblaue Lösung deutlich alkalisch reagiert. In der so erhaltenen Lösung, die auch FEHLINGsche Lösung heißt, ist das Cu^{2+}-Ion komplex an zwei Tartrat-Ionen gebunden (Chelat-Komplex). Eine mögliche Struktur ist nebenstehend abgebildet. FEHLINGsche Lösung dient in der Medizin zum Nachweis von Zucker im Harn. Viele Zucker enthalten eine Aldehyd-Gruppe (s. organischer Teil), welche das Cu^{2+}-Ion in alkalischer Lösung zum einwertigen Cu^+ reduzieren. Cu^+ wird nicht mehr komplex gebunden. Es fällt beim Erwärmen als rotgelbes Cu_2O aus.

```
┌                        ┐ 2-
 O=C-O\       /O-C=O
 |      Cu       |
 H-C-OH/   \HO-C-H
 |               |
 H-C-OH     HO-C-H
 |               |
 O=C-O       O-C=O
└                        ┘
```

Man füge zu der FEHLINGschen Lösung eine Spatelspitze Traubenzucker. Beim Erwärmen fällt das Kupfer(I)oxid aus. Was wird bei dieser Reaktion aus der Aldehyd-Gruppe? Formuliere die Reaktionsgleichung!

Versuch 81

Man löse etwas Glykokoll in Wasser und füge eine Spatelspitze Kupfercarbonat hinzu. Das Gemisch wird aufgekocht und filtriert. Beim Abkühlen scheiden sich aus der blauen Lösung hellblaue Nädelchen des Kupferglykokolls aus. Der Chelat-Komplex ist ein Nichtelektrolyt und daher in Wasser schwer löslich.

```
H2C — NH2    O — C = O
|       \   /     |
|        Cu       |
|       /   \     |
O = C — O    H2N — CH2.
```

Versuch 82

1-2 Tropfen einer Nickelsalz-Lösung werden mit einigen ml Wasser verdünnt und die Lösung ammoniakalisch gemacht. Auf Zusatz einer 1%igen alkoholischen Lösung von Diacetyldioxim

```
                                   O     HO
                                   |     |
   H3C-C=N-OH                H3C-C=N     N=C-CH3
2      |       + Ni2⊕ + 2 NH3      |  \ /  |        + 2 NH4⊕
   H3C-C=N-OH                      |   Ni  |
                                   |  / \  |
                             H3C-C=N     N=C-CH3
                                   |     |
                                   OH    O
```

fällt ein rot gefärbter Komplex von Nickeldiacetyldioxim aus.

Alkali-Ionen lassen sich durch die bei den Übergangselementen gebräuchlichen Liganden nicht komplexieren. Sie sind nach dem Konzept der harten und weichen Säuren bzw. Basen nach Pearson (siehe hierfür die Lehrbücher der Anorg.Chem.) harte Säuren, die nur von harten Basen komplexiert werden können. Als harte Basen dienen sauerstoffreiche organische Verbindungen, vorzugsweise cyklische Polyether (Kronenether) die das Alkali-Ion über die O-Atome ringförmig umschließen.

(„[18]Krone-6")

Versuch 82 a

In vier Reagenzgläser werden jeweils 2 ml Chloroform gefüllt. In die Reagenzgläser 1 und 2 gibt man je eine Spatelspitze (etwa 20 mg) fein pulverisiertes Natriumpermanganat; die Reagenzgläser 3 und 4 enthalten je eine Spatelspitze zerstoßenes Kaliumpermanganat. In jeweils eine der mit Natrium- bzw. Kaliumpermanganat vorbereiteten Proben wird mit einem Glasstab ein Tropfen des zähviskosen Liganden [18] Krone-6 eingebracht, der sich in Chloroform gut löst. Die vier Reagenzgläser werden mit passenden Gummistopfen verschlossen und kurzzeitig geschüttelt. Beschreibe und erkläre die Beobachtungen!

Kapitel 8

a) Konzentrationsangaben

Die Zusammensetzung von Lösungen wird häufig in verschiedener Weise angegeben.

1) Gewichtsprozente geben die in hundert Gewichtsteilen Lösung (nicht Lösungsmittel) enthaltenenen Gewichtsteile des gelösten Stoffes an. Beispiel: Berechnung des Gehalts in Gew.-% einer Lösung von 15 g gelösten Stoffes in 100 g Lösungsmittel. Gewicht der Lösung ist (100 + 15) g. Folglich ist der Gehalt in Gew.-% $\frac{15 \cdot 100}{115} = 13,04$ %. Bei Löslichkeitsangaben gibt man dagegen das Gewicht des gelösten Stoffes an, welche in einem bestimmten Gewicht des reinen Lösungsmittels enthalten ist (meist 100 oder 1000 g). Die Errechnung der Löslichkeit aus der Angabe in Gew.-% zeigt das folgende Beispiel: Es soll ermittelt werden, wieviel g reiner Substanz in einer x%igen Lösung pro 100 g Lösungsmittel enthalten sind. Wenn in 100g Lösung x g gelöste Substanz enthalten sind, dann beträgt die Menge des Lösungsmittels (100 - x) g. Auf 100 g Lösungsmittel kommen demnach $\frac{x \cdot 100}{100-x}$ g gelöste Substanz.

2) Unter Volumenprozent werden die in 100 Volumenteilen der Lösung (nicht des Lösungsmittels) enthaltenen Volumenteile einer Substanz verstanden. In einem Getränk, das mit 45 Vol.-% Alkohol ausgezeichnet ist, sind demnach in 100 Volumenteilen des Getränks 45 Volumenteile reinen Alkohols enthalten.

In der Chemie rechnet man meistens mit der molaren Konzentration. Die molare Konzentration, oder auch Molarität, ist die in einem Liter Lösung vorhandene Anzahl Mole der gelösten Substanz. Abgekürzt wird die Molarität durch den Buchstaben M. Beispiele: a) Eine 0,1 M H_2SO_4-Lösung enthält im Liter 0,1 mol Schwefelsäure, also 9,8 g H_2SO_4 in einem Liter Lösung. b) 7,63 g Kochsalz werden in Wasser gelöst, die Lösung wird auf 200 ml aufgefüllt. Wie groß ist die molare Konzentration? In einem Liter Lösung sind $\frac{1000 \cdot 7,63}{200}$ g NaCl enthalten, folglich ist die Molarität wegen der Molmasse des Natriumchlorids von 58,5 g/mol $\frac{1000 \cdot 7,63}{200 \cdot 58,5} = 0,652 \frac{mol}{l}$. In der Maßanalyse ist es üblich, die Konzentration einer Lösung in Normalität anzugeben. Normalität gibt die in einem Liter Lösung vorhandene Anzahl Äquivalente (Val) des gelösten Stoffes an. Ein Äquivalent ist die Menge eines Stoffes, welche in ihrem chemischen Wirkungswert einem Mol Wasserstoff äquivalent ist. Das Äquivalent ist keine konstante Größe, es kann stets nur in Bezug auf eine bestimmte Reaktion angegeben werden. Bei der Neutralisationsreaktion wird es z.B. auf ein Mol Wasserstoff-Ionen bezogen. Demnach ist das Äquivalentgewicht der Salzsäure gleich ihrem Molgewicht; bei der Schwefelsäure ist es $\text{Molgewicht}_{H_2SO_4}$: 2 und bei der Phosphorsäure gleich einem Drittel ihres Molgewichts. Bei Redox-Reaktionen ist das Äquivalentgewicht des Kaliumpermanganats gleich $\frac{1}{5}$ des Molgewichts, da das Mangan-Atom hierbei unter Aufnahme von fünf

Elektronen in das Mn^{2+}-Ion übergeht. Das Bezugselement Wasserstoff vermag ja nur ein Elektron aufzunehmen, weshalb das Molgewicht des $KMnO_4$ durch fünf dividiert werden muß. Als Abkürzung für "Normal" wird der Buchstabe N benutzt. In der Praxis arbeitet man meist nicht mit 1 N Lösungen, sondern mit 0,1 N, 0,05 N oder 0,01 N Lösungen.
Häufig steht man vor der Aufgabe, durch Mischen von Lösungen bekannten Gehalts oder durch Verdünnen mit reinem Lösungsmittel eine Lösung der gewünschten Konzentration herzustellen. Dies gelingt schnell unter Benutzung des Mischungskreuzes. Beispiele: a) Gegeben seien Lösungen von 98% und 66% Gehalt, gewünscht wird eine Lösung von 75% Gehalt.
b) Gegeben sei eine Lösung von 98% und reines Lösungsmittel (0% Gehalt); gewünscht wird eine Lösung von 30% Gehalt.

```
     98   9             98   30
       ↘ ↗                ↘ ↗
a)     75          b)      30
       ↗ ↘                ↗ ↘
     66   23             0   68
```

Erläuterung: Die Zahlen der Konzentrationen der Ausgangslösungen werden links untereinander geschrieben (98 und 66 bei a), 98 und 0 bei b)). Zwischen diese beiden Zahlen schreibt man etwas nach rechts herausgerückt die Zahl der gewünschten Konzentration (75 und 30); durch Subtraktion in der Pfeilrichtung werden die gesuchten Teile der beiden Ausgangslösungen erhalten, die man miteinander mischen muß. Das sind bei a) 9 Teile der 98%igen mit 23 Teilen der 66%igen Lösung und bei b) 30 Teile der 98%igen Lösung mit 68 Teilen reinen Lösungsmittels. Die Mischungsregel läßt sich auch auf Lösungen anwenden, deren Konzentrationen entweder nur in Gew.-% oder nur in Vol.-% angegeben sind. Teile bedeuten dann jeweils Gewichts- oder Volumenteile.

Aufgabe 30
Wieviel 96%iger Alkohol (Vol.-%) ist zur Darstellung von zwei Litern 45%igem Spiritus notwendig?

Aufgabe 31
Berechne die Normalität folgender Lösungen:
a) 18%ige Salzsäure der Dichte 1,09
b) 10%ige Schwefelsäure der Dichte 1,07
c) 65%ige Salpetersäure der Dichte 1,4

Aufgabe 32
Wieviel ml 36%ige Salzsäure (Dichte 1,19) sind zur Darstellung von 5 l 0,1 N HCl abzumessen?

b) Maßanalyse

Viele Verfahren zur quantitativen Bestimmung chemischer Stoffe beruhen darauf, daß der gelöste Stoff durch Zugabe geeigneter Hilfsreagentien quantitativ in eine andere Bindungsform überführt wird, die praktisch unlöslich und wägekonstant ist. Beispielsweise lassen die sich in einer Lösung befindlichen Chlorid-Ionen durch Zugabe einer $AgNO_3$-Lösung praktisch vollständig in das schwerlösliche AgCl überführen, welches abfiltriert, getrocknet und gewogen werden kann. Aus der gewogenen Menge läßt sich leicht die Chlorid-Ionenkonzentration berechnen. Dieses gewichtsanalytische Verfahren ist jedoch umständlich und zeitraubend. Wesentlich rascher lassen sich viele Stoffe mit Hilfe der maßanalytischen Methode bestimmen.

Das Wesen der Maßanalyse besteht darin, daß zu der Lösung des zu bestimmenden Stoffes gerade nur soviele ml der Reagenslösung hinzugegeben werden, wie für die quantitative Umsetzung des Stoffes erforderlich sind. Dies setzt natürlich voraus, daß der Endpunkt der der Bestimmung zugrundeliegenden Reaktion - der Äquivalenzpunkt - gut erkennbar ist. In der Praxis dienen zur Endpunktserkennung vielfach Indikatoren, die den Lösungen in geringer Menge zugesetzt werden und die den ersten überschüssigen Tropfen des Hilfsreagens' anzeigen. Im Gegensatz zu den gewichtsanalytischen Methoden erfordern die Verfahren der Maßanalyse eine genaue Messung des Volumens der zugesetzten Reagenslösung, deren Gehalt oder chemischer Wirkungswert - man sagt auch "Titer" - genau bekannt sein muß.

Als Maßflüssigkeiten verwendet man hierbei stets nur Normallösungen oder verdünnte Normallösungen. Alle maßanalytischen Methoden lassen sich nach den ihnen zugrundeliegenden chemischen Reaktionen in drei große Gruppen einteilen: Die Neutralisationsanalysen, die Redoxanalysen und die Fällungs- und Komplexbildungsanalysen.

c) Neutralisationsverfahren

Basen und Säuren lassen sich aufgrund der zwischen ihnen ablaufenden Neutralisationsreaktion bestimmen:

$$MeOH + HX \longrightarrow H_2O + Me^{\oplus} + X^{\ominus}$$

Soll beispielsweise die in einer Lösung vorhandene Menge Salzsäure bestimmt werden, so gibt man eine mit der Pipette genau abgemessene Probe der Säure in ein Becherglas oder einen Erlenmeyer-Kolben, setzt einige Tropfen Phenolphtalein als Indikator hinzu und läßt unter vorsichtigem Umschwenken so lange eine Normal-Natronlauge aus der Bürette zufließen, bis die erste bleibende Rotfärbung des Indikators das Erreichen des Äquivalenzpunktes anzeigt.

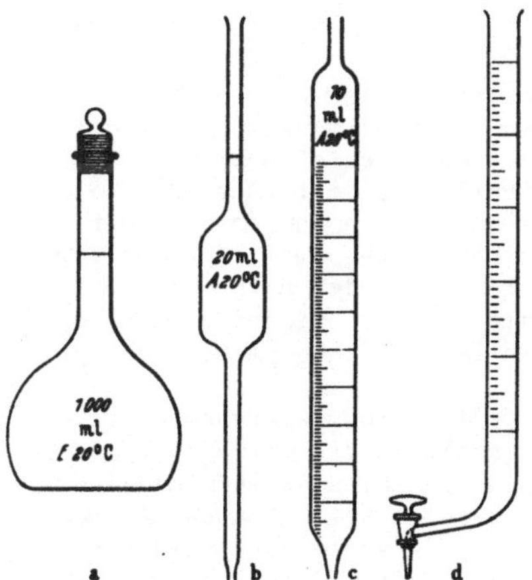

Abb.19 Geräte für die quantitative Analyse: a) Meßkolben, b) Vollpipette, c) Meßpipette, d) Bürette

An der Bürette läßt sich die der vorgelegten Säure äquivalente Menge Base ablesen und daraus die Säuremenge bestimmen. Über die praktische Durchführung unterrichten die nächsten Versuche.

Versuch 83

Bereitung einer ungefähr 0,1 N Natronlauge und Titereinstellung: Man berechne die zur Herstellung von 1 l 0,1 N Natronlauge erforderliche Menge Natriumhydroxid, und wäge diese Menge auf ± 100 mg genau auf einer einfachen Handwaage ab. Das feste Natriumhydroxid wird in einen 1 l Meßkolben gefüllt und mit einigen hundert ml Wasser gelöst. Darauf wird der Kolben bis zur eingeritzten Marke mit Wasser aufgefüllt und der Inhalt gut durchmischt; die erhaltene Lösung ist bei der großen Einwaage natürlich nicht genau 0,1 N, die wahre Normalität wird folgendermaßen bestimmt.
Mit der sauberen und trockenen Pipette werden 20 ml einer vom Assistenten ausgegebenen 0,1 N HCl abgefüllt, indem man die Spitze der Pipette in die Salzsäure eintaucht und die Säure vorsichtig mit dem Mund bis etwas über den Eichstrich ansaugt. Die obere Öffnung wird darauf schnell mit dem leicht angefeuchteten Zeigefinger verschlossen. Durch vorsichtiges Lüpfen des Fingers läßt man die Flüssigkeit bis zur Marke austropfen. Dabei soll der Meniskus die Marke gerade berühren. Die abgemessene Säuremenge wird nun in einen vorher sorgfältig ausgespülten weithalsigen Erlenmeyer-Kolben oder in ein Becherglas gefüllt, wobei man die Pipettenspitze zweckmäßig an die Glaswandung hält. Nachdem der Inhalt ausgelaufen ist,wartet man noch etwa 15 sec, damit die Flüssigkeit nachlaufen kann, und entfernt dann die an der Spitze noch haftenden Tropfen durch Abstreichen an der Gefäßwandung (nicht ausblasen, die Pipetten sind auf Auslauf und Abstrich geeicht).
Nun wird die saubere und trockene Bürette mit der bereiteten Natronlauge einmal durchgespült und darauf bis zur Nullmarke aufgefüllt. Zu der abgemessenen Säuremenge fügt man 2-3 Tropfen Methylorange hinzu und läßt nun unter stetem, leichtem Umschwenken 19 ml der Lauge schnell zufließen. Der letzte zur Neutralisation notwendige ml Lauge wird solange vorsichtig zugetropft, bis die Farbe des Indikators umschlägt. Lese den Verbrauch an Lauge ab und notiere das Ergebnis! Die Bestimmung wird in der gleichen Weise wiederholt und aus beiden Ergebnissen der Mittelwert gebildet. Ist die Abweichung zwischen den beiden Bestimmungen größer als 0,05 ml, so muß noch eine dritte Bestimmung durchgeführt werden. Zur Ausrechnung des Normalfaktors wird der Quotient aus dem theoretischen Volumen als Zähler und dem tatsächlichen Verbrauch als Nenner gebildet. Wurden beispielsweise bis zum Äquivalenzpunkt für 20 ml 0,1 N HCl 20,55 ml NaOH verbraucht, so ist der Faktor der Lösung 20:20,55 = 0,973. Durch Multiplikation mit diesem Faktor müssen bei den weiteren Bestimmungen alle Volumina der ungefähr 0,1 N Natronlauge in die entsprechende ml-Zahl einer wirklich 0,1 N NaOH-Lösung umgerechnet werden.

Versuch 84

Titration einer ausgegebenen Schwefelsäure-Lösung: Vom Assistenten werden für jede Arbeitsgruppe verschiedene Schwefelsäure-Lösungen (etwa 0,5-0,05 N) ausgegeben. Man entnimmt dieser Lösung mittels einer trockenen und sauberen Pipette 20 ml und bestimmt - wie vorstehend beschrieben - die bis zur Neutralisation erforderliche Laugenmenge. Dabei ist es zweckmäßig, sich zuvor über den ungefähren Laugenverbrauch zu orientieren, indem man die Lauge unter stetem Umschwenken langsam in den Titrierkolben bis zum Umschlapunkt des Indikators einfließen läßt. Bei den nachfolgenden, genauen Titrationen läßt man einen ml Lauge weniger, als bei dem orientierenden Versuch notwendig waren, schnell einlaufen. Der Zusatz der letzten Laugenmenge erfolgt nur tropfenweise, so daß man nicht übertitriert.
Zur Berechnung der Titration wird zunächst das zur Neutralisation verbrauchte Volumen mit dem Faktor der Natronlauge multipliziert; man erhält so die ml-Zahl an genau 0,1 N NaOH. Berücksichtigt man, daß jeder ml einer 0,1 N NaOH-Lösung einem ml einer 0,1 N H_2SO_4-Lösung entspricht, so braucht man den Verbrauch an 0,1 N Lösung nur noch mit dem 1/10000 g-Äquivalentgewicht der Schwefelsäure = 4,904 mg zu multiplizieren, um die gesuchte Schwefelsäuremenge zu erhalten. Das Ergebnis ist in mg H_2SO_4 anzugeben.

Versuch 85

Titration: Essigsäure/Natronlauge

a) Mit der Pipette werden 20 ml 0,1 N Essigsäure abgemessen und in ein Becherglas oder einen Erlenmeyer-Kolben gefüllt. Nach Zugabe von 3-4 Tropfen einer Methylorange-Lösung läßt man aus der Bürette die in Versuch 83 zubereitete ungefähr 0,1 N NaOH bis zum Farbumschlag des Indikators zutropfen. Schon lange bevor die der Säure äquivalente Menge NaOH eingetropft ist, erscheint der Indikator orange. Eine Titration der Essigsäure unter Verwendung des Indikators Methylorange ist also nicht möglich!

b) Die vorstehende Titration der Essigsäure wird wiederholt, anstelle von Methylorange verwende man jedoch Phenolphtalein als Indikator. Diesmal erscheint die rote "Alkalifarbe" des Phenolphtaleins erst nach Zusatz der äquivalenten Menge NaOH. Im Gegensatz zu a) läßt sich Essigsäure jetzt exakt titrieren. Zum näheren Verständnis dieser Erscheinung werden in den nächsten Versuchen die Neutralisationskurven für die Titrationen HCl/NaOH und CH_3COOH/NaOH aufgestellt.

Versuch 86

pH-Wertänderung im Verlauf der Titration HCl/NaOH.

Man bereite sich 100 ml einer 0,01 N HCl indem man mit einer sauberen und trockenen Pipette 10 ml 0,1 N HCl abmißt und in einen 100 ml Meßkolben abfüllt. Darauf wird mit Wasser bis zur Marke aufgefüllt und die Lösung in ein als Titrierbecher geeignetes Becherglas ausgeleert. Aus der Bürette läßt man nun jeweils so viele ml einer in gleicher Weise bereiteten 0,01 N NaOH zulaufen, wie in der ersten Spalte der unten stehenden Tabelle angegeben sind. Nach jedem erneuten Zusatz wird für gute Durchmischung gesorgt und der pH-Wert mit Hilfe eines Spezialindikatorspapier bestimmt. Man trage die gemessenen pH-Werte in die dafür vorgesehene Spalte der Tabelle ein.

Versuch 87

pH-Wertänderung im Verlauf der Titration CH_3COOH/NaOH.

Wie in Versuch 86 beschrieben, bereite man sich 100 ml einer 0,1 N Essigsäure-Lösung, indem man 10 ml einer 1 N Essigsäure-Lösung verdünnt. Die Säure wird in gleicher Weise mit 0,1 N NaOH titriert und die gemessenen pH-Werte in die Tabelle eingetragen.

Aufgabe 33

Aufstellen der Neutralisationskurven HCl/NaOH und CH_3COOH/NaOH.

Auf einem Bogen Millimeterpapier werden nach Abb.20 die Werte der Tabelle in ein rechtwinkliges Koordinationssystem übertragen. Die pH-Werte trage man als Ordinaten, die zugesetzten Anteile der Natronlauge als Abszissen ein. Anschließend werden die zugehörigen Punkte miteinander verbunden, dabei ergeben sich die charakteristischen Neutralisationskurven.

Die zu 100 ml 0,01 N HCl zugesetzte Menge 0,01 N NaOH	pH	Die zu 100 ml 0,1 N CH_3COOH zugesetzte Menge 0,1 N NaOH	pH
0		0	
50,0		10,0	
90,0		50,0	
99,5		90,0	
99,0		99,0	
100,0		99,9	
100,1		100,0	
100,5		100,1	
101,0		101,0	
110,0		110,0	
150,0		150,0	
200,0		200,0	

Der Kurvenverlauf zeigt, daß der pH-Wert bei der Titration HCl/NaOH bei steigendem Basenzusatz zunächst sehr wenig, dann aber schneller und schließlich sogar sprunghaft zunimmt. Die pH-Kurve verläuft bei pH = 7 durch einen Wendepunkt, um dann wieder langsam abzuflachen. Am Wendepunkt wird durch Zusatz ganz weniger Tropfen NaOH der größte Sprung des pH-Wertes hervorgerufen. Der Wendepunkt ist zugleich der Äquivalenzpunkt der Titration, weil hier gerade soviel NaOH hinzugefügt wurde, wie zur Neutralisation der Säure nötig war.

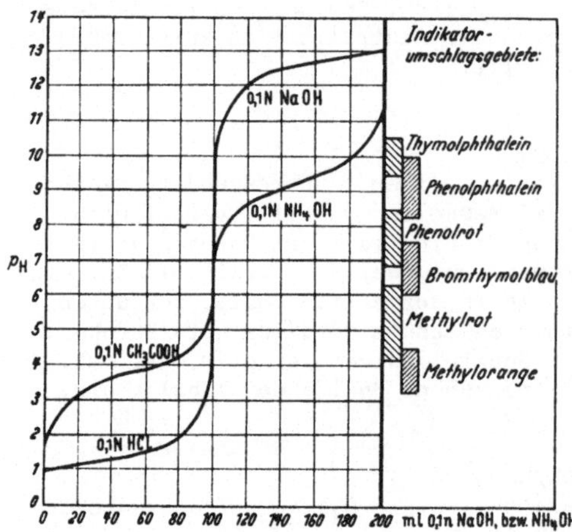

Abb.20 Neutralisationskurven von je 100 ml 0,1 N HCl und 0,1 N Essigsäure mit 0,1 N NaOH und 0,1 N NH_3aq.

Dagegen zeigt der Verlauf der Neutralisationskurve CH_3COOH/NaOH, daß der Wendepunkt und damit der Äquivalenzpunkt dieses Systems nicht am wahren Neutralpunkt (pH=7) sondern deutlich im alkalischen Gebiet, bei pH=8,7 liegt. Obwohl also Essigsäure und Natronlauge in genau äquivalenten Mengen zusammengegeben wurden, reagiert die Lösung basisch. Gib eine Erklärung!

Bei jeder Neutralisationsanalyse kommt es darauf an, den Äquivalenzpunkt der Titration zu erfassen. Dies gelingt mit Hilfe der Säure-Base-Indikatoren. Bei der Wahl des Indikators muß man jedoch darauf achten, daß der Äquivalenzpunkt im Umschlagsintervall des zugesetzten Indikators liegt. Zum näheren Verständnis dieser Auswahlforderungen muß etwas ausführlicher auf die Theorie der Säure-Base-Indikatoren eingegangen werden.

d) Säure-Base-Indikatoren

Die acidimetrischen Indikatoren sind schwache Säuren oder Basen, deren Farbumschlag auf dem Übergang der dissoziierten Form in die undissoziierte Form beruht. In der analytischen Praxis werden häufig Indikatoren angewandt, die sowohl im dissoziierten als auch im undissoziierten Zustand farbig sind. Solche Indikatoren heißen zweifarbig; diejenigen, bei denen eine Komponente farblos ist, einfarbig.

Bezeichnet man eine Indikatorsäure mit HInd, die korrespondierende Indikatorbase Ind^- und die Gleichgewichtskonstante der Indikatorsäure mit K_{Ind}, so gilt für das Dissoziationsgleichgewicht der Indikatorsäure:

$$HInd \rightleftharpoons H^{\oplus} + Ind^{\ominus} \qquad (1)$$

Unter Verwendung des Massenwirkungsgesetzes und unter Vernachlässigung der Aktivitätskoeffizienten erhält man für die Wasserstoff-Ionenkonzentration und das pH die Beziehungen:

$$[H^{\oplus}] = K_{Ind} \cdot \frac{[HInd]}{[Ind^{\ominus}]} \qquad (2)$$

$$pH = pK_{Ind} - \log \frac{[HInd]}{[Ind^{\ominus}]} \qquad (3)$$

Der Säureexponent pK_{Ind} wird auch als Indikatorexponent bezeichnet.
Sind beim zweifarbigen Indikator die Konzentrationen [HInd] und $[Ind^-]$ gleich, d.h. ist die Indikatorsäure zu 50% dissoziiert und besitzen die korrespondierende Indikatorsäure und -base die gleiche Farbintensität, dann gilt:

$$\frac{[HInd]}{[Ind^{\ominus}]} = \frac{\text{Intensität der Farbe von HInd}}{\text{Intensität der Farbe von Ind}} \qquad (4)$$

Nach Gleichung (3) muß der Farbwechsel oder der Indikatorumschlag daher erfolgen, wenn $pH = pK_{Ind}$. Der Farbumschlag einer sehr schwachen Indikatorsäure liegt folglich weit im alkalischen Gebiet, er verschiebt sich mit zunehmender Dissoziationskonstante gegen das neutrale und saure Gebiet. Der Farbumschlag erfolgt jedoch nicht scharf an dem Punkt $pH = pK_{Ind}$. Praktisch beobachtet man vielmehr, daß die Farbe eines Indikators über einen größeren pH-Bereich umschlägt.
Nimmt man z.B. an, daß die Farbintensität des dissoziierten Zustandes ein Zehntel des undissoziierten beträgt, wenn die Farbe der undissoziierten Form dominieren soll, so ergibt sich nach Gleichung (3):

$$pH = pK_{Ind} - 1$$

Und entsprechend für den Farbumschlag nach der anderen Seite bei analogen Bedingungen:

$$pH = pK_{Ind} + 1$$

Das Umschlagintervall erstreckt sich dann über eine Breite von zwei pH-Einheiten ($pH = pK_{Ind} \pm 1$). Bei ungleicher Farbintensität der beiden Indikatorformen (bei gleicher Konzentration) ist der Umschlagbereich unsymmetrisch in Bezug auf $pH = pK_{Ind}$. Jedoch ist in jedem Fall das Umschlagintervall für einen bestimmten Indikator charakteristisch und durch den Indikatorexponenten K_{Ind} festgelegt.

In der Praxis steht zur Durchführung beliebiger Neutralisationsanalysen eine große Auswahl von Indikatoren für die verschiedensten Umschlagbereiche zur Verfügung. Die Wahl des richtigen Indikators ergibt sich aus der Betrachtung der jeweiligen Titrationskurve, auf jeden Fall muß der Äquivalenzpunkt innerhalb des Umschlagbereiches liegen. Folgende Regeln erleichtern die Wahl des geeigneten Indikators.

1) Starke Säuren und starke Basen lassen sich unter Verwendung aller Indikatoren titrieren, die zwischen Methylorange und Phenolphtalein umschlagen.

2) Bei der Titration schwacher Säuren mit starken Basen (Versuch 85) müssen solche Indikatoren verwendet werden, deren Umschlagsintervall im schwachalkalischen Gebiet liegt, besonders eignet sich Phenolphtalein.

3) Bei der Titration schwacher Basen mit starken Säuren müssen Indikatoren verwendet werden, deren Umschlagsbereich im schwachsauren Gebiet liegt. Methylrot und Methylorange sind besonders geeignet.

4) Titrationen von schwachen Säuren mit schwachen Basen führen zu ungenauen Ergebnissen. Man vermeidet nach Möglichkeit solche Neutralisationsanalysen.

Für einige der gebräuchlichsten Indikatoren ist das Umschlagsintervall in Abb.20 am Rande eingezeichnet.

Aufgabe 34

Überlege, welche der eingesetzten Indikatoren für folgende Titrationen in Betracht kommen:
$HClO_4/NaOH$; $HNO_3/NaOH$; HCl/NH_3; $H_2CO_3/NaOH$.

e) Ionenaustauscher

Ionenaustauscher sind wasserunlösliche, hochmolekulare Stoffe organischer oder anorganischer Natur, in deren dreidimensional vernetztes Molekülgerüst zahlreiche polare Atomgruppen wie $-SO_3H$, $-OH$, $-COOH$ eingebaut sind. Der Wasserstoff dieser Gruppen ist vorwiegend polar und daher nur locker gebunden, er kann infolgedessen leicht gegen andere Kationen ausgetauscht werden. Der Austauschvorgang ist reversibel. Ein mit Kationen beladener Ionenaustauscher wird daher beim Behandeln mit Säuren seine Kationen gegen Protonen austauschen und in die saure Form übergehen.

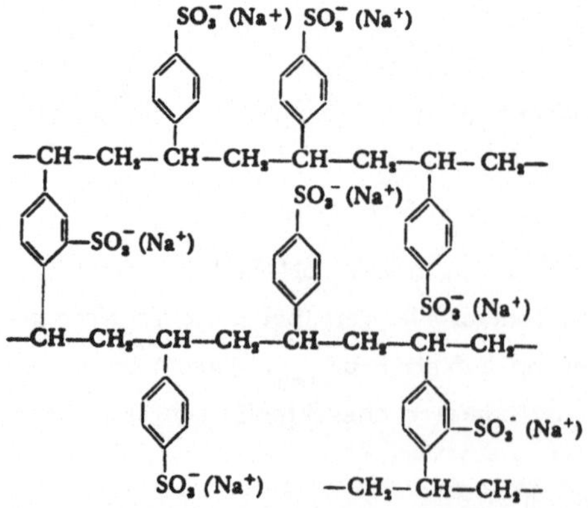

Es gibt auch Anionenaustauscher; sie enthalten anstelle der sauren Gruppen basische quartäre Ammonium-Gruppen, $-NR_3^+$. Biologische Ionenaustauschvorgänge spielen im Organismus eine große Rolle. In zu-

Abb.21 Schematisches Bild eines Ionenaustauschers (mit p-Divinylbenzol vernetztes Polystyrol)

nehmendem Maß finden die künstlichen Ionenaustauscher auch Eingang in die Medizin. Beispielsweise dienen Austauscher zur Beseitigung des Calciums aus der Kuhmilch, da diese die Milch für Säuglinge schwerverdaulich macht. Herz- und Leberkranken, die kochsalzarm ernährt werden sollen, gibt man künstliche Ionenaustauscher in die Speisen, durch welche die schädlichen Natrium-Ionen gegen harmlose Wasserstoff- oder Kalium-Ionen ausgetauscht werden. Auf gleiche Weise läßt sich überschüssige Magensäure unschädlich machen. In der Technik werden Ionenaustauscher heute in großer Menge benötigt. Sie dienen zur Wasserenthärtung und zur Reinigung vieler Stoffe. Über die Verwendungsmöglichkeiten in der analytischen Chemie unterrichten die nächsten Versuche; sie vermitteln zugleich einen Einblick in die Wirkungsweise der Ionenaustauscher.

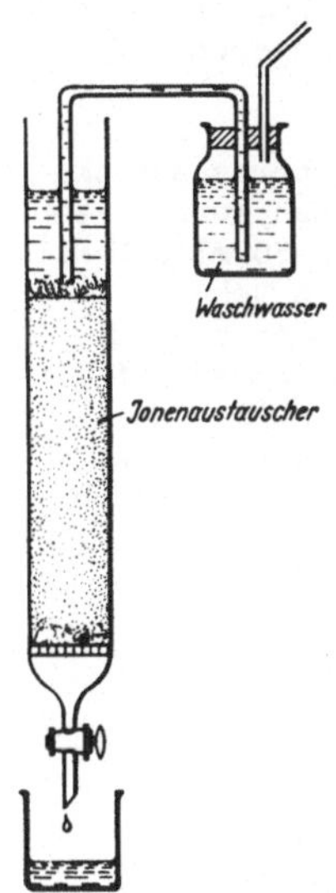

Abb.22 Ionenaustauschersäule

Mit Hilfe eines Ionenaustauschers läßt sich zum Beispiel leicht der Kationengehalt von Salzlösungen bestimmen. Es ist hierzu nur erforderlich, die Salzlösung durch eine Säule laufen zu lassen, in der sich ein mit H^+ beladener Austauscher befindet. Beim Durchfließen der Lösungen werden die Kationen gegen Protonen ausgetauscht, so daß anstelle der oben eingegossenen Salzlösung unten eine äquivalente Säuremenge ausfließt, welche leicht durch eine alkalimetrische Titration bestimmt werden kann.

Versuch 88

Vorbereitung des Ionenaustauschers: Die abgebildete Ionenaustauschersäule ist mit einem gequollenen und mit HCl vorbehandelten Austauscher ("Lewatit", "Permutit" oder "Amberlite") gefüllt, seine Oberfläche ist also mit Protonen beladen. Für die folgende Bestimmung ist es erforderlich, daß keine anhaftende überschüssige Säure mehr vorhanden ist. Die Säule wird daher zunächst gründlich ausgewaschen. Hierzu werden etwa 30 ml destilliertes Wasser auf den Austauscher gegossen und der Abflußhahn so einreguliert, daß in der Sekunde drei Tropfen ausfließen. Nach etwa 8-10 min ist das Wasser bis in die obere Watteschicht abgesunken; es wird erneut destilliertes Wasser nachgefüllt und solange gewaschen, bis eine Probe der auslaufenden Flüssigkeit chloridfrei ist (mit $AgNO_3$ nachprüfen). Der pH-Wert soll sich nicht von dem des zugegebenen Wassers unterscheiden. Sobald diese Bedingungen erfüllt sind, ist die Säule restlos ausgewaschen und für die nächste Bestimmung vorbereitet. Man schließe den Hahn und fülle noch soviel destilliertes Wasser nach, daß die Flüssigkeit etwa 2 cm über dem oberen Wattebausch in der Säule steht. Es ist wichtig, daß der Austauscher unter Wasser aufbewahrt wird.

Versuch 89

Ca-Bestimmung durch Ionenaustausch: In einer vom Assistenten ausgegebenen Calciumchlorid-Lösung soll der Gehalt an Calcium-Ionen bestimmt werden (20-90 mg in 20 ml). Dazu lasse man zunächst das Wasser in der Säule bis in den Wattebausch auslaufen, den Hahn drehe man darauf wieder zu. Anschließend wird die Calciumchlorid-Lösung in die Säule gefüllt und der Analysenbecher zweimal mit 5-10 ml Wasser nachgespült; dieses Waschwasser wird ebenfalls in die Säule gegeben. Unter den Hahn stelle man nun einen sauberen 300 oder 500 ml Erlenmeyer-Kolben oder ein entsprechend groß dimensioniertes Becherglas. Der Hahn wird jetzt so weit geöffnet, daß pro Sekunde etwa ein Tropfen ausfließt. Nachdem die Flüssigkeit bis in den Wattebausch abgesunken ist,

gibt man 30-40 ml Wasser nach und läßt mit der gleichen Geschwindigkeit weiter abtropfen. Es wird in der gleichen Weise noch viermal mit der gleichen Wassermenge nachgewaschen, so daß am Ende des Austauschvorganges etwa 200 ml Flüssigkeit erhalten werden. Das Auswaschen dauert etwa zwei Stunden. Um während dieser Zeit ungestört andere Versuche durchführen zu können, ist es zweckmäßig, nachdem das erste Waschwasser nachgefüllt wurde, die Säule nach Abb.22 über einen Flüssigkeitsheber mit dem in der Vorratsflasche befindlichen Waschwasser zu verbinden. So kann der Austauscher auch ohne dauernde Aufsicht niemals trocken werden.
Nach Beendigung des Auswaschens wird der Hahn geschlossen. Die in der Lösung enthaltene Salzsäure titriere man mit 0,1 N NaOH gegen Methylrot. Aus dem Laugenverbrauch wird die Menge des Calciums berechnet, das Ergebnis wird in mg Ca^{2+} angegeben.

Versuch 90
Regeneration des Ionenaustauschers: Der Austauscher enthält in seinen oberen Schichten nun anstelle der Protonen Calcium-Ionen. Er muß für die nachfolgenden Kurse wieder vollständig mit H^+-Ionen beladen werden. Hierzu gibt man zweimal je 50 ml 3 N HCl auf den Austauscher; die Tropfgeschwindigkeit kann dabei 3-4 Tropfen pro Sekunde betragen. Daran anschließend wird noch zweimal mit der gleichen Menge Wasser ausgewaschen. Die Säule soll bei der Abgabe bis in den oberen Wattebausch mit Wasser gefüllt und mit einem Gummistopfen verschlossen sein. Bei der Durchführung von Reihenuntersuchungen ist es nicht notwendig, die Säule nach jeder Bestimmung zu regenerieren. Die Austauschkapazität eines Kationen-Austauschers beträgt etwa 2 mval pro ml feuchtes Harz. Mit dem benutzten Austauscher (50 ml) könnten also noch gut 30-35 Bestimmungen durchgeführt werden, ehe er regeneriert werden müßte.

f) Oxidationsverfahren

1) Manganometrie: Bei den manganometrischen Methoden der Maßanalyse wird das große Oxidationsvermögen des Kaliumpermanganats ausgenutzt. Besonders vorteilhaft ist das Arbeiten in saurer Lösung, da das intensiv violette MnO_4^--Ion unter diesen Bedingungen bis zum farblosen Mn^{2+}-Ion reduziert wird. Der Endpunkt der Oxidation ist daher ohne Indikatorzusatz leicht an der ersten auftretenden Färbung des überschüssigen Reagens' zu erkennen. Die Gleichung für die Oxidation mit $KMnO_4$ in saurer Lösung lautet:

$$MnO_4^{\ominus} + 8\,H^{\oplus} + 5\,e^{\ominus} \longrightarrow Mn^{2\oplus} + 4\,H_2O$$

Da hier von einem Mangan-Atom gleich fünf Elektronen aufgenommen werden, beträgt das Äquivalentgewicht des $KMnO_4$ nur ein Fünftel des Formelgewichts.

Versuch 91
Titerstellung einer 0,1 N $KMnO_4$-Lösung mit Natriumoxalat.
Eine vom Assistenten ausgegebene ungefähr 0,1 N $KMnO_4$-Lösung wird in die gesäuberte und getrocknete Schliffhahnbürette eingefüllt. Darauf werden zwei Proben wasserfreien Natriumoxalats von etwa 0,2 g auf der Analysenwaage genau eingewogen, und im weithalsigen Erlenmeyer-Kolben mit je 100 ml Wasser gelöst. Zu jeder Probe gibt man etwa 5 ml konzentrierte Schwefelsäure. Die Lösung wird auf etwa 50°C erhitzt und warm titriert, bis die erste bleibende Rotfärbung den Endpunkt der Oxidation anzeigt. Bei der Berechnung der wirklichen Normalität ist darauf zu achten, daß 6,7 mg Natriumoxalat einem Milliliter 0,1 N Kaliumpermanganat-Lösung entsprechen. Auf der Basis dieser Reaktion läßt sich auch der Calciumgehalt des Serums bestimmen. Calcium wird als schwerlösliches Oxalat gefällt, darauf mit Schwefelsäure gelöst und die Oxalsäure titriert.

Versuch 92

Manganometrische Bestimmung des Wasserstoffperoxids.
Mit der Meßpipette werden 2 ml einer 3%igen Wasserstoffperoxid-Lösung in einen weithalsigen Erlenmeyer-Kolben gegeben. Man verdünne mit 100 ml Wasser und füge 10 ml halbkonzentrierte Schwefelsäure hinzu. Es wird in der Kälte austitriert. Die Reaktion verläuft nach:

$$2\ MnO_4^{\ominus} + 5\ H_2O_2 + 6\ H^{\oplus} \longrightarrow 2\ Mn^{2\oplus} + 5\ O_2 + 8\ H_2O$$

1 ml 0,1 N $KMnO_4$-Lösung zeigt 0,1 mval, also 1,7008 mg H_2O_2 an.

2) Iodometrie: Die iodometrischen Verfahren der Maßanalyse sind sehr vielseitig anwendbar. Dies beruht vor allem auf der leichten Umkehrbarkeit der Reaktion:

$$I_2 + 2\ e^{\ominus} \rightleftharpoons 2\ I^{\ominus}$$

Einerseits lassen sich viele Reduktionsmittel mit Iod titrieren, wie z.B. das Sulfid-Ion nach

$$S^{2\ominus} + I_2 \longrightarrow 2\ I^{\ominus} + S$$

Andererseits vermögen aber auch viele Oxidationsmittel in saurem Medium Iodid zu elementarem Iod zu oxidieren, welches nun hinterher mit einer eingestellten Lösung eines Reduktionsmittels titriert werden kann. Ein Beispiel für die leichte Oxidierbarkeit von I^- zu I_2 war die in Versuch 71 beschriebene Reaktion zwischen elementarem Chlor und Iodid:

$$Cl_2 + 2\ I^{\ominus} \longrightarrow 2\ Cl^{\ominus} + I_2$$

Zur Titration des ausgeschiedenen Iods verwendet man Natriumthiosulfat, $Na_2S_2O_3$, dessen Anion in neutraler oder schwachsaurer Lösung nach

$$I_2 + 2\ S_2O_3^{2\ominus} \longrightarrow 2\ I^{\ominus} + S_4O_6^{2\ominus}$$

quantitativ zum Tetrathionat-Ion, $S_4O_6^{2-}$, oxidiert wird. Diese Reaktion ist die Grundlage aller iodometrischen Titrationen, die der Bestimmung von Oxidationsmitteln dienen. In der Praxis arbeitet man meist mit 0,1 N Lösungen, die 0,1 N Iodlösung enthält 12,691 g Iod in einem Liter Lösung, die 0,1 N Thiosulfat-Lösung 24,819 g ($Na_2S_2O_3$ 5 H_2O). Der Endpunkt aller iodometrischen Titrationen ist an dem ersten Auftreten oder an dem vollständigen Verschwinden gelbbraunen Farbe des Iods zu erkennen. Die Empfindlichkeit des Iod-Nachweises läßt sich durch Zusatz von wenig Stärke-Lösung wesentlich steigern, hierbei bildet sich eine tiefblaue Einschlußverbindung, die Iodstärke. Das Auftreten der Blaufärbung ist an die gleichzeitige Anwesenheit von Iodid-Ionen gebunden.

Versuch 93

Ein Tropfen einer Iod-Iodkalium-Lösung wird mit Wasser soweit verdünnt, daß nur noch eine ganz schwache Gelbfärbung wahrnehmbar ist. Zu dieser Lösung gebe man einen Tropfen einer etwa 0,2%igen Stärkelösung, die Lösung färbt sich blau. Nach Zusatz von 1-2 Tropfen Natriumthiosulfat-Lösung wird die Lösung farblos.

Versuch 94

Iodometrische Bestimmung von Aceton.

Mit der Pipette werden 10 ml 0,1 N Iod-Lösung abgemessen und in einen weithalsigen Erlenmeyer-Kolben gefüllt. Dazu werden 100 ml Wasser und 20 ml einer 20%igen NaOH-Lösung gegeben. Zu dieser Mischung gebe man 20 ml einer vom Assistenten ausgegebenen Aceton-Lösung in Wasser (6-8 mg Aceton in 20 ml). Nachdem die Mischung etwa 20 min gestanden hat, füge man 25 ml halbkonzentrierte Schwefelsäure hinzu, so daß die Lösung sauer reagiert und durch Iodausscheidung einen bräunlichen Farbton annimmt; das unverbrauchte Iod wird mit 0,01 N Thiosulfat-Lösung zurücktitriert. Gegen Ende der Reaktion werden einige Tropfen der 0,2%igen Stärkelösung zugesetzt und bis zur Entfärbung titriert.

Aceton reagiert mit Iod unter Bildung von Iodoform und Essigsäure nach

$$CH_3-\overset{\overset{O}{\|}}{C}-CH_3 \; + \; 3\,I_2 \; + \; H_2O \longrightarrow CHI_3 \; + \; 3\,HI \; + \; CH_3-COOH$$

Hieraus folgt, daß ein Iod-Atom einem Sechstel des Formelgewichts des Acetons entspricht; 1 ml 0,01 N Iod-Lösung demnach 0,0967 mg Aceton. Werden z.B. 20 ml der 0,01 N Thiosulfat-Lösung für die Rücktitration des unverbrauchten Iods benötigt, so sind in der Lösung 80·0,0967 mg Aceton enthalten. Diese Titration wird zur Bestimmung der Acetonkörper im Harn und im Blut angewendet.

g) Komplexometrische Titration

Mit Hilfe der komplexometrischen Methode gelingt es, eine große Zahl sehr verschiedener Metallkationen zu titrieren. Kennzeichnend für dieses Verfahren ist die Entstehung von Chelat-Komplexen, die sich zwischen einem Metall-Ion und dem bei der Titration zugesetzten Komplexbildner bilden. Neben Nitrilotriessigsäure, $N(CH_2COOH)_3$, ist vor allem die Ethylendiamintetraessigsäure als Komplexbildner geeignet. Sie kommt meist in Form ihres Dinatriumsalzes (Komplexon III) zur Anwendung.

$$\begin{array}{l} HOOC-CH_2 \\ HOOC-CH_2 \end{array} \!\!\! > N-CH_2-CH_2-N < \!\!\! \begin{array}{l} CH_2-COOH \\ CH_2-COOH \end{array}$$

Die entstehenden Komplexe enthalten das Metall – unabhängig von seiner Ladung – und Komplexon im Verhältnis 1:1. Von verschiedenen Ausführungsformen der komplexometrischen Titration sei die direkte Titration von Metall-Ionen etwas ausführlicher besprochen. Diese Methode beruht im Prinzip darauf, daß der Komplexbildner als Maßflüssigkeit zu der Lösung des zu bestimmenden Metalls zugesetzt wird. Der Äquivalenzpunkt ist dabei durch das sprunghafte Absinken der Metall-Ionenkonzentration gekennzeichnet; er wird durch den Farbumschlag eines Metallindikators angezeigt, welcher analog auf die Metall-Ionenkonzentration anspricht wie ein Säure-Base-Indikator auf die Wasserstoff-Ionenkonzentration. In der Regel wird die direkte komplexometrische Titration im alkalischen Gebiet bei pH = 10 durchgeführt. Um die bei diesem pH meist eintretende Hydroxid-Fällung vieler Metalle zu unterbinden, werden einige ml einer NH_3/NH_4^+-Pufferlösung zugesetzt. Falls die Pufferwirkung nicht ausreicht, um die Ausfällung des Hydroxids zu verhindern – das ist z.B. bei Mn^{2+} und Pb^{2+} der Fall –, können auch Hilfskomplexbildner wie Weinsäure oder Zitronensäure zugegeben werden.

Versuch 95
Als praktisches Beispiel wird die Bestimmung der Kalk- und Magnesiahärte des Leitungswassers durchgeführt.
100 ml Leitungswasser werden mit 5 ml konzentrierter NH_3-Lösung und einer Indikator-Puffertablette versetzt; die Indikator-Puffertablette enthält einen Teil des Puffers sowie den Indikator Eriochromschwarz T, der im pH-Bereich von 8-12 blau gefärbt ist. Mit Calcium- und Magnesium-Ionen bildet er rote Komplexe. Bei der Titration der so zubereiteten Lösung mit 0,02 N Komplexon-Lösung wird der Indikator durch die EDTA aus seinen Komplexen verdrängt, wobei ein Farbumschlag von rot über grau (Äquivalenzpunkt) nach grün erfolgt. Bei der Berechnung ist zu berücksichtigen, daß ein ml der 0,02 N Komplexon-Lösung 0,8016 mg Ca oder 1,12 deutschen Härtegraden entspricht. Die gefundene Härte des Wassers wird sowohl als Ca^{2+} -Gehalt als auch in Härtegraden angegeben.

Wasserhärte: Wasser, welches Calcium- und Magnesium-Salze enthält, wird als hart bezeichnet. Dabei unterscheidet man zwischen der Gesamthärte (Summe aller Calcium- und Magnesium-Salze) und der Kalk- oder Magnesiahärte. Sehr zweckmäßig ist häufig eine Unterscheidung nach vorübergehender (temporärer) Härte und bleibender (permanenter) Härte. Die vorübergehende Härte beruht auf der Anwesenheit der löslichen Hydrogencarbonate $Ca(HCO_3)_2$ und $Mg(HCO_3)_2$. Diese Härte verschwindet beim Kochen, da hierbei nach

$$Ca(HCO_3)_2 \longrightarrow CaCO_3 + H_2O + CO_2$$

Kohlendioxid entweicht und sich schwerlösliches Calciumcarbonat abscheidet (Kesselsteinbildung). Die permanente Härte ist dagegen auf die Anwesenheit löslicher Chloride und Sulfate zurückzuführen, sie bleibt beim Kochen des Wassers bestehen.

Versuch 96
In etwas Kalkwasser, $Ca(OH)_2$, blase man mittels eines Glasrohrs die an Kohlendioxid angereicherte Atmungsluft. Die Lösung trübt sich, da nach

$$Ca(OH)_2 + CO_2 \longrightarrow CaCO_3 + H_2O$$

schwerlösliches Calciumcarbonat ausfällt. Bei längerem Einblasen hellt sich die Lösung wieder auf, sie wird bei genügender Ausdauer schließlich wieder vollkommen klar, da nach

$$CaCO_3 + CO_2 + H_2O \rightleftarrows Ca^{2\oplus} + 2\ HCO_3^{\ominus}$$

leicht lösliches Hydrogencarbonat entsteht. Wird die klare Lösung nun einige Zeit gekocht, so scheidet sich wieder Calciumcarbonat ab, da das obige Gleichgewicht durch Austreiben des Kohlendioxids nach links verschoben wird.

Aufgabe 34
Aus 200 ml Leitungswasser wurde das Calcium als Oxalat ausgefällt und nach gründlichem Auswaschen in überschüssiger Schwefelsäure gelöst. Bei der Titration mit 0,1 N $KMnO_4$-Lösung wurden 13,2 ml verbraucht. Berechne den Gehalt an CaO in g/Liter!

Aufgabe 35
Aus 50 ml acetonhaltigem Harn wurde das Aceton abdestilliert. Das aufgefangene Destillat wurde mit 50 ml 0,1 N Iod-Lösung versetzt und alkalisch gemacht. Nach der auf S.96 angegebenen Gleichung wird das Aceton quantitativ oxidiert . Nach Ansäuern mit verdünnter Schwefelsäure wurde das unverbrauchte Iod mit Thiosulfat zurück-

titriert. Dazu waren 32,3 ml 0,1 N Natriumthiosulfat-Lösung notwendig. Wieviel g Aceton sind in einem Liter Harn enthalten?

Kapitel 9

a) Besonderheiten der Kohlenstoff-Chemie

Die organische Chemie ist vor allem die Chemie des Kohlenstoffs. Ihre für den Anfänger schwer überschaubare Vielfalt beruht auf der beim Kohlenstoff unter allen anderen Elementen besonders ausgeprägten Fähigkeit, mit sich selbst in Bindung zu treten, sei es unter Bildung von Ketten oder Ringen. Als weitere Bindungspartner des Kohlenstoffs zeichnen sich vor allem Wasserstoff, Sauerstoff und Stickstoff aus, daneben aber auch Schwefel, Phosphor und die Halogene. Die übrigen Elemente spielen in der organischen Chemie nur eine untergeordnete Rolle.

Die Bindungsverhältnisse in den Kohlenstoff-Verbindungen sind weniger durch die Elektronenkonfiguration dieses Elements im Grundzustand ($2s^2p^2$) bestimmt, sondern mehr durch die drei möglichen hybridisierten Formen, in denen die vier Valenzelektronen entweder auf vier sp^3-Hybridorbitale oder auf drei sp^2-Hybridorbitale und ein p-Orbital oder auf zwei sp-Hybridorbitale und zwei p-Orbitale verteilt sind. Im Fall der sp^3-Hybridisierung nimmt man an, daß das s-Orbital um 3/4 der zwischen s- und p-Orbitalen bestehenden Energiedifferenz angehoben, die drei p-Orbitale um 1/4 desselben Betrags abgesenkt werden. Diese vor der Bindungsbildung erforderliche energetische Angleichung führt zu einer Mischung der nunmehr gleichwertigen s- und p-Orbitale, zu den sogenannten Hybridorbitalen. Da an dem Hybrid ein s- und drei p-Orbitale beteiligt sind, spricht man von einem sp^3-Hybrid. Dementsprechend besitzen die sp^3-Hybridorbitale einen verhältnismäßig hohen p-Anteil. Das räumliche Bild dieser vier sp^3-Hybridorbitale weicht von dem der isolierten s- und p-Orbitale erheblich ab. Die vier keulenförmigen Orbitale weisen mit ihren verdickten Enden in die vier Ecken eines Tetraeders:

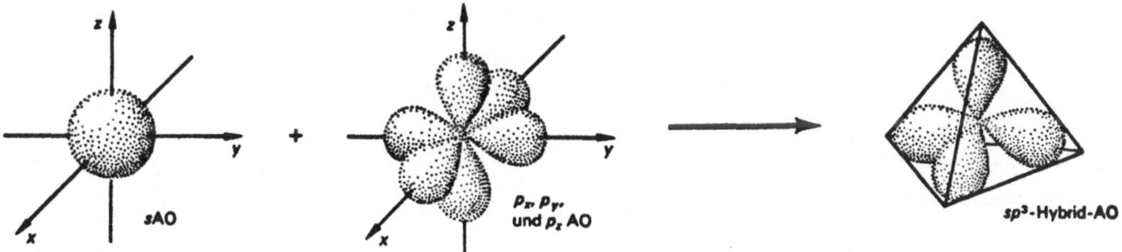

Von wenigen Ausnahmen abgesehen, ist der Kohlenstoff in sämtlichen Verbindungen vierbindig. Den drei Hybridisierungsmöglichkeiten entsprechen bei Substanzen, die nur aus Kohlenstoff und Wasserstoff aufgebaut sind, drei Verbindungsklassen: Alkane (sp^3), Alkene (sp^2,p) und Alkine (sp,p^2). Die bei den Alkinen anzutreffende Hybridisierung ist auch bei den Kumulenen verwirklicht.

Atomorbitale	Hybridorbitale	Geometrie		Beispiel	
ein s drei p	vier sp^3	tetraedrisch	109.5	CH_4	Methan
ein s zwei p	drei sp^2	trigonal planar	120	C_2H_4	Ethen
ein s ein p	zwei sp	linear	180	C_2H_2	Ethin

Bindungen, an denen hybridisierte Orbitale des Kohlenstoffs beteiligt sind, heißen σ-Bindungen, im Gegensatz zu den π-Bindungen, die dadurch zustande kommen, daß zwei parallel zueinander stehende p-Orbitale jeweils mit ihren beiden Enden überlappen. Dadurch ergeben sich ober- und unterhalb der Verbindungslinie zwischen den beiden Atomen zwei bindende Zentren erhöhter Ladungsdichte.

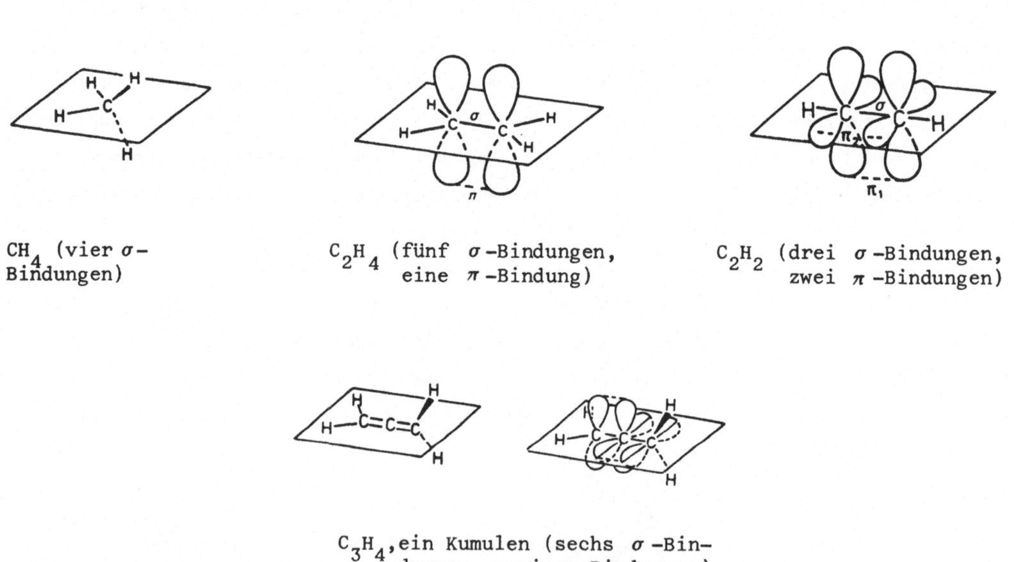

CH_4 (vier σ-Bindungen)

C_2H_4 (fünf σ-Bindungen, eine π-Bindung)

C_2H_2 (drei σ-Bindungen, zwei π-Bindungen)

C_3H_4, ein Kumulen (sechs σ-Bindungen, zwei π-Bindungen)

Durch die Überlagerung einer σ- und einer π-Bindung kommen Doppelbindungen, einer σ- und zweier π-Bindungen Dreifachbindungen zustande. Gesättigte Verbindungen, das sind solche ohne Mehrfachbindungen, heißen Alkane, ungesättigte mit einer Doppelbindung Alkene und ungesättigte mit einer Dreifachbindung Alkine.

b) Nomenklatur der Kohlenwasserstoffe

Wie der Name schon sagt, bestehen die Kohlenwasserstoffe aus den Elementen Kohlenstoff und Wasserstoff. Man unterscheidet die kettenförmigen (aliphatischen) von den ringförmigen (alicyclischen und aromatischen). Die aliphatischen werden in Alkane, Alkene und Alkine eingeteilt, die alicyclischen dementsprechend in Cycloalkane, -alkene und -alkine.

Alkane (wegen ihrer Reaktionsträgheit auch Paraffine genannt) bilden eine homologe Reihe C_nH_{2n+2}. Die Namen der ersten zwölf Vertreter sollte man auswendig kennen:

CH_4 Methan - C_2H_6 Ethan - C_3H_8 Propan - C_4H_{10} Butan - C_5H_{12} Pentan - C_6H_{14} Hexan - C_7H_{16} Heptan - C_8H_{18} Oktan - C_9H_{20} Nonan - $C_{10}H_{22}$ Decan - $C_{11}H_{24}$ Undecan - $C_{12}H_{26}$ Dodecan.

Ab C_4 können Strukturisomere auftreten:

$CH_3-CH_2-CH_2-CH_3$	$(CH_3)_2>CH-CH_3$	
normal-Butan	iso-Butan	
$CH_3-CH_2-CH_2-CH_2-CH_3$	$(CH_3)_2>CH-CH_2-CH_3$	$(CH_3)_3\equiv C-CH_3$
normal-Pentan	iso-Pentan	neo-Pentan

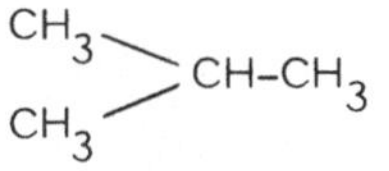

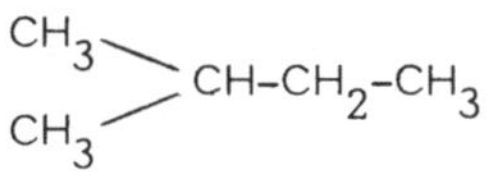

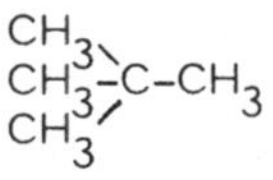

Die Zahl der möglichen Isomeren nimmt mit steigender Kohlenstoff-Zahl sehr schnell zu, so daß die Unterteilung in normal-, iso- und neo-Kohlenwasserstoffe unzureichend wird. Von Heptan existieren neun, von Decan bereits 75 Isomere. Zur Benennung einer längeren, verzweigten Kette ermittelt man zunächst die längste Kohlenstoff-Kette des Moleküls. Sie ist im nebenstehenden Beispiel beziffert. Die Bezifferung erfolgt so, daß das Kohlenstoff-Atom mit der ersten Verzweigung die kleinstmögliche Ziffer erhält. Da die längste Kette sechs Kohlenstoffatome enthält, ist der Grundkörper

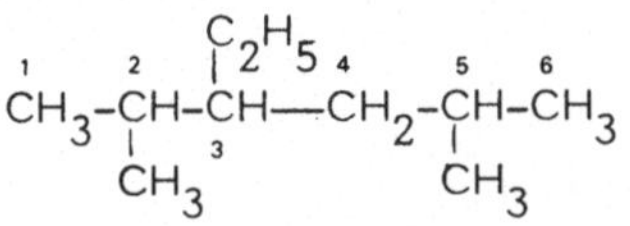

$$\overset{1}{C}H_3-\overset{2}{C}H(CH_3)-\overset{3}{C}H(C_2H_5)-\overset{4}{C}H_2-\overset{5}{C}H(CH_3)-\overset{6}{C}H_3$$

Hexan. Dieser trägt in Position 2 eine Methyl-Gruppe (Alkyl ist die Bezeichnung für einen Alkan-Rest), in Position 3 eine Ethyl-Gruppe und in Position 5 eine weitere Methyl-Gruppe. Damit heißt die Verbindung (alphabetische Reihenfolge der Substituenten): 3-Ethyl-2,5-dimethylhexan.

Alkene (Olefine) bilden die homologe Reihe C_nH_{2n}. Sie leiten sich von den Alkanen formal durch Entzug von H_2 ab und besitzen daher eine Doppelbindung; die Endung -an in Alkan wird durch -en ersetzt. Hier einige Beispiele:

$CH_2=CH_2$	Ethen	$CH_2=CH-CH_2-CH_3$	normal-Buten
$CH_2=CH-CH_3$	Propen	$CH_3-CH=CH-CH_3$	iso-Buten

Auch hier können ab C_4 Strukturisomere auftreten; aufgrund der Strukturvielfalt wird die Position der Doppelbindung in Alkenen numerisch angegeben. Normal-Buten heißt dann Buten-(1), iso-Buten entsprechend Buten-(2). Beispiel:

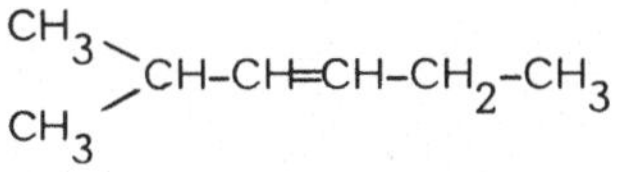

$(CH_3)_2>CH-CH=CH-CH_2-CH_3$ heißt 2-Methylhexen-(3)

Für die Alkine gelten die gleichen Nomenklaturregeln wie für die Alkene. Die Vertreter der homologen Reihe C_nH_{2n-2} zeichnen sich durch eine Dreifachbindung aus und leiten sich in ihrer Benennung ebenfalls von den Alkanen ab. Die Endung -an wird nun durch -in ersetzt:

$CH \equiv CH$	Ethin	$CH_3-CH_2-C \equiv CH$	normal-Butin oder Butin-(1)
$CH \equiv C-CH_3$	Propin	$CH_3-C \equiv C-CH_3$	iso-Butin oder Butin-(2)

Beispiel:

$(CH_3)_2CH-C \equiv C-CH_2-CH_3$ heißt 2-Methylhexin-(3)

Für cyclische Verbindungen gilt im Grunde das für offenkettige Verbindungen bereits gesagte. Durch den Ringschluß sind die Vertreter der einzelnen homologen Reihen allerdings um zwei Wasserstoff-Atome ärmer.

Cycloalkane	C_nH_{2n}
Cycloalkene	C_nH_{2n-2}
Cycloalkine	C_nH_{2n-4}

Ein Beispiel möge dies veranschaulichen:

$CH_3-CH<(CH_2-CH_2-CH_2-CH=CH)$ (Ring) heißt 1-Methylcyclohexen-(2)

Enthält eine Verbindung mehrere Doppelbindungen, sind drei Fälle denkbar:

1) Isolierte Doppelbindung $CH_3-CH=CH-CH_2-CH_2-CH=CH_3$
2) Kumulierte Doppelbindung $CH_3-CH_2-CH=C=CH-CH_2-CH_3$
3) Konjugierte Doppelbindung $CH_3-CH=CH-CH=CH-CH=CH_2$

Substanzen mit isolierten Doppelbindungen unterscheiden sich nicht nennenswert von solchen mit einer Doppelbindung. Die Hybridisierung in kumulierten Doppelbindungssystemen (sp) wurde bereits diskutiert. Interessant sind jedoch die konjugierten Doppelbindungen (alternierende Doppelbindungen), da die π-Bindungen nicht zwischen je zwei Kohlenstoff-Atome lokalisiert sind, sondern sich über das ganze "konjugierte" System erstrecken. Dieser Effekt hat eine Stabilisierung gegenüber der gleichen Anzahl isolierter Doppelbindungen zur Folge.

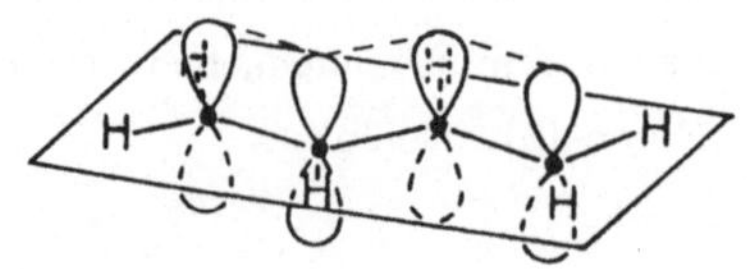

Mit diesem durch Konjugation verursachten Stabilisierungseffekt läßt sich auch die Stabilität des Benzols erklären. Das Benzol ist keine alicyclische Verbindung, sondern der Grundkörper der aromatischen Verbindungen. Darunter versteht man planare Ringgerüste, die (2n+1) Doppelbindungen enthalten (n=0,1,2,3...). Das Vorliegen von (2n+1) Doppelbindungen bewirkt eine weitere Stabilisierung des konjugierten Systems. Der planare Sechsring des Benzols weist ober- und unterhalb der Ringebene eine beträchtliche Ladungsdichte auf.

I ⟷ II oder

Für das Benzol lassen sich zwei mesomere Strukturen zeichnen (I und II), von denen zwar keine die tatsächliche Elektronenverteilung im Benzol-Molekül wiedergibt, die jedoch zusammengerommen ein annähernd richtiges Bild der Ladungsverteilung vermitteln.

Naphtalin (2n+1 Aromat) — Anthracen (2n+1 Aromat)

c) Eigenschaften der Kohlenwasserstoffe

Obwohl die Kohlenwasserstoffe ausschließlich die Elemente Kohlenstoff und Wasserstoff enthalten, zeigen sie je nach Bindungstyp ein recht unterschiedliches chemisches Reaktionsverhalten. Während sich die Alkane durch ausgesprochene Reaktionsträgheit auszeichnen (sie reagieren allenfalls mit Radikalen), besitzen die Alkene in ihrer π-Bindung ein reaktives Zentrum hoher Ladungsdichte und neigen zu Additionsreaktionen, bei denen unter Auflösung der π-Bindung eine Verknüpfung mit dem sich addierenden Molekül eintritt.

$$(CH_3)_2C=C(CH_3)_2 + Br\text{-}Br \longrightarrow Br\text{-}C(CH_3)_2\text{-}C(CH_3)_2\text{-}Br$$

Ähnlich reagieren Dreifachbindungen. In diesem Fall lassen sich jedoch über die Stufe der Doppelbindung zwei Äquivalente eines fremden Moleküls addieren. Neben den Halogenen kommen als weitere Substanzen zur Addition Wasser in und ohne Gegenwart von Oxidationsmitteln sowie die Halogenwasserstoffe in Frage.

Versuch 97

Nachweis von Kohlenstoff und Wasserstoff.
Man setze das Gerät nach Abb.10 zusammen und gebe in das trockene Reagenzglas a eine Mischung aus einer kleinen Spatelspitze Campher oder einer anderen organischen Substanz und einigen Spatelspitzen Kupfer(II)oxid. In b wird Barytwasser zum Nachweis des bei der Verbrennung des Kohlenstoffs entstehenden Kohlendioxids eingefüllt. Nun erhitze man a über einer kleinen Flamme. Das CuO oxidiert den Kohlenstoff der organischen Substanz zu CO_2, der in der Vorlage als Bariumcarbonat ausgeschieden wird. Der Wasserstoff der Verbindung wird zu H_2O verbrannt, es schlägt sich an den kälteren Stellen des Reagenzglases in Form kleiner Tröpfchen nieder.

Versuch 98

Nachweis von Mehrfachbindungen.
Im Reagenzglas werden wenige Tropfen Cyclohexen in 1-2 ml Chloroform gelöst. Hierzu gebe man einige Tropfen einer Lösung von wenig Brom in Chloroform. Die braune Farbe des Broms verschwindet, da es sich an die Doppelbindung unter Bildung von 1,2-Dibromcyclohexan anlagert. Formuliere die Reaktionsgleichung!

Versuch 99

Einige Tropfen Cyclohexen werden in 2 ml kaltem Alkohol gelöst, dazu gibt man einige Tropfen verdünnte Sodalösung und dann einen Tropfen verdünnter Kaliumpermanganat-Lösung. Das Verschwinden der violetten Farbe zeigt die Gegenwart von Doppelbindungen an. Bei der Reaktion entsteht ein Glykol:
Stelle die Redox-Gleichung für diese Umsetzung auf!

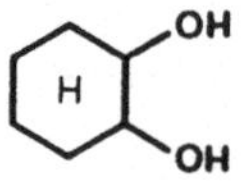

H OH OH

Versuch 100

Der Versuch wird in der Apparatur nach Abb. 10 durchgeführt. In a gebe man etwas Calciumcarbid CaC_2; in b 4-5 ml Bromwasser. Nun wird das Calciumcarbid mit einigen ml Kochsalzlösung übergossen (Wasser würde zu heftig reagieren). In a entwickelt sich Acetylen (Ethin):

$$Ca^{2\oplus} + |C\equiv C|^{2\ominus} \xrightarrow{+2H_2O} Ca(OH)_2 + HC\equiv CH,$$

das mit dem Brom zum 1,1,2,2-Tetrabromethan reagiert. Die Substanz löst sich nicht in Wasser und scheidet sich daher in Form kleiner Öltröpfchen ab. Gib die Reaktionsgleichung an!

Versuch 101

Daß Benzol, wie alle aromatischen Verbindungen, ein sehr stabiles Doppelbindungssystem besitzt, zeigt der folgende Versuch. Zu Benzol werden einige Tropfen einer Brom-Lösung in Chloroform gegeben und kräftig geschüttelt. Es ist keine Entfärbung und damit auch keine Addition zu beobachten.

Eine weitere wichtige Eigenschaft der Kohlenwasserstoffe ist ihre geringe Löslichkeit in Wasser. Wegen der in ihnen vorliegenden, beinahe unpolaren Atombindungen bestehen für die Wassermoleküle so gut wie keine Möglichkeiten, Wasserstoffbrücken zum organischen Molekül auszubilden, die Voraussetzung für Löslichkeit oder Mischbarkeit wären.

Versuch 102

Je 2-3 ml Wasser werden auf fünf Reagenzgläser verteilt. Gebe zu den einzelnen Proben Ethanol, Aceton, Tetrachlorkohlenstoff, n-Hexan und Toluol. Erkläre die Beobachtungen!

d) Funktionelle Gruppen

Es gibt zwei Kriterien dafür, ob an einer Bindung in einem organischen Molekül eine Reaktion stattfindet. Maßgeblich ist zum einen die Elektronendichte (s. Additionsreaktionen), zum anderen die Polarität der Bindung. Während C-C- und C-H-Bindungen im allgemeinen nur eine geringe Polarität aufweisen, können durch Einführung von Heteroatomen in organischen Verbindungen (O, S, N, P, Hal und andere) mitunter beträchtliche Ladungsverschiebungen auftreten. Man kann sich diese Verbindungen von den Kohlenwasserstoffen durch Substitution eines oder mehrerer Wassersotff-Atome gegen andere Gruppierungen entstanden denken und spricht dann von funktionellen Gruppen. Die Fähigkeit eines Substituenten, Atombindungen zu polarisieren wird an der Größe seines "induktiven" und "mesomeren" Effekts gemessen; es gibt allerdings keine experimentellen Methoden diese Effekte zu bestimmen. Sie stellen lediglich Erfahrungswerte dar.

Induktiver Effekt: Trägt ein Kohlenstoff-Atom eines organischen Moleküls einen Substituenten Z der die Bindungselektronen zu sich heranzieht, besitzt er einen sogenannten -I-Effekt, im Gegensatz zu einem Substituenten, der die Elektronendichte am Kohlenstoff erhöht (+I-Effekt). In der Schreibweise drückt man diese Ladungsverschiebung entweder durch am entsprechenden Ende verdickte Pfeile aus, oder, indem man die unsymmetrische Ladungsverteilung auf den Atomen durch + oder - kenntlich macht:

-I-Effekt: C ◄ Z oder $\overset{\delta+}{C} - \overset{\delta-}{Z}$

+I-Effekt: C ► Z oder $\overset{\delta-}{C} - \overset{\delta+}{Z}$

Der induktive Effekt wirkt nur über den Raum. Sein Einfluß auf weiter entfernte Atome nimmt rasch ab und bleibt im allgemeinen ohne Folgen für die chemischen Eigenschaften der betreffenden Zentren. Seine Stärke hängt in erster Linie von der Elektronegativität des Substituenten ab.

Mesomerer Effekt: Ähnlich wie beim induktiven Effekt werden Substituenten mit elektronenziehenden Eigenschaften durch das Vorzeichen (-), solche mit elektronenschiebenden Eigenschaften durch das Vorzeichen (+) gekennzeichnet. +M-Effekt bedeutet also, daß der Substituent Z die Ladungsdichte in seiner Nachbarschaft erhöht, -M-, daß er sie erniedrigt. Im Gegensatz zum induktiven Effekt kann sich sein Wirkungsbereich jedoch weit über seine unmittelbaren Nachbarn hinaus erstrecken, wenn der Substituent unter Aufnahme (-M) oder Abgabe (+M) formaler Ladungen mit einem benachbarten konjugierten π-Elektronensystem in Wechselwirkung treten kann. Die Fähigkeit zum Austausch formaler Ladungen ist ebenso wie das benachbarte π-Elektronensystem eine unabdingbare Voraussetzung für die Wirksamkeit des mesomeren Effekts. Bevorzugte Stellen für Bindungsbrüche in organischen Molekülen lassen sich mit seiner Hilfe gut erkennen:

NO_2-Gruppe (-M-Substituent)

$$H{-}CH_2{-}CH{=}CH{-}\overset{\oplus}{N}(=\!O)(-\bar{O}|^{\ominus}) \longrightarrow H^{\oplus} + CH_2{=}CH{-}CH{=}\overset{\oplus}{N}(-\bar{O}|^{\ominus})_2$$

NR_2-Gruppe (+M-Substituent; R=Alkyl)

$$Cl{-}CH_2{-}CH{=}CH{-}NR_2 \longrightarrow Cl^{\ominus} + CH_2{=}CH{-}CH{=}\overset{\oplus}{N}R_2$$

Mit Hilfe des mesomeren Effekts lassen sich auch die relativen Stabilitäten organischer Kationen (Carbenium-Ionen) und Anionen (Carbanionen) abschätzen. Ein +M-Substituent stabilisiert positive, ein -M-Substituent negative Ladungen, weil durch die Ladungsdelokalisation die Anzahl mesomerer Formen erhöht wird. Dieser stabilisierende Einfluß prägt sich umso stärker aus, je ausgedehnter das konjugierte System ist, das mit dem Substituenten in Wechselwirkung tritt. So ist z.B. ein Anion CH_3^- im Vergleich zum $CH_2{=}CH{-}CH{=}\overset{+}{N}(O^-)_2$ instabil, da für das letzte fünf mesomere Formen denkbar sind:

$$CH_2{=}CH{-}CH{=}\overset{\oplus}{N}(-\bar{O}|^{\ominus})_2 \longleftrightarrow |\overset{\ominus}{C}H_2{-}CH{=}CH{-}\overset{\oplus}{N}(=\!O)(-\bar{O}|^{\ominus}) \longleftrightarrow |\overset{\ominus}{C}H_2{-}CH{=}CH{-}\overset{\oplus}{N}(-\bar{O}|^{\ominus})(=\!O)$$

$$\longleftrightarrow CH_2{=}CH{-}\overset{\ominus}{\underline{C}}H{-}\overset{\oplus}{N}(=\!O)(-\bar{O}|^{\ominus}) \longleftrightarrow CH_2{=}CH{-}\overset{\ominus}{\underline{C}}H{-}\overset{\oplus}{N}(-\bar{O}|^{\ominus})(=\!O)$$

Aus den gleichen Gründen ist CH_3^+ instabiler als $CH_2{=}CH{-}CH{=}\overset{+}{N}R_2$. Die Anzahl mesomerer Formen beträgt in diesem Fall allerdings nur drei:

$$CH_2{=}CH{-}CH{=}\overset{\oplus}{N}R_2 \qquad \overset{\oplus}{C}H_2{-}CH{=}CH{-}NR_2 \qquad CH_2{=}CH{-}\overset{\oplus}{C}H{-}NR_2$$

Jeder Substituent besitzt einen für ihn charakteristischen mesomeren und induktiven Effekt. Sie können sich bei gleichem Vorzeichen gegenseitig verstärken. Es gibt aber auch Fälle, in denen die Vorzeichen beider Effekte einander entgegengerichtet sind. Welcher von beiden dann den Ablauf einer Reaktion stärker beeinflußt, kann aufgrund von Erfahrungswerten abgeschätzt werden.

Die folgende Tabelle enthält die wichtigsten funktionellen Gruppen der organischen Chemie und jeweils ein Beispiel der zugehörigen Verbindungsklasse.

Gruppe	Name	I-Eff.	M-Eff.	Beispiel	
-OH	Alkohol	–	+	C_3H_7-OH	Propanol
$-NH_2$	Amin	–	+	$C_4H_9-NH_2$	Butylamin
-CH=O	Aldehyd	–	–	CH_3-CHO	Acetaldehyd
>C=O	Keton	–	–	$CH_3-CO-CH_3$	Aceton
-CO-OH	Carbonsäure	–	–	C_2H_5-COOH	Propionsäure
$-NO_2$	Nitro-	–	–	CH_3-NO_2	Nitromethan
-NO	Nitroso-	–	–	C_6H_5-NO	Nitrosobenzol
-C≡N	Nitril	–	–	CH_3-CN	Acetonitril
-CO-X	Carbonsäure-halogenide	–	–	$CH_3-CO-O-CO-CH_3$	Acetanhydrid
-X	Halogenid	–	+	C_3H_7-Br	Brompropan

Diese funktionellen Gruppen können an einem aliphatischen oder aromatischen Molekülrest sitzen. In diesem Zusammenhang sei noch erwähnt, daß Alkyl-Gruppen im allgemeinen einen +I-Effekt aufweisen, aromatische und ungesättigte Reste einen -I- und +M-Effekt.

e) Einführung in die Reaktionsmechanismen

Wie die organischen Verbindungen nach unterschiedlicher Substitution am Kohlenstoff-Atom (funktionelle Gruppe) systematisch in Verbindungsklassen gegliedert werden können, läßt sich auch die Vielzahl organischer Reaktionen auf wenige Grundreaktionstypen zurückführen. Man unterteilt in

1) Additionsreaktionen

   beispielsweise $>C{=}C< \; + \; Br_2 \longrightarrow Br{-}\overset{|}{\underset{|}{C}}{-}\overset{|}{\underset{|}{C}}{-}Br$

2) Eliminierungsreaktionen

   beispielsweise $H{-}\overset{|}{\underset{|}{C}}{-}\overset{|}{\underset{|}{C}}{-}OH \longrightarrow >C{=}C< \; + \; H_2O$

3) Substitutionsreaktionen

   beispielsweise $C_2H_5{-}Cl \; + \; OH^- \longrightarrow C_2H_5{-}OH \; + \; Cl^-$

In Bezug auf den Reaktionsablauf kann jeder dieser Reaktionstypen weiter unterteilt werden: 1. Polare, ionische Reaktionen, bei denen Bindungen asymmetrisch gespalten oder gebildet werden. Das Bindungselektronenpaar verbleibt bei einem Reaktionspartner oder wird von diesem mitgebracht. 2. Radikalische Reaktionen, in deren Verlauf Bindungen symmetrisch gespalten oder gebildet werden. Hier treten Radikale, also Teilchen mit ungepaarten Elektronen auf.

Nach dem zugrundeliegenden Reaktionsmechanismus unterscheidet man im ersten Fall zwischen nucleophilen und elektrophilen Reaktionen. Die Feststellung, eine Reaktion sei nucleophil oder elektrophil bezieht sich nach Vereinbarung stets auf das Reagenz (als Reagens bezeichnet man zum Beispiel das Brom in der oben angegebenen Additionsreaktion). Allerdings sind nucleophile und elektrophile Reaktionen untrennbar miteinander verknüpft, ähnlich der Korrespondenz zwischen Säure und Base. Nucleophile Reagentien sind zum Beispiel negativ geladene Ionen, Verbindungen mit freien Elektronenpaaren (LEWIS-Basen), Verbindungen mit olefinischen Doppelbindungen und Aromaten. Elektrophile Reagentien weisen an ihrem reaktiven Zentrum eine verminderte Ladungsdichte auf, wie zum Beispiel positiv geladene Ionen, Verbindungen mit Elektronenlücken (LEWIS-Säuren), Acetylene, Verbindungen mit Carbonylfunktionen und Halogene. Da ein nucleophiles Reagens dem Substrat Ladung in Form von Elektronen zuführt, kann es im weitesten Sinne als Reduktionsmittel betrachtet werden. Umgekehrt entreißt der elektrophile Stoff dem Reaktionspartner Ladung und läßt sich daher als Oxidationsmittel auffassen.

1) Addition: Der Ablauf der Reaktion hängt von der Natur des angreifenden Reagens' sowie von den Reaktionsbedingungen ab. In polaren Lösungsmitteln und bei nicht allzu hohen Temperaturen verlaufen Additionen bevorzugt über ionische Zwischenstufen ab, während in unpolaren Lösungsmitteln unter der Einwirkung von Licht oder bei hohen Temperaturen Radikale als Zwischenstoffe auftreten.

Wegen ihrer hohen Ladungsdichte wird die Doppelbindung besonders leicht von elektrophilen Reagentien angegriffen. Die Addition an eine C=C-Doppelbindung kann demnach in folgender Weise formuliert werden, wobei E ein das Brom-Molekül polarisierender Partner (Lösungsmittel oder Katalysator) ist:

$$>C{=}C< \; + \; |\overline{Br}-\overline{Br}| \; + \; E \longrightarrow \overline{Br}^{\oplus}(>C-C<) \; + \; |\overline{Br}-E^{\ominus} \longrightarrow |\overline{Br}-\overset{|}{\underset{|}{C}}-\overset{|}{\underset{|}{C}}-\overline{Br}| \; + \; E$$

Addiert man hingegen Bromwasserstoff an Propen, sind nach dem ersten Schritt zwei Reaktionsrichtungen denkbar:

$$(H)(CH_3)C{=}C(H)(H) \; + \; H-\overline{Br}| \longrightarrow (H)(CH_3)C{-}C(H)(H)\cdot H^{\oplus} \; + \; |\overline{Br}|^{\ominus}$$

$$(H)(CH_3)C{-}C(H)(H)\cdot H^{\oplus} \; + \; |\overline{Br}|^{\ominus} \longrightarrow CH_3-\overset{Br}{\overset{|}{C}}H-CH_3$$

$$(H)(CH_3)C{-}C(H)(H)\cdot H^{\oplus} \; + \; |\overline{Br}|^{\ominus} \longrightarrow CH_3-CH_2-CH_2-Br$$

Als Regel gilt: Bei der elektrophilen Addition von Protonensäuren an unsymmetrisch gebaute Olefine tritt das Wasserstoff-Atom an das wasserstoffreichste Kohlenstoff-Atom der Doppelbindung (Regel von MARKOWNIKOW). Dies läßt sich folgendermaßen begründen. Die positive Partialladung in der kationischen Zwischenstufe befindet sich nicht genau symmetrisch zwischen den beiden Kohlenstoff-Atomen des Olefins; da Alkyl-Gruppen (im Beispiel die Methyl-Gruppe) wegen ihres +I-Effekts positive Ladungen teilweise kompensieren, befindet sich am wasserstoffreicheren Kohlenstoff-Atom ein größerer Teil der positiven Partialladung. Dort erfolgt dann auch der Angriff des Bromid-Ions.

Die Addition von Bromwasserstoff an Propen kann unter geeigneten Bedingungen auch radikalisch als Kettenreaktion ablaufen. Dabei werden zuerst Brom-Radikale addiert (durch UV-Licht oder Katalysatoren aus HBr erzeugt):

$$H(CH_3)C{=}CH_2 + \cdot\overline{Br}| \longrightarrow H(CH_3)C(\overline{Br}|)-\dot{C}H_2 \;(\text{I}) \quad \text{oder} \quad H(CH_3)\dot{C}-CH_2(\overline{Br}|) \;(\text{II})$$

$$\text{I} + HBr \longrightarrow CH_3-CH(|\overline{Br}|)-CH_3 + \cdot\overline{Br}|$$

$$\text{II} + HBr \longrightarrow CH_3-CH_2-CH_2-\overline{Br}| + \cdot\overline{Br}|$$

In diesem Fall verläuft die Reaktion entgegen der Regel von MARKOWNIKOW, da Alkyl-Gruppen ungepaarte Elektronen an benachbarten Kohlenstoff-Atomen leicht destabilisieren.

2) Eliminierung: Bei der Eliminierung wird zunächst ein Substituent X verdrängt. Zusätzlich entreißt ein nucleophiles Reagens dem Substrat am benachbarten Kohlenstoff-Atom ein Proton oder eine andere Abgangsgruppe, wobei ein Olefin entsteht. Welcher dieser beiden Teilschritte zuerst abläuft, hängt von den Reaktionsbedingungen, der Art des Nucleophils und der räumlichen Lage der zu eliminierenden Gruppe ab, und bestimmt die Richtung, in die sich die Doppelbindung bildet:

$$CH_3-CH(H)-C(CH_3)(Br)-CH_2(H) + |B^{\ominus} \xrightarrow[-HB]{} CH_3-CH_2-C(CH_3)(Br)-\underline{C}H_2^{\ominus} \;(\text{I}) \quad \text{oder} \quad CH_3-\underline{C}H^{\ominus}-C(CH_3)(Br)-CH_3 \;(\text{II})$$

Ob sich das thermodynamisch stabilere "SAYTZEW"-Produkt oder das kinetisch bevorzugte "HOFMANN"-Produkt bildet, hängt von einer Reihe Faktoren ab, deren Besprechung den Rahmen dieses Buches sprengen würde.

Aus I entsteht das "HOFMANN"-Olefin:

$$CH_3-CH_2-\underset{Br}{\overset{CH_3}{C}}-\overset{\ominus}{C}H_2 \xrightarrow[-Br^{\ominus}]{} CH_3-CH_2-\overset{CH_3}{C}=CH_2$$

Aus II entsteht das "SAYTZEW"-Olefin:

$$CH_3-\overset{\ominus}{C}H-\underset{Br}{\overset{CH_3}{C}}-CH_3 \xrightarrow[-Br^{\ominus}]{} CH_3-CH=\overset{CH}{C}-CH_3$$

3) Substitution: Die Eliminierung ist meist eine Konkurrenzreaktion der Substitution. Bei der nucleophilen Substitution unterscheidet man zwischen monomolekularer (S_N1) und bimolekularer (S_N2) Substitution.

Bei der monomolekularen nucleophilen Substitution ändert das Substratmolekül lediglich seinen Bindungszustand. Ausgelöst durch den Elektronenzug der elektrophilen Gruppe X und unterstützt vom Lösungsmittel und eventuell von Katalysatoren dissoziiert das Molekül R-X in die Ionen R^+ und X^-, die dann mit dem Reaktionspartner zu den Endprodukten reagieren.

$$-\overset{|}{\underset{|}{C}}-X \longrightarrow |X^{\ominus} + \overset{|}{C}^{\oplus} \quad \text{(planares Carbenium-Ion)}$$

$$\overset{|}{C}^{\oplus} + |Y^{\ominus} \longrightarrow -\overset{|}{\underset{|}{C}}-Y$$

S_N1-Reaktionen sind an folgenden Merkmalen zu erkennen:

- Sie gehorchen dem Geschwindigkeitsgesetz erster Ordnung (der erste, langsame Reaktionsschritt, die Spaltung der R-X-Bindung, ist geschwindigkeitsbestimmend).
- Sie sind monomolekular, da am Übergangszustand nur ein Teilchen (R-X-Molekül) beteiligt ist.
- Optisch aktive Ausgangsverbindungen werden racemisiert, da das planare Carbenium-Ion sowohl von oben als auch von unten angegriffen werden kann.
- Es treten Olefine als Nebenprodukte auf.
- Da Ionen als Zwischenprodukte auftreten, spielt das Lösungsmittel eine wichtige Rolle.

Bei der bimolekularen nucleophilen Substitution erfolgen Bindungsbruch und -bildung gleichzeitig. Der Reaktionspartner Y^- nähert sich dem polarisierten Molekül R-X von der dem Substituenten X entgegengesetzten Seite her und tritt mit R-X in Wechselwirkung. Synchron mit diesem Vorgang vergrößert sich der Bindungsabstand zwischen R und X; der Kohlenstoff, an dem die Substitution erfolgt, ist dabei kurzzeitig fünffach koordiniert:

$$|Y^{\ominus} + (R^1)(R^2)(R^3)C-X \longrightarrow Y\cdots\overset{R^1}{\underset{R^2\ R^3}{C^{\ominus}}}\cdots X \longrightarrow Y-C(R^1)(R^2)(R^3) + |X^{\ominus}$$

S_N2-Reaktionen zeigen folgende charakteristische Merkmale:

- Sie gehorchen einem Geschwindigkeitsgesetz zweiter Ordnung.
- Sie sind bimolekular, da am Übergangszustand zwei Teilchen beteiligt sind.
- Optisch aktive Ausgangsverbindungen kehren wegen des Synchron-Mechanismus ihre sterische Konfiguration um (Inversion, WALDEN-Umkehr).
- Es treten keine Olefine als Nebenprodukte auf.
- Sie werden von unpolaren Lösungsmitteln begünstigt, die Ionen nur schlecht oder überhaupt nicht solvatisieren (ansonsten tritt die S_N1-Reaktion als Konkurrenzreaktion auf).

Etwas anderen Gesetzen gehorcht die elektrophile Substitution, die vorzugsweise bei aromatischen Verbindungen zu beobachten ist. Aromatische Verbindungen besitzen in Analogie zu den Olefinen basische Eigenschaften und reagieren daher wie diese vor allem mit elektrophilen Reagentien. Im Gegensatz zu den Olefinen erfolgt jedoch Substitution, das aromatische System bleibt wegen seiner Stabilität erhalten. In dem folgenden Beispiel ist aus Gründen der Übersichtlichkeit jeweils nur eine mesomere Form berücksichtigt:

In vielen Fällen muß die Elektrophilie von X^+ durch Zugabe einer LEWIS-Säure gesteigert werden. Die Reaktion zwischen dem nucleophilen Kern und dem elektrophilen Agens erfolgt umso leichter, je nucleophiler der Aromat und je elektrophiler das Reagens ist. Die Nucleophilie des Kerns wird durch Substituenten erhöht, die die Elektronendichte vergrößern, z.B. -OH, $-NH_2$, $-\overline{O}|^-$ (+M-Effekt), Alkyl (+I-Effekt). Die Elektronendichte des Rings wird durch folgende funktionelle Grupper erniedrigt: -COR, -CN. NO_2 (-M-Effekt), Halogene (-I-, aber +M-Effekt).

Soll in einen bereits substituierten Benzolkern ein zweiter Substituent elektrophil eingeführt werden, sind grundsätzlich drei verschiedene Substitutionsprodukte möglich:

Ein bereits vorhandener Substituent übt jedoch eine dirigierende Wirkung aus. So gelten folgende Regeln:

- Substituenten, die die Ladungsdichte des Kerns erhöhen und die Halogene dirigieren in ortho- und para-Stellung. Dabei wird die Reaktivität durch die Halogene ihrem I-Effekt entsprechend herabgesetzt, während die übrigen Substituenten sie erhöhen. Eine sperriger Substituent Y kann aus räumlichen Gründen die Substitution in ortho-Stellung erschweren.
- Substituenten, die die Ladungsdichte des Kerns verringern, dirigieren unter Herabsetzung der Reaktivität vorwiegend in meta-Stellung.

f) Stereochemie I

Die Stereochemie befaßt sich mit dem räumlichen Aufbau der Moleküle und den sich daraus ergebenden Konsequenzen für die Reaktionsabläufe in der organischen Chemie. Eine besonders wichtige Rolle spielt die Stereochemie in der Biochemie. Dieser Abschnitt soll mit den wichtigsten Grundbegriffen der Stereochemie vertraut machen.

Konstitution: Die Konstitution einer Verbindung gibt die Art der Bindung und die gegenseitige Verknüpfung der Atome in einem Molekül an. Substanzen gleicher Summenformel können, wie bereits gezeigt wurde, verschiedene Strukturen (Konstitutionen) aufweisen. Man spricht in diesem Fall von Struktur- oder Skelettisomerie:

$$CH_3-C(=O)-CH_3 \qquad CH_2=CH-CH_2-OH \qquad CH_3-CH_2-CH=O$$

$$C_3H_6O \qquad C_3H_6O \qquad C_3H_6O$$

Sind zwei derartige konstitutionsisomere Verbindungen durch Wanderung eines Restes ineinander überführbar, spricht man von Tautomerie.

$$CH_3-C(=O)-CH_2-H \rightleftharpoons CH_3-C(-O-H)=CH_2$$

Keto-Enol-Tautomerie

Konformation: Sie gibt die verschiedenen räumlichen Anordnungen wieder, die durch Drehungen um Einfachbindungen entstehen, beispielsweise im Ethan (Sägebock-Projektion; s. Lehrbücher der organischen Chemie):

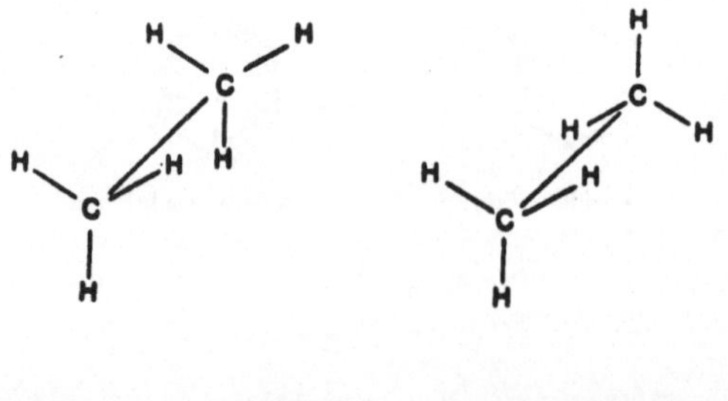

Alle übrigen Konformationen werden als gauche-Konformationen bezeichnet. Energetisch am günstigsten liegt meist die gestaffelte, am ungünstigsten die **ekliptische** Konformation. Bei Raumtemperatur lassen sich die beiden Konformeren jedoch nicht unterscheiden, da die Energiebarriere für den Übergang von der gestaffelten in die ekliptische Konformation für dieses Molekül äußerst gering ist. Beim Cyclohexan und seinen Derivaten treten die beiden Konformere Sessel- und Wannenform auf, wobei die Sesselform die stabilere ist. Sie enthält sechs axiale und sechs äquatoriale (in der untenstehenden Formel durch Ringe angedeutet) Wasserstoff-Atome.

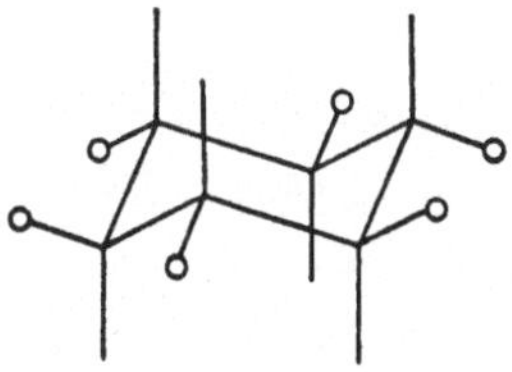

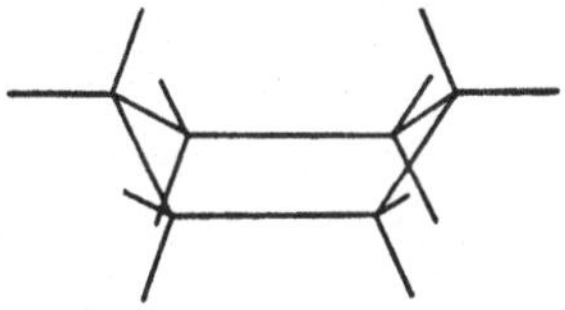

<u>Konfiguration:</u> Sie gibt die räumliche Anordnung der Atome eines Moleküls an, wobei die einzelnen Substituenten in einer beliebigen Konformation zu denken sind. Aufgrund der tetraedrischen Anordnung der Substituenten um den Kohlenstoff lassen sich für den Fall von vier unterschiedlichen Resten zwei Isomere denken, die sich nur durch die räumliche Anordnung der Substituenten unterscheiden. Diese beiden isomeren Formen verhalten sich zueinander wie Bild und Spiegelbild und lassen sich nicht zur Deckung bringen. Dies ist in Abb.23 am Beispiel des Butanol-(2) dargestellt. Das die vier unterschiedlichen Substituenten tragende Kohlenstoff-Atom heißt asymmetrisch oder chiral, dieser spezielle Fall von Isomerie wird als Enantiomerie bezeichnet. Die beiden Stereoisomere zeigen von einer Ausnahme abgesehen, dieselben chemischen und physikalischen Eigenschaften (Schmelz- und Siedepunkte, Bindungslängen, -winkel und -energien, Löslichkeit in verschiedenen Lösungsmitteln, Reaktivität u.a.). Der entscheidende Unterschied besteht darin, daß die beiden Enantiomeren linear polarisiertes Licht in entgegengesetzte Richtungen drehen. Die Eigenschaft eines Moleküls, die Ebene linear polarisierten Lichts zu drehen, heißt optische Aktivität. Das Enantiomer, welches eine Drehung nach rechts bewirkt erhält das Präfix (+), das andere, welches linear polarisiertes Licht um den gleichen Betrag nach links dreht, das Präfix (-). Früher schrieb man anstelle von (+) und (-) d (von dexter) und l (von laevus), doch sind diese Bezeichnungen heute nicht mehr gebräuchlich. Ein äquimolares Gemisch aus (+) und (-)-Form (Racemat) zeigt allerdings keine optische Aktivität mehr, da sich rechts- und linksdrehender Effekt gegenseitig aufheben. Die Trennung eines racemischen Gemisches ist mit den herkömmlichen chemischen und physikalischen Methoden nicht möglich (s. Stereochemie II).

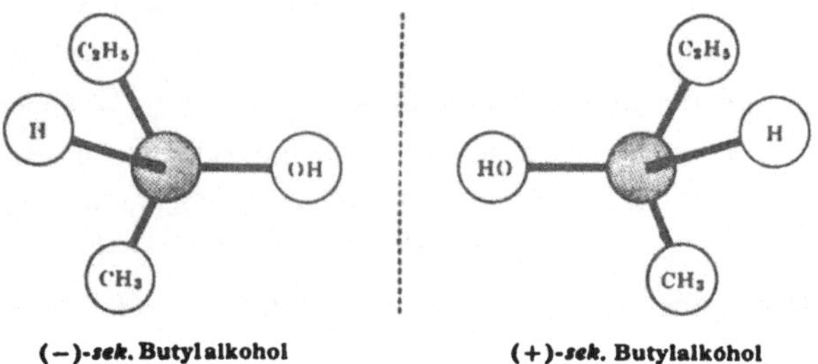

(−)-*sek.* Butylalkohol (+)-*sek.* Butylalkohol

Abb.23

Die Richtung des Drehsinns erlaubt jedoch keine Rückschlüsse auf die Struktur des betreffenden Enantiomers. Vor Einführung röntgenologischer Strukturbestimmungen in die organische Chemie ordnete man dem rechtsdrehenden Glycerinaldehyd (Abb.24) willkürlich die Konfiguration D, dem linksdrehenden die Konfiguration L zu. Alle chiralen Verbindungen, die sich durch stereochemisch einheitlich verlaufende Reaktionen aus dem D-Glycerinaldehyd ableiten ließen, gehörten zur D-Reihe, ihre Enantiomeren zur L-Reihe (ungeachtet ihres tatsächlichen Drehsinns). Bei der Vielzahl optisch aktiver Verbindungen, die bis heute bekannt geworden sind, ist dieses Verfahren zu umständlich und - wegen verschiedener, stereochemisch einheitlicher Reaktionsfolgen - zu vieldeutig, so daß man optisch aktive Verbindungen nach einem anderen System bezeichnet. Dieses System beschränkt sich allerdings nur auf solche Moleküle, deren optische Aktivität durch ein asymmetrisches Kohlenstoff-Atom verursacht wird, und schließt diejenigen Fälle aus, in denen die Chiralität auf andere Effekte zurückzuführen ist.

CH_2OH – C (OHC, OH, H) CH_2OH – C (H, HO, CHO)

Abb.24 (+)-D-Glycerinaldehyd (−)-L-Glycerinaldehyd

Die mit dem asymmetrischen Kohlenstoff-Atom verbundenen Nachbaratome werden zunächst nach steigender Ordnungszahl numeriert. Sind zwei oder mehrere gleiche Atome an das Chiralitätszentrum gebunden, so wird ihre Reihenfolge durch den Substitutionsgrad bestimmt. Das Atom, das mit einem anderen höherer Ordnungszahl verbunden ist, geht voran, oder, wenn in dieser Hinsicht zwei Atome gleichwertig sind, geht dasjenige Atom voran, das mit mehr Atomen der höheren Ordnungszahl verbunden ist. Daraus ergibt sich folgende Reihe steigender Priorität:

H, D, CH_3, CH_2R, C_6H_5, CR_3, CH_2OH, CHROH, CR_2OH, CHO, COR, $CONH_2$, COOH, COOR, COCl, $CHCl_2$, CCl_3, NH_2, NHR, NR_2, NO_2, OH, OR, OOCR, F, SH, SO_3H, Cl, Br, I.

Das Molekül wird vom Betrachter nun so gehalten, daß der Substituent geringster Priorität von ihm weg zeigt. Die übrigen Substituenten liegen damit in einer Ebene vor dem Betrachter. Verbindet man sie im Sinne abnehmender Priorität, kann dies eine Drehung im Uhrzeigersinn (R) oder dagegen (S) zur Folge haben. In Abb.25 ist dies für die beiden enantiomeren Formen des Glycerinaldehyds gezeigt.

```
   2 CH2OH                     2 CH2OH
      |                           |
      C··· H'                     C··· H'
     / \                         / \
3 OHC   OH 4                4 HO    CHO 3
```

Abb.25 (+)-D-Glycerinaldehyd R (-)-L-Glycerinaldehyd S

Nach diesem von CAHN, INGOLD und PRELOG entwickelten Verfahren läßt sich durch die Angabe von R oder S bei einem Molekül sofort die räumliche Anordnung der Substituenten am chiralen Kohlenstoff-Atom ermitteln. R und S haben allerdings ebensowenig mit dem Drehsinn (+) oder (-) zu tun, wie die Bezeichnungen D und L. Es besteht außerdem auch keine Beziehung zwischen R, S- und D,L-Enantiomeren. Erst lange nach der willkürlichen Zuordnung der D-Konfiguration zum (+)-Isomer und der L-Konfiguration zum (-)-Isomer des Glycerinaldehyds ergab die Röntgenstrukturanalyse, daß die mit D und R bezeichnete Verbindung tatsächlich diejenige ist, die die Ebene linear polarisierten Lichts nach rechts dreht.

Der Vollständigkeit halber sei eine weitere Stereoisomerieart erwähnt, die sowohl als Konstitutionsisomerie als auch als Konformations- oder Konfigurationsisomerie aufgefaßt werden kann, die cis, trans-Isomerie bei Olefinen. Sie beruht darauf, daß zwei Substituenten an den beiden Kohlenstoff-Atomen einer Doppelbindung entweder auf der gleichen Seite der Doppelbindung liegen können (cis) oder einander gegenüber (trans):

```
Br         Br          H          Br
  \       /             \        /
   C  =  C               C  =  C
  /       \             /        \
H          H          Br          H
```

Abb.25 cis-1,2-Dibromethan trans-1,2-Dibromethan

Die beiden Isomeren unterscheiden sich in ihren physikalischen und chemischen Eigenschaften. Seit einiger Zeit ist außerdem die E,Z-Nomenklatur in Gebrauch. Dazu bestimmt man nach dem von CAHN, INGOLD und PRELOG entwickelten Verfahren die Prioritätsreihenfolge der vier Substituenten. Mit E (von "entgegengesetzt") wird das Isomer bezeichnet, bei dem die beiden Substituenten höchster Priorität auf verschiedenen Seiten der Doppelbindung liegen. Befinden sie sich auf ein und derselben Seite, spricht man von Z-Isomer (von "zusammen").

<u>Aufgabe 36</u>
Notiere die Struktur folgender Verbindung:
2,4-Dimethyl-5-cyclohexylpentan!

Aufgabe 37

Welche Hybridisierung hat der Kohlenstoff in den funktionellen Gruppen der Carbonsäuren, der Ketone und der Nitrile?

Aufgabe 38

Welche Produkte entstehen bei der radikalischen und welche bei der elektrophilen Addition von Chlorwasserstoff an die Doppelbindung des 2-Methylpentens-(2)?

Aufgabe 39

Welche Produkte erwartet man bei der elektrophilen Substitution von Toluol und Nitrobenzol durch ein Nitrosyl-Kation (NO^+)?

Kapitel 10

Einfache Substitution am Kohlenstoff-Atom

In diese Gruppe gehören alle Substanzen, die sich von einem Kohlenwasserstoff durch Ersatz eines Wasserstoff-Atoms ableiten. Zu den wichtigsten Substituenten dieser Kategorie zählen die Halogene sowie die Gruppen: -OH, $-NH_2$, $-NO_2$, -SH, $-SO_3H$. In die Systematik dieser Verbindungen gehören weiterhin auch die Stoffe, bei denen an verschiedenen Kohlenstoff-Atomen einfache Substitutionen stattgefunden haben. Hierzu gehören z.B. das durch Addition von Brom entstandene 1,2-Dibromcyclohexan und der dreiwertige Alkohol Glycerin. In den folgenden Versuchen werden einige der in diese Gruppe gehörenden Verbindungen nebst ihren charakteristischen Reaktionen behandelt.

1) Alkylhalogenide (Halogenalkane): In den Alkylhalogeniden ist das Halogen (F, Cl, Br, I) homöopolar und relativ fest an den Kohlenstoff gebunden. Dennoch gelingt es, die Verbindung mit heißem Wasserdampf oder alkoholischer Kalilauge in der Hitze zu Hydroxyl-Verbindungen zu hydrolisieren (S_N-Reaktion). Hierbei nimmt die Reaktionsgeschwindigkeit von den Fluor- zu den Iod-Verbindungen zu. Da bei der Hydrolyse Alkohole und Halogenwasserstoffe entstehen, können die Halogenalkane auch als Ester der Halogenwasserstoffsäuren angesehen werden. Das Chlor- und Bromethan findet in der Medizin bei der Kälteanesthesie Verwendung. Die häufig als Alkylhalogenide bezeichneten Verbindungen werden nach neueren Nomenklaturregeln korrekt als Halogenalkane bezeichnet. Die Position eines Halogens an einem Kohlenstoff einer aliphatischen Kette gibt man durch die Nummer an, die das Kohlenstoff-Atom in dieser Kette trägt. Je nachdem, ob der das Halogen bindende Kohlenstoff mit einem, mit zwei oder mit drei anderen Kohlenstoff-Atomen verbunden ist, unterscheidet man in der gleichen Reihenfolge zwischen primären (1°), sekundären (2°) und tertiären (3°) Alkylhalogeniden:

CH_3-CH_2-I Iodethan (Ethyliodid), primär

$(CH_3)_2CH-Br$ 1-Methyl-1-bromethan (Isopropylbromid), sekundär

$CH_3-CH_2-C(CH_3)_2-Cl$ 1,1'-Dimethyl-1-chlorpropan, tertiär

Versuch 103
Im Reagenzglas werden einige Tropfen Chloroform, $CHCl_3$, mit einer wäßrigen Silbernitrat-Lösung kräftig geschüttelt. Die Lösung bleibt klar, da das Chlor homöopolar und nicht ionogen an den Kohlenstoff gebunden ist. Beachte den Unterschied zu der Reaktion des $AgNO_3$ mit Kochsalz.

Versuch 104
Soll an Kohlenstoff gebundenes Halogen nachgewiesen werden, so bedarf es hierzu kräftigerer Reaktionsbedingungen. Wenige Tropfen Benzylchlorid, C_6H_5-CH_2Cl, werden mit einer Lösung von 2-3 Plätzchen Kaliumhydroxid in 2 ml Methanol vermischt und einige Minuten im Wasserbad zum Sieden erhitzt. Nach Verdünnen mit Wasser lassen sich jetzt mittels $AgNO_3$ Chlorid-Ionen nachweisen. Das Chlor ist bei dieser Reaktion nucleophil durch die OH-Gruppe ersetzt worden, wobei ein Alkohol entstanden ist. Formuliere die Reaktionsgleichung!

2) Alkohole: Verbindungen, die an einem Kohlenstoff-Atom den einwertigen Rest -OH enthalten, heißen Alkohole. Das in dieser Hydroxyl-Gruppe gebundene Wasserstoff-Atom hat andere Eigenschaften als die an Kohlenstoff gebundenen Wasserstoffe. Es läßt sich, sofern kein Wasser zugegen ist, durch Metall ersetzen. Natrium löst sich z.B. in Methylalkohol nach

$$2\ CH_3\text{-}OH + 2\ Na \longrightarrow 2\ CH_3\text{-}ONa + H_2$$

auf, dabei entstehen Natriumalkoholat und Wasserstoff. Die "Protonenaktivität" der Alkohole ist jedoch nur gering, in Wasser reagieren die aliphatischen Alkohle neutral. Dagegen zeigt das an den aromatischen Kern gebundene OH auch in wäßriger Lösung saure Eigenschaften (Phenol, C_6H_5-OH). Bei der Reaktion der Alkohole mit Säuren werden Ester gebildet. Reagieren zwei Moleküle Alkohol derart miteinander, daß zwischen den beiden OH-Gruppen Wasser austritt und sich beide Molekülreste über eine Sauerstoffbrücke verbinden, werden Ether erhalten. Die Alkohole finden vielfach Verwendung. Von den verschiedenen Alkoholen ist nur der verdünnte Ethylalkohol genießbar, Methylalkohol ist sehr giftig. Die aliphatischen Alkohole werden durch Anhängen der Silbe -ol an den Namen des betreffenden Kohlenwasserstoffs bezeichnet (Alkanole):

$$CH_3\text{-}\underset{}{\overset{OH}{\overset{|}{C}}}H\text{-}CH_2\text{-}CH_3 \qquad \text{Butanol-(2)}$$

$$CH_2\text{=}CH\text{-}\overset{OH}{\overset{|}{C}}H\text{-}CH_3 \qquad \text{Buten-(1)-ol-(3)}$$

$$CH_3\text{-}O\text{-}CH_2\text{-}CH_3 \qquad \text{Methylethylether}$$

Versuch 105
Im Reagenzglas wird ein ml Ethanol mit einigen ml konzentrierter Schwefelsäure versetzt und das Gemisch kurze Zeit erhitzt. Anschließend wird das Reagenzglas unter der Wasserleitung abgekühlt, da der leicht flüchtige Ether sonst vollständig verdampfen würde. Der entstandene Diethylether kann leicht an seinem Geruch erkannt werden. Diethylether ist ein Narkotikum. Gib die Reaktionsgleichung an!

Versuch 106
Man gebe zu einer Spatelspitze Phenol 1-2 ml Wasser und prüfe auf seine Reaktion gegen Indikatorpapier. Auf Zusatz von Natronlauge geht das Phenol nach

$$C_6H_5\text{-}OH + OH^{\ominus} \longrightarrow C_6H_5\text{-}O^{\ominus} + H_2O$$

in Lösung. Es scheidet sich beim Ansäuern mit verdünnter Salzsäure wieder ab.

Versuch 107
Eine kleine Spatelspitze Phenol wird mit einigen ml Wasser kräftig geschüttelt und zu der Lösung ein Tropfen Eisen(III)-chlorid-Lösung gegeben, es entsteht eine violette Färbung. An dieser Farbreaktion können phenolische, d.h. aromatisch gebundene Hydroxyl-Gruppen erkannt werden.

Versuch 108
Durch den Eintritt der Hydroxyl-Gruppe in den aromatischen Ring werden die Wasserstoff-Atome in ortho- und para-Stellung erheblich reaktionsfähiger. Dies zeigt sich z.B. bei der Reaktion mit Brom. Eine Spatelspitze Phenol wird mit einigen ml Wasser geschüttelt. Man gieße die Lösung vom ungelöst gebliebenen Phenol ab und füge einige ml Bromwasser hinzu. Es scheidet sich ein weißer Niederschlag einer Bromverbindung ab, gleichzeitig verschwindet die braune Farbe des Broms. Es ist eine elektrophile Substitution eingetreten. Formuliere die Gleichung!

Versuch 109
Einige ml Benzol werden mit einigen Eisenspänen versetzt. Anschließend tropft man vorsichtig etwa 1 ml Brom zu. Das Reagenzglas wird mit einem Gasableitungsrohr versehen. Beim Schütteln des Reagenzglases tritt eine Gasentwicklung auf. Leite das entstehende Gas in Wasser und prüfe danach den pH-Wert mit Indikatorpapier! Vergleiche das Ergebnis mit dem von Versuch 101 und gib eine Erklärung!

Versuch 110
In ein Gemisch von 1 ml Benzol und 1 ml Butylchlorid gibt man eine Spatelspitze Aluminiumtrichlorid. Beim Einstellen des Reagenzglases in ein siedendes Wasserbad entsteht Chlorwasserstoff. Weise das Gas mit Ammoniakwasser nach! Welches Produkt befindet sich demzufolge im Reagenzglas?

3) Thiole: Thiole können als Monosubstitutionsprodukte des Schwefelwasserstoffs, Sulfide oder Thioether als dessen Disubstitutionsprodukte aufgefaßt werden.

$CH_3\text{-}CH_2\text{-}SH$	Ethanthiol
$CH_3\text{-}S\text{-}CH_3$	Dimethylsulfid (Dimethylthioether)

Thiole sind sehr viel stärker sauer als Alkohole, ebenso wie Schwefelwasserstoff eine stärkere Säure darstellt als Wasser. Mit Lösungen von Schwermetallsalzen entstehen z.T. schwerlösliche, gut kristallisierende Salze. Auf die leichte Bildung von Quecksilbersalzen ist der Name Mercaptane zurückzuführen.

Versuch 111
Versetze 2 ml einer verdünnten Quecksilberacetat-Lösung mit einigen Tropfen einer alkoholischen Lösung von Thioglykolsäure. Es fällt ein Niederschlag des Mercaptids aus. Stelle die Reaktionsgleichung auf!

Versuch 112
Mische fünf Tropfen Thioglykolsäure in einem Reagenzglas mit 10 ml destilliertem Wasser. Die Zugabe von 2 N NaOH bewirkt nach Umschütteln, daß das Thiol in Lösung geht.

Thiole sind durch einen äußerst widerwärtigen Geruch charakterisiert, der selbst in extremer Verdünnung wahrnehmbar ist. Ebenso wie die Alkohole lassen sich auch die Alkanthiole oxidieren. Die Oxidation findet jedoch nicht am Kohlenstoff-Atom wie bei den Alkoholen statt, sondern am Schwefel-Atom. Es entstehen Sulfensäuren und Disulfide, stärkere Oxidationsmittel ergeben Sulfin- und Sulfonsäuren.

$$R\text{-}SH \xrightarrow{Ox} \underset{\text{Sulfen-}}{R\text{-}S\text{-}OH} \xrightarrow{Ox} \underset{\text{Sulfin-}}{R\text{-}SO\text{-}OH} \xrightarrow{Ox} \underset{\text{Sulfonsäure}}{R\text{-}SO_2\text{-}OH}$$

$$R\text{-}SH \xrightarrow{Ox} \underset{\text{Disulfid}}{R\text{-}S\text{-}S\text{-}R}$$

Sulfide lassen sich z.B. durch H_2O_2 in Essigsäure leicht zu Sulfoxiden und Sulfonen oxidieren.

$$R\text{-}S\text{-}R \xrightarrow{Ox} \underset{\text{Sulfon}}{R\text{-}SO\text{-}R} \xrightarrow{Ox} \underset{\text{Sulfoxid}}{R\text{-}SO_2\text{-}R}$$

<u>Versuch 113</u>
Alkalisiere fünf ml einer verdünnten Kaliumpermanganat-Lösung mit 2 N NaOH und versetze anschließend mit einigen Tropfen Thioglykolsäure. Die Lösung wird unter Abscheidung von Braunstein entfärbt.

<u>Versuch 114</u>
Prüfe wäßrige Lösungen der Benzoesäure, C_6H_5-COOH, und der Toluolsulfonsäure mit Universalindikatorpapier. Was läßt sich über die Säurestärke sagen?

4) Amine: Derivate des Ammoniaks, in denen die Wasserstoff-Atome durch Alkyl- oder Aryl-Gruppen ersetzt sind, werden Amine genannt. Je nach Anzahl der ersetzten Wasserstoff-Atome bezeichnet man die Verbindungen als primäre, sekundäre oder tertiäre Amine. Primäre Amine haben hiernach die Formel RNH_2, sekundäre R_2NH und tertiäre R_3N.
Alle Amine reagieren mehr oder weniger stark basisch. Die basische Reaktion beruht wie beim Ammoniak auf dem Vorhandensein eines einsamen Elektronenpaares am Stickstoff-Atom, an das sich Protonen des Wassers anlagern. Die Acceptoreigenschaft des Stickstoff-Atoms bleibt auch erhalten, wenn es in organische Ringverbindungen eingebaut ist; Pyridin, C_5H_5N, und Piperidin, $C_5H_{11}N$, sind z.B. Basen. Auf der Anwesenheit solcher "Ringstickstoff-Atome" beruht auch die alkalische Reaktion der Alkaloide.

<u>Versuch 115</u>
Prüfe die wäßrigen Lösungen von Anilin und Pyridin auf ihre Reaktion gegen Indikatorpapier. Darauf gebe man zu beiden Lösungen einen Tropfen einer Eisen(III)-chlorid-Lösung. Was ist zu beachten?

<u>Versuch 116</u>
Einige Tropfen Anilin werden mit wenig konzentrierter Salzsäure versetzt. Hierbei scheidet sich festes Aniliniumchlorid ab:

$$C_6H_5\text{-}NH_2 \;+\; HCl \;\longrightarrow\; C_6H_5\text{-}NH_3^{\oplus}\,Cl^{\ominus}$$

Löse das Salz in Wasser und füge nun verdünnte Natronlauge hinzu. Das Anilin ist nicht gut wasserlöslich. Es wird als trübe Emulsion wieder ausgeschieden.

Versuch 117
Einige Kriställchen Ethylammoniumchlorid werden im Becherglas mit wenig verdünnter Natronlauge übergossen. Beim Erwärmen entweicht Ethylamin, das an seinem eigenartigen Geruch erkannt und mit Hilfe eines feuchten Streifens Indikatorpapier nachgewiesen wird.

$$C_2H_5NH_3^{\oplus}\,Cl^{\ominus} \;+\; NaOH \;\longrightarrow\; C_2H_5NH_2 \;+\; NaCl \;+\; H_2O$$

Die Benennung der Amine erfolgt in der Weise, daß an die jeweiligen Organylreste die Endung -amin gehängt wird:

$CH_3\text{-}CH_2\text{-}NH\text{-}CH_2\text{-}CH_3$	Diethylamin
$CH_3\text{-}NH\text{-}C_6H_5$	Methyl-phenylamin (N-Methylanilin)

Zur Unterscheidung der primären, sekundären und tertiären Amine ist die Reaktion mit salpetriger Säure geeignet. Hierbei reagieren die primären aliphatischen Amine derart, daß nach

$$C_2H_5\text{-}NH_2 \;+\; HNO_2 \;\longrightarrow\; C_2H_5\text{-}OH \;+\; H_2O \;+\; N_2$$

Alkohol, Wasser und Stickstoff gebildet werden. Sekundäre Amine bilden mit salpetriger Säure Nitrosamine:

$$(C_2H_5)(CH_3)NH_2 \;+\; HNO_2 \;\longrightarrow\; (C_2H_5)(CH_3)N\text{—}N\text{=}O \;+\; H_2O$$

Tertiäre aliphatische Amine bleiben dagegen unverändert. Von besonderer Bedeutung ist das Verhalten von salpetriger Säure gegen primäre aromatische Amine in der Kälte. Hierbei werden Zwischenverbindungen mit zwei Stickstoff-Atomen - die Diazoniumverbindungen - gebildet, welche als Zwischenprodukte bei der Herstellung der Azofarbstoffe große Bedeutung besitzen. In der Wärme zerfallen die Diazoniumverbindungen ebenfalls zu Phenol, Stickstoff und Wasser. Einige Azofarbstoffe sind wichtige Heilmittel.

Versuch 118
Eine Spatelspitze Ethylammoniumchlorid wird in wenig Wasser gelöst, dazu gebe man 2 ml Natriumnitrit-Lösung und einige Tropfen verdünnter Salzsäure. Es entweicht Stickstoff, welcher einen in das Reagenzglas eingeführten glimmenden Span zum Erlöschen bringt.

Versuch 119
Einige Tropfen Anilin werden mit 2 ml verdünnter Salzsäure versetzt und zu der mit Eiswasser gekühlten Lösung ein ml einer Natriumnitrit-Lösung hinzugegeben. Die Lösung enthält das in der Kälte beständige Phenyldiazoniumchlorid. Beim Erwärmen spaltet sich Stickstoff ab, während gleichzeitig der charakteristische Geruch des Phenols

wahrnehmbar wird. Prüfe auf Phenol nach Versuch 107, nachdem zuvor die überschüssige salpetrige Säure durch Zusatz von etwas Amidosulfonsäure entfernt wurde.

$$C_6H_5\text{-}NH_2 + HNO_2 + HCl \longrightarrow C_6H_5\text{-}N\equiv N^{\oplus}Cl^{\ominus} + 2\,H_2O$$

$$C_6H_5\text{-}N\equiv N^{\oplus}Cl^{\ominus} + H_2O \longrightarrow C_6H_5\text{-}OH + N_2 + H_2O$$

$$HO\text{-}SO_2\text{-}NH_2 + HNO_2 \longrightarrow H_2SO_4 + N_2 + H_2O$$

<u>Versuch 120</u>

Darstellung eines Azofarbstoffes. 2 g Sulfanilsäure werden in 5 ml 2 N NaOH gelöst. In einem kleinen Erlenmeyer-Kölbchen werden zu dieser Lösung etwa 0,8 g Natriumnitrit in 10 ml Wasser gegeben. Man stelle das Kölbchen zur Kühlung in ein mit Eiswasser gefülltes Becherglas und gieße 5 ml 2 N HCl in die Lösung ein. Nun wird die gekühlte Mischung mit einer Lösung von 1,2 g Dimethylanilin in 10 ml 1 N HCl vermischt. Nach Zufügen von verdünnter Natronlauge bis zur deutlich alkalischen Reaktion scheidet sich das Natriumsalz des Farbstoffs ab, das abfiltriert und zwischen Filterpapier getrocknet wird. Der erhaltene Farbstoff ist der bei der Neutralisationsanalyse benutzte Indikator Methylorange.

$$NaSO_3\text{-}C_6H_4\text{-}N^{\oplus}\equiv N| + C_6H_5\text{-}N(CH_3)_2 \xrightarrow{-H^{\oplus}} NaSO_3\text{-}C_6H_4\text{-}\overline{N}=\overline{N}\text{-}C_6H_4\text{-}N(CH_3)_2$$

d) Nitroverbindungen: Nitroverbindungen sind Substitutionsprodukte der Kohlenwasserstoffe, in denen ein Wasserstoff-Atom durch den Rest NO_2- ersetzt ist. Während die Paraffine im allgemeinen nur schwer nitriert werden können, lassen sich die Kernwasserstoff-Atome aromatischer Verbindungen durch direkte Einwirkung von Salpetersäure oder "Nitriersäure" (Gemisch von H_2SO_4 und HNO_3) durch die Nitrogruppe substituieren. Durch Reduktion der Nitrokohlenwasserstoffe lassen sich leicht primäre Amine gewinnen. Die Nomenklatur dieser Verbindungsklasse entspricht der der Halogenalkane, nur daß anstelle des jeweiligen Halogens die Silbe Nitro gesetzt wird.

Versuch 121

Eine Mischung von 4 ml konzentrierter Schwefelsäure und 2 ml konzentrierter Salpetersäure wird gleichmäßig auf zwei Reagensgläser verteilt. Zu der einen Probe gebe man einige Tropfen hochsiedenden Petrolethers (ein Gemisch verschiedener Kohlenwasserstoffe), zu der anderen Probe füge man einige Tropfen Benzol. Beide Mischungen werden einige Zeit geschüttelt. Nur das Benzol reagiert heftig, dabei entsteht Nitrobenzol. Sobald die Reaktion beeindet ist, gießt man die Mischung in ein mit Wasser gefülltes Becherglas. Das Nitrobenzol sinkt zu Boden, es ist eine nach bitteren Mandeln riechende Flüssigkeit. Bei der Aufstellung der Reaktionsgleichung ist zu beachten, daß die Schwefelsäure nicht in Erscheinung tritt; sie dient lediglich zur Bindung des bei der Reaktion freiwerdenden Wassers.

Aufgabe 40

Notiere sämtliche mesomeren Formen des p-Nitroanilins und erkläre ebenfalls mit Hilfe mesomerer Formen, warum p-Nitrophenol saurer ist als Ethanol!

Kapitel 11

Zweifache Substitution am Kohlenstoff-Atom

Zu den wichtigsten Vertretern, die sich von den Kohlenwasserstoffen durch zweifache Substitution an einem Kohlenstoff-Atom ableiten, gehören die Aldehyde und Ketone.
Aldehyde entstehen, wie bereits der Name erkennen läßt, durch Dehydrierung von Alkoholen. Entzieht man primären Alkoholen durch Oxidation zwei Wasserstoff-Atome, so entsteht nach

$$R-CH_2-OH \longrightarrow R-C\begin{matrix}\nearrow\!\!\!\!= \overline{O} \\ \searrow H\end{matrix} + H_2$$

ein Aldehyd mit der charakteristischen Gruppe -CHO; in ihr ist die Carbonyl-Gruppe $>C=O$ jeweils mit einem Wasserstoff und einem Kohlenwasserstoffrest verbunden. Nur im ersten Glied der homologen Reihe, dem Formaldehyd, befindet sich anstelle des Kohlenwasserstoffrestes ein zweites Wasserstoff-Atom an der Carbonyl-Gruppe. Die Benennung der Aldehyde erfolgt in der Regel durch Anhängen der Silbe -al an den mit dem doppelt gebundenen Sauerstoff verknüpften Aliphaten. Es werden allerdings noch einige Trivialnamen gebraucht, die man sich merken sollte:

C_6H_5-CHO	Benzaldehyd
CH_3-CHO	Acetaldehyd (Ethanal)
CH_3-CH_2-CHO	Propionaldehyd (Propanal)

Das chemische Verhalten der Aldehyde ist weitgehend durch die polare Doppelbindung zwischen Kohlenstoff und Sauerstoff bestimmt. Die Anlagerung anderer, ebenfalls polarisierter Stoffe an diese Gruppierung läßt sich aus der mesomeren Struktur b verstehen:

$$\underset{a}{>C=\overline{\underline{O}}} \longleftrightarrow \underset{b}{>\overset{\delta\oplus}{C}=\overset{\delta\ominus}{\overline{\underline{O}}}} \longleftrightarrow \underset{c}{>\overset{\oplus}{C}-\overset{\ominus}{\overline{\underline{O}}|}}$$

Der Carbonyl-Kohlenstoff bildet somit einen Angriffspunkt für nucleophile, der Sauerstoff für elektrophile Reagentien. Bei der Anlagerung eines Alkohols entsteht z.B. nach

$$R-C\begin{matrix}\nearrow\!\!\!\!= \overline{O} \\ \searrow H\end{matrix} + H-\overline{\underline{O}}-R \longrightarrow R-\underset{H}{\overset{|\overline{O}|^{\ominus}}{C}}-\overset{\oplus}{\overline{O}}-R \longrightarrow R-\underset{H}{\overset{|\overline{O}H}{C}}-\overline{\underline{O}}-R$$

ein Halbacetal, das mit überschüssigem Alkohol unter geeigneten Bedingungen zum Vollacetal weiterreagiert:

$$R\text{-}\underset{H}{\overset{OH}{C}}\text{-}O\text{-}R \;+\; R\text{-}O\text{-}H \longrightarrow R\text{-}CH\begin{matrix} O\text{-}R \\ O\text{-}R \end{matrix} \;+\; H_2O$$

Bei der Addition von Ammoniak und seinen Derivaten (z.B. Hydroxylamin NH_2-OH, Hydrazin NH_2-NH_2, Phenylhydrazin C_6H_5-NH-NH_2) ist die primär entstehende Additionsverbindung jedoch nicht stabil. Unter Wasserabspaltung entstehen Kondensationsprodukte, die eine Kohlenstoff-Stickstoff-Doppelbindung enthalten:

$$R\text{-}C\begin{matrix} =\overline{O} \\ H \end{matrix} \;+\; H_2\overline{N}\text{-}\overline{N}H\text{-}C_6H_5 \longrightarrow R\text{-}\underset{H}{\overset{|\overline{O}H}{C}}\text{-}\overline{N}H\text{-}\overline{N}H\text{-}C_6H_5 \xrightarrow[-H_2O]{} R\text{-}CH{=}\overline{N}\text{—}\overline{N}H\text{-}C_6H_5$$

Im Fall des Hydroxylamins entstehen dabei Oxime, des Hydrazins Hydrazone und des Phenylhydrazins Phenylhydrazone. Bei Verwendung sekundärer Amine ist eine Wasserabspaltung im zweiten Reaktionsschritt nur dann möglich, wenn das der Carbonyl-Gruppe benachbarte Kohlenstoff-Atom als Proton abspaltbaren Wasserstoff besitzt:

$$R\text{-}CH_2\text{-}C\begin{matrix} =\overline{O} \\ H \end{matrix} \;+\; H\overline{N}\begin{matrix} CH_3 \\ \overline{N}H\text{-}C_6H_5 \end{matrix} \longrightarrow R\text{-}CH\text{-}\underset{H}{\overset{\ominus|\overline{O}|}{C}}\text{-}\overset{H}{\underset{\oplus}{N}}\begin{matrix} CH_3 \\ \overline{N}H\text{-}C_6H_5 \end{matrix}$$

$$\longrightarrow R\text{-}\underset{H}{CH}\text{-}\underset{H}{\overset{|\overline{O}H}{C}}\text{—}\overline{N}\begin{matrix} CH_3 \\ \overline{N}H\text{-}C_6H_5 \end{matrix} \longrightarrow R\text{-}CH{=}CH\text{-}\overline{N}\begin{matrix} CH_3 \\ \overline{N}H\text{-}C_6H_5 \end{matrix} \;+\; H_2O$$

Damit ist die Reaktionsfähigkeit der Aldehyde jedoch keineswegs erschöpft. Das an der Carbonyl-Gruppe befindliche Wasserstoff-Atom kann leicht aboxidiert werden, wobei Carbonsäuren entstehen:

$$R\text{-}C\begin{matrix} =O \\ H \end{matrix} \xrightarrow{Ox} R\text{-}C\begin{matrix} =O \\ OH \end{matrix}$$

Eine weitere reaktionsfähige Stelle findet sich bei den Aldehyden an den CH-, CH_2- oder CH_3-Gruppen, die der Carbonyl-Gruppe benachbart sind. Der Elektronensog der Carbonyl-Gruppe verursacht eine Polarisierung dieser α-ständigen C-H-Bindungen, so daß der an dem α-Kohlenstoff befindliche Wasserstoff als Proton abgespalten werden kann. Eine Folge hiervon ist die Aldolreaktion der Aldehyde, bei der sich mehrere Moleküle unter dem katalytischen Einfluß von Hydroxyl-Ionen zu Hydroxy-Aldehyden zusammenlagern:

$$CH_3{-}C{\overset{\textstyle /\!\!/ \overline{O}\!\!\!\diagdown}{\underset{\textstyle \diagdown H}{}}} + |\overline{O}H^{\ominus} \longrightarrow |CH_2{-}C\overset{/\!\!/ O}{\underset{\diagdown H}{}} \longleftrightarrow CH_2{=}C\overset{/\ \overline{O}|^{\ominus}}{\underset{\diagdown H}{}}$$

$$CH_3{-}C\overset{/\!\!/ O}{\underset{\diagdown H}{}} + CH_2{=}C\overset{/\ \overline{O}|^{\ominus}}{\underset{\diagdown H}{}} \longrightarrow CH_3{-}\underset{}{\overset{|\overline{O}|^{\ominus}}{CH}}{-}CH_2{-}C\overset{/\!\!/ O}{\underset{\diagdown H}{}}$$

$$\xrightarrow[-\,OH^{\ominus}]{+H_2O} CH_3{-}\overset{|\overline{O}H}{CH}{-}\underset{H}{CH}{-}C\overset{/\!\!/ O}{\underset{\diagdown H}{}} \xrightarrow{-H_2O} CH_3{-}CH{=}CH{-}C\overset{/\!\!/ O}{\underset{\diagdown H}{}}$$

Häufig schließt sich der Addition noch eine Eliminierung von Wasser an. Dabei entstehen α,β-ungesättigte Aldehyde. Die Ausrichtung der Doppelbindung erfolgt stets in der Weise, daß Konjugation zur Carbonyl-Funktion eintritt.

Bei der Dehydrierung von sekundären Alkoholen werden Ketone erhalten. In ihnen ist die Carbonyl-Gruppe stets mit zwei Kohlenwasserstoffresten verbunden. Das einfachste Keton ist demnach das Aceton CH_3-CO-CH_3. Mit Ausnahme der leichten Oxidierbarkeit, die wegen des Fehlens eines Wasserstoff-Atoms an der Carbonyl-Gruppe ausbleibt, zeigen die Ketone die gleichen Eigenschaften wie die Aldehyde. Nach der älteren Bezeichnungsweise werden die beiden Kohlenwasserstoffreste des Ketons vor der Endung Keton aufgeführt. Die neueren Nomenklaturregeln sehen folgende Benennung vor: Zuerst wird die Kohlenstoffkette benannt und die Position, an der der Keto-Sauerstoff sitzt, numeriert. Dann wird die Endung -on mit Positionsbezeichnung an das Ende des Namens der Kohlenwasserstoffkette gesetzt:

$$CH_3{-}CH_2{-}\overset{\overset{\textstyle O}{\|}}{C}{-}CH_2{-}CH_3$$ Diethylketon (Pentanon-(3))

$$C_3H_7{-}\overset{\overset{\textstyle O}{\|}}{C}{-}C_6H_5$$ Propyl-phenylketon (1-Phenylbutanon-(1))

Aufgabe 41

Formuliere folgende Reaktionsgleichungen:
1) Benzaldehyd + Hydroxylamin
2) Propanal + NaOH (kat.)
3) Butanon-(2) + Hydrazin

Versuch 122

Einige Tropfen Benzaldehyd werden mit wenigen ml einer konzentrierten Natriumhydrogensulfit-Lösung kräftig geschüttelt. Dabei scheidet sich kristallines Benzaldehyd-Natriumhydrogensulfit ab:

$$C_6H_5{-}CHO + HSO_3{-}Na \longrightarrow C_6H_5{-}CH\overset{/\ OH}{\underset{\diagdown\ SO_3Na}{}}$$

Beim Erwärmen mit verdünnter Säure wird die Additionsverbindung wieder in Aldehyd und schweflige Säure gespalten. Die Umsetzung mit Natriumhydrogensulfit eignet sich daher besonders, um Aldehyde und Ketone aus Gemischen mit anderen Stoffen zu isolieren.

Versuch 123
2 ml Aceton werden mit wenigen Tropfen einer gesättigten Natriumhydrogensulfit-Lösung kräftig geschüttelt. Es scheidet sich das Natriumsalz der Dimethylhydroxysulfonsäure in kristalliner Form ab. Gib die Reaktionsgleichung an!

Versuch 124
Man bereite sich eine Mischung aus Natriumacetat und Phenylhydrazin-hydrochlorid, indem man je eine Spatelspitze der beiden Substanzen in etwa 2 ml Wasser löst. Hierzu werden einige Tropfen Benzaldehyd gegeben und kräftig durchgeschüttelt; dabei scheiden sich farblose Kristalle des Benzaldehydphenylhydrazons ab.

$$C_6H_5-C\begin{matrix}\nearrow O\\ \searrow H\end{matrix} + NH_2-NH-C_6H_5 \xrightarrow[-H_2O]{} C_6H_5-CH=N-NH-C_6H_5$$

Versuch 125
a) Man verdünne in einem sorgfältig gesäuberten Reagenzglas etwa 5-6 Tropfen einer 40%igen Formaldehyd-Lösung mit 3 ml Wasser und gebe 1 ml einer verdünnten ammoniakalischen Silbernitrat-Lösung hinzu. Das Reagenzglas wird in ein als Wasserbad dienendes Reagenzglas gestellt und das Wasserbad erwärmt. Hierbei scheidet sich an der Wandung des Reagenzglases metallisches Silber in Form eines Spiegels ab.

$$\begin{matrix}H\\ H\end{matrix}\!\!>C=O + 2\,[Ag(NH_3)_2]^{\oplus} + H_2O \longrightarrow 2\,Ag + H-C\begin{matrix}\nearrow O\\ \searrow O^{\ominus}\end{matrix} + 3\,NH_4^{\oplus} + NH_3$$

b) Man bereite nach Versuch 80 wenige ml FEHLINGscher Lösung und prüfe die Reduktionswirkung von Acetaldehyd und Aceton. Stelle die Reaktionsgleichung auf.

Versuch 126
Man löse einen Tropfen Acetaldehyd in etwa 2 ml Wasser und füge 0,5 ml verdünnte NaOH hinzu. Beim Erhitzen färbt sich die Lösung gelb. Es entsteht zunächst ein Aldol, welches unter Wasserabspaltung in Crotonaldehyd übergeht. Crotonaldehyd ist an seinem stechenden Geruch erkennbar. Formuliere die Reaktionsgleichung!

Versuch 127
Ein Körnchen Fuchsin wird in etwa 10 ml heißem Wasser gelöst, so daß eine etwa 0,2%-ige Lösung entsteht. In der Kälte fügt man nun solange wäßrige schweflige Säure hinzu, bis die Lösung nach einigem Stehen entfärbt ist. Zu wenigen ml dieses Reagens' wird ein Tropfen einer Formaldehyd-Lösung gegeben, die Lösung färbt sich rotviolett. Der Rest der fuchsinschwefligen Säure wird in einem verschlossenen Reagenzglas oder einem Fläschchen für spätere Versuche aufgehoben.

Versuch 128
Erhitze in einer Porzellanschale 1 ml wäßrige Formaldehyd-Lösung auf einem Wasserbad solange, bis sich aus der Lösung weiße Kristalle abscheiden. Diese Kristalle werden abfiltriert und in einem Reagenzglas mit 1 ml verdünnter Salzsäure versetzt und erwärmt. Der freigesetzte Formaldehyd gibt sich durch seinen stechenden Geruch zu erkennen. Formuliere die Reaktionsgleichung!

Versuch 129
Erwärme in einem Reagenzglas 1 ml Anilin und 1 ml Benzaldehyd in einem Wasserbad solange, bis eine auftretende Trübung der Lösung die Ausscheidung von Wasser anzeigt. Beim Erkalten scheidet sich das Kondensationsprodukt als feste Verbindung ab. Gib die Reaktionsgleichung an!

Versuch 130
Die Brenztraubensäure steht als Ketocarbonsäure im Gleichgewicht mit einer Hydroxycarbonsäure (Keto-Enol-Tautomerie).

$$CH_3-\overset{\overset{O}{\|}}{C}-C\begin{smallmatrix}\nearrow O \\ \searrow OH\end{smallmatrix} \rightleftharpoons CH_2=\overset{\overset{OH}{|}}{C}-C\begin{smallmatrix}\nearrow O \\ \searrow OH\end{smallmatrix}$$

Ein Phosphorsäureester der Enolform hat eine zentrale Stellung im Stoffwechsel. Eine gesättigte wäßrige Acetessigsäureethylester-Lösung wird im kalten Wasserbad mit drei Tropfen Eisen(III)chlorid-Lösung versetzt.Die auftretende Rotfärbung zeigt die Enolform an. Aus einer Pipette gibt man nun schnell solange Bromwasser in die Lösung, bis die rote Farbe verschwindet. Nach einiger Zeit tritt die Rotfärbung wieder auf. Nach erneuter Zugabe von Bromwasser wiederholt sich der Vorgang. Welche Erklärung kann gegeben werden?

Kapitel 12

Drei- und vierfache Substitution am Kohlenstoff-Atom

In die Gruppe von Verbindungen, die formal durch dreifache Substitution an einem Kohlenstoff-Atom gebildet werden, gehören die Trihalogenverbindungen Chloroform $CHCl_3$, und Iodoform CHI_3, sowie die Carbonsäuren mit ihren Derivaten.
Carbonsäuren sind organische Verbindungen, welche die charakteristische Carboxyl-Gruppe -C(O)-OH enthalten. Die saure Reaktion beruht auf der Abdissoziation des in der Carboxyl-Gruppe gebundenen Wasserstoffs. Bei den meisten Carbonsäuren liegt das Dissoziationsgleichgewicht auf der Seite der undissoziierten Verbindung, so daß die Carbonsäuren in der Regel nur schwache Säuren sind. Nach der Anzahl der in einer Säure vorhandenen Carboxyl-Gruppen bezeichnet man die Carbonsäuren auch als ein-, zwei- und mehrwertig. Alle Carbonsäuren, in denen die Carboxyl-Gruppe an einen aliphatischen Rest gebunden ist, heißen Fettsäuren.
Das chemische Verhalten der Carbonsäuren wird durch den positiv polarisierten Carboxyl-Kohlenstoff bestimmt, der leicht von nucleophilen Reagentien angegriffen wird. Allerdings gestaltet sich der Reaktionsverlauf anders als bei den Aldehyden und Ketonen, bei denen der Carbonyl-Kohlenstoff ähnliche Eigenschaften aufweist wie der Carboxyl-Kohlenstoff. Statt einer Addition mit möglicherweise nachfolgender Eliminierung folgt bei den Carbonsäuren dem nucleophilen Angriff des Carboxyl-Kohlenstoffs eine Verdrängung der OH-Gruppe, es tritt also eine Substitution ein. Da die Hydroxyl-Gruppe jedoch eine schlechte Abgangsgruppe ist, führt diese Reaktion meist nur zu Gleichgewichten, die zu erheblichen Anteilen auf Seiten der Ausgangsverbindungen liegen. Bessere Abgangsgruppen stellen die Halogene Chlor, Brom und Iod dar. Die zugehörigen Carboxyl-Verbindungen heißen Säurehalogenide -CO-X, die sich durch eine beträchtlich gesteigerte Reaktivität gegenüber den Carbonsäuren auszeichnen:

$$\mathrm{R{-}C}\begin{matrix}\nearrow\!\!\!\!\nearrow \overline{\underline{O}}\\ \searrow X\end{matrix} + |Y^{\ominus} \longrightarrow \begin{matrix}|\overline{O}|^{\ominus}\\ |\\ \mathrm{R{-}C{-}X}\\ |\\ Y\end{matrix} \longrightarrow \mathrm{R{-}C}\begin{matrix}\nearrow\!\!\!\!\nearrow \overline{\underline{O}}\\ \searrow Y\end{matrix} + |X^{\ominus}$$

Die Reaktivität einer beliebigen Carboxyl-Verbindung R-CO-Z steigt in folgender Reihenfolge für verschiedene Substituenten Z:
$R{-}CO{-}NH_2$ Carbonsäureamid, R-CO-OR Carbonsäureester, R-CO-OH Carbonsäure, R-CO-X Carbonsäurehalogenid.

Der aus der Substitution unverändert hervorgehende Rest R-CO- wird als Acylrest bezeichnet. Der Name des jeweiligen Acyls wird meist durch den Namen der Säure gebildet, an den man die Endung -yl anhängt, z.B. Acetyl für CH_3-CO- und Benzoyl für C_6H_5-CO-.

Carbonsäureester lassen sich aus Alkoholen und Säuren gewinnen, wenn man dem Reaktionsgemisch ein wasserentziehendes Mittel zusetzt oder eine der beiden Komponenten im Überschuß einsetzt:

$$R\text{-}C(=\bar{O})\text{-}OH + R\text{-}\bar{O}H \longrightarrow R\text{-}C(\text{-}|\bar{O}|^{\ominus})(\text{-}OH)\text{-}\overset{\oplus}{O}(H)\text{-}R \longrightarrow R\text{-}C(=\bar{O})\text{-}\bar{O}R + H_2O$$

Quantitaitver verläuft die Reaktion allerdings bei Verwendung der Carbonsäurechloride anstelle der Carbonsäuren. In Umkehrung der obigen Reaktionsgleichung lassen sich Ester durch Wasser spalten. Hierbei empfiehlt es sich jedoch, zur Reaktionsbeschleunigung im sauren oder alkalischen Milieu zu arbeiten. Gleiche Überlegungen gelten für Säureamide, die aus Carbonsäuren oder deren Halogeniden und Ammoniak, primären oder sekundären Aminen entstehen:

$$R\text{-}C(=\bar{O})\text{-}Cl + |NH_3 \longrightarrow R\text{-}C(\text{-}|\bar{O}|^{\ominus})(\text{-}Cl)\text{-}\overset{\oplus}{N}H_2(H) \longrightarrow R\text{-}C(=\bar{O})\text{-}NH_2 + HCl$$

Eine ähnlich hohe Reaktivität wie die Säurehalogenide besitzen die Säureanhydride R-CO-O-CO-R, die man sich formal durch Zusammenschluß zweier Carbonsäuremoleküle unter Wasserabspaltung entstanden denken kann. Die Ester- und Amidspaltung verläuft im Alkalischen besser als im Neutralen, da das entstehende, mesomeriestabilisierte Carboxylat-Anion keine Tendenz mehr zur Rückreaktion besitzt:

$$R\text{-}C(=\bar{O})\text{-}OR + |\bar{O}H^{\ominus} \longrightarrow R\text{-}C(\text{-}|\bar{O}|^{\ominus})(\text{-}|\bar{O}H)\text{-}OR \longrightarrow R\text{-}C(\cdots\bar{O}|)(\cdots\bar{O}|)^{\ominus} + ROH$$

Im Sauren wird durch die Protonen die C=O-Doppelbindung stärker polarisiert, so daß die Nucleophilie des Wassers für den zur Verseifung führenden Angriff ausreicht.
Säurederivate wie von den Carbonsäuren sind auch in der anorganischen Chemie bekannt. Ester der Schwefelsäure sind z.B. die Methylschwefelsäure CH_3-O-SO_2-OH und das Dimethylsulfat CH_3-O-SO_2-O-CH_3, Säurechloride die Chlorsulfonsäure Cl-SO_2-OH und das Sulfurylchlorid Cl-SO_2-Cl, sowie die Amide Amidosulfonsäure NH_2-SO_2-OH und Sulfamid NH_2-SO_2-NH_2.

Versuch 131
Unter dem Abzug werden 4-5 Tropfen Sulfurylchlorid mit wenig Wasser übergossen. Das Säurechlorid löst sich in der Kälte langsam, in der Wärme schnell auf. Es wird hierbei zerstört, da bei der Reaktion mit Wasser - Hydrolyse - Schwefelsäure und Salzsäure gebildet werden. Nach erfolgter Hydrolyse ist der unangenehme Geruch des Säurechlorids verschwunden. Weise die entstandene Schwefelsäure und Salzsäure nach und formuliere die Hydrolysegleichung!

Aufgabe 42
Notiere die Säuren, die bei der Hydrolyse folgender Säurechloride entstehen:
$SOCl_2$, $POCl_3$, Cl_2CO, PCl_3 und NH_2-SO_2-Cl !

Versuch 132
Eine Spatelspitze Natriumacetat wird mit 2 ml Ethanol übergossen und das Gemisch nach Zusatz von wenigen Tropfen konzentrierter Schwefelsäure vorsichtig erwärmt. Es bildet sich Essigsäureethylester, der an seinem obstartigen Geruch erkannt werden kann. Die Schwefelsäure erfüllt hierbei zwei Aufgaben. 1. Freisetzung der Säure aus ihrem Salz, 2. Begünstigung der Wasserabspaltung zwischen Alkohol und Säure, da sie sehr hygroskopisch ist. Gib die Reaktionsgleichung an!

Versuch 133
Zu 1 ml Anilin fügt man unter dem Abzug tropfenweise Benzoylchlorid, wobei eine lebhafte Reaktion eintritt. Die Reaktion ist beendet, wenn bei weiterem Zusatz von Benzoylchlorid keine Wärmetönung mehr zu beobachten ist. Dazu muß man etwas mehr als das gleiche Volumen Säurechlorid zufügen. Unter Wasserkühlung versetzt man dann mit der fünffachen Menge Wasser, wobei sich viel festes Benzanilid abscheidet. Der Niederschlag wird abfiltriert und aus wenig heißem Wasser umkristallisiert. Von den zwischen Filterpapier gut getrockneten Kristallen wird der Schmelzpunkt bestimmt.
Die Amidbildung ist eine geeignete Reaktion, um Säuren zu charakterisieren, da die entstehenden Amide oft schwerlöslich sind und gut kristallisieren.
Man formuliere die Gleichung der durchgeführten Reaktion und beachte dabei, daß ein Äquivalent Anilin zur Bindung des freiwerdenden Chlorwasserstoffs als Aniliniumchlorid benötigt wird.

Versuch 134
Erhitze eine Spatelspitze Acetamid mit 3 ml 20%iger Schwefelsäure bis zum Sieden. Die entweichenden Dämpfe besitzen den typischen Essigsäuregeruch.

Versuch 135
Erwärme eine Spatelspitze Acetamid mit 5 ml 2 N NaOH. Weise in den entweichenden Dämpfen das freigesetzte Ammoniak nach. Warum bleibt der typische Essigsäuregeruch aus? Wiederhole den Versuch mit Harnstoff anstelle des Acetamids und formuliere die Reaktionsgleichungen!

Die Trihalogenverbindungen Chloroform und Iodoform stellt man zweckmäßigerweise nicht aus Methan her, sondern geht von Verbindungen aus, in denen eine CH_3-Gruppe in Nachbarschaft zu einer Carbonylgruppe steht. Durch den elektronenziehenden Einfluß der Carbonylgruppe lassen sich die Wasserstoff-Atome leicht halogenieren. Beispielsweise entsteht aus Aceton und Iod glatt das Triiodaceton CH_3-CO-CI_3, das wegen der drei elektronegativen Substituenten am Kohlenstoff-Atom eine hydrolytisch leicht spaltbare C-C-Bindung besitzt. Bei der Hydrolyse entstehen Iodoform und das Salz der Essigsäure:

$$CH_3-\overset{\overset{O}{\|}}{C}-CH_3 + 3\,I_2 \xrightarrow[-HI]{OH^{\ominus}} CH_3-\overset{\overset{O}{\|}}{C}-CI_3 \xrightarrow{KOH} CH_3-C\langle{}^{\overline{O}}_{\overline{O}|^{\ominus}} + K^{\oplus} + CHI_3$$

Vierfach substituierte Verbindungen, in denen die Liganden weder Wasserstoff noch Kohlenstoff sind, können sich nur vom Methan ableiten. Hierzu zählen u.a. die Methantetrahalogenide, wie das CCl_4, die Kohlensäure "H_2CO_3" und ihre Derivate, sowie die Cyansäure HOCN und ihre Abkömmlinge.
Von den Derivaten der Kohlensäure verdient ihr Diamid, der Harnstoff, besondere Beachtung. Durch seine Synthese aus Ammoniumcyanat nach

$$NH_4^{\oplus}\ \underline{\overline{N}}{=}C{=}\underline{\overline{O}}^{\ominus} \xrightarrow{\text{Erhitzen}} \underline{\overline{O}}{=}C\begin{matrix}\diagup \overline{N}H_2 \\ \diagdown \underline{N}H_2\end{matrix}$$

gelang WÖHLER 1828 der Nachweis, daß der Aufbau von organischen Stoffwechselprodukten auch aus Stoffen der unbelebten Natur möglich ist. Bis dahin wurde angenommen, daß hierzu eine besondere Lebenskraft notwendig sei. Harnstoff ist ein Abbauprodukt der Eiweißstoffe, er wird im Harn der Säugetiere ausgeschieden.
Obwohl die wäßrige Lösung des Harnstoffs neutral reagiert, besitzen die beiden Stickstoff-Atome aufgrund des einsamen Elektronenpaars noch basische Eigenschaften. Mit Säuren bildet Harnstoff daher Salze. Beim Erhitzen gehen zwei Moleküle Harnstoff unter Verlust von Ammoniak in Biuret über, das mit Kupfer-Ionen eine rotviolette Färbung gibt und daher zum Nachweis von Harnstoff geeignet ist.

Versuch 136
Stelle das Gerät nach Abb.10 zusammen! In a wird eine Spatelspitze Harnstoff in wenig Wasser gelöst und mit einigen ml verdünnter HCl angesäuert. In b wird eine Calciumhydroxid-Lösung eingefüllt. Nun versetzt man die Harnstoff-Lösung mit einigen ml Natriumnitrit-Lösung. Es setzt eine lebhafte Stickstoffentwicklung ein, gleichzeitig entweicht Kohlendioxid, das in b als Calciumcarbonat nachgewiesen wird. Stelle die Reaktionsgleichung auf!

Versuch 137
a) Einige Tropfen Aceton werden mit 3 ml einer Kaliumiodid-Lösung vermischt und hierzu tropfenweise verdünnte Kalilauge gefügt, bis die braune Iodfarbe verschwindet. Es entsteht ein gelber Niederschlag von Iodoform, der an seinem charakteristischen Geruch erkannt werden kann.
b) Wiederhole den vorstehenden Versuch mit einigen Tropfen Ethanol anstelle des Acetons. Primär erfolgt eine Oxidation des Alkohols zum Acetaldehyd, der in zweiter Stufe in Triiodacetaldehyd überführt wird. Bei der hydrolytischen Spaltung entsteht daraus Iodoform und ameisensaures Salz. Stelle die Reaktionsgleichung auf!

Versuch 138
Beim Versetzen einer konzentrierten wäßrigen Harnstoff-Lösung mit einigen Tropfen konzentrierter Salpetersäure scheidet sich schwerlösliches Harnstoffnitrat, $OC(NH_2)_2 \cdot HNO_3$, in kristalliner Form ab.

Versuch 139
In einem trockenen Reagenzglas werden 2-3 Spatelspitzen Harnstoff vorsichtig erhitzt. Dabei schmilzt der Harnstoff zunächst. Beim weiteren Erhitzen entweicht Ammoniak, das an seinem Geruch oder mittels eines feuchten Streifen Indikatorpapiers nachgewiesen wird. Nachdem die Gasentwicklung aufgehört hat, läßt man erkalten.

Das nach

$$O{=}C\begin{matrix} NH_2 \\ NH_2 \end{matrix} + O{=}C\begin{matrix} NH_2 \\ NH_2 \end{matrix} \qquad NH_2{-}\overset{O}{\overset{\|}{C}}{-}NH{-}\overset{O}{\overset{\|}{C}}{-}NH_2 + NH_3$$

entstandene Biuret wird mit wenig Wasser aufgenommen und die Lösung mit 3-4 ml verdünnter Natronlauge versetzt. Auf Zugabe eines Tropfens einer verdünnten Kupfersulfat-Lösung entsteht eine rot-violette Färbung.

Kapitel 13

a) Stereochemie II

Die bisher betrachteten optisch aktiven Verbindungen besaßen ausnahmslos ein asymmetrisches Kohlenstoff-Atom und ließen sich mit Hilfe des Tetraedermodells anschaulich in der Papierebene wiedergeben. Etwas schwieriger wird die zweidimensionale Darstellung optisch aktiver Moleküle, wenn die Verbindung mehrere asymmetrische Kohlenstoff-Atome besitzt. Bei n asymmetrischen Kohlenstoff-Atomen in einem Molekül sind nämlich 2^n stereoisomere Formen denkbar, so daß das Operieren mit pseudodreidimensionalen Darstellungsmodellen unhandlich und unübersichtlich wird. Daher benutzt man vielfach die von E. FISCHER vorgeschlagenen Projektionsformeln, welche die dreidimensionalen organischen Moleküle zweidimensional wiedergeben. Man denkt sich dabei das Asymmetriezentrum in der Papierebene, die beiden Bindungen, welche nach vorne zeigen, werden durch horizontale Striche, die beiden nach hinten gerichteten Bindungen durch vertikale Striche veranschaulicht. Eine Drehung der Projektion ist nur um 180° in der Papierebene erlaubt. Eine Drehung um 180° aus der Papierebene heraus führt zum Spiegelbild des projezierten Moleküls. Ein Molekül abyC*-abC*-abxC* mit drei chiralen Kohlenstoff-Atomen besitzt $2^3 = 8$ stereoisomere Formen, die durch ihre FISCHER-Projektionen folgendermaßen wiedergegeben werden können:

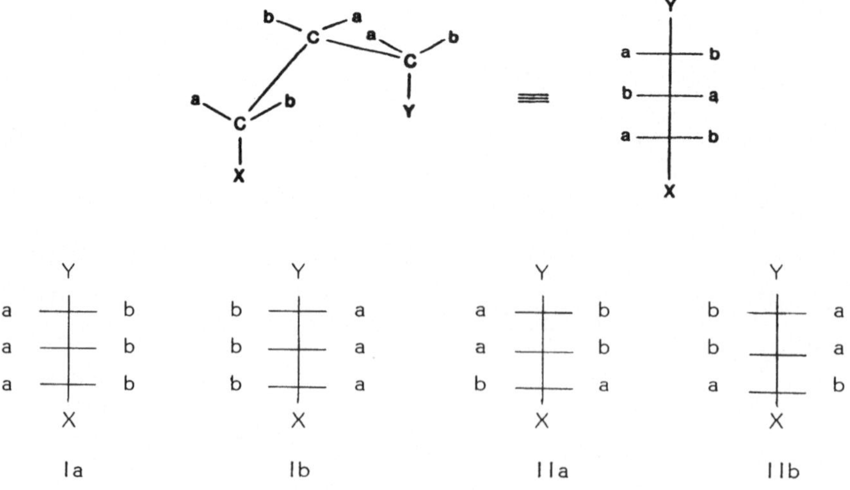

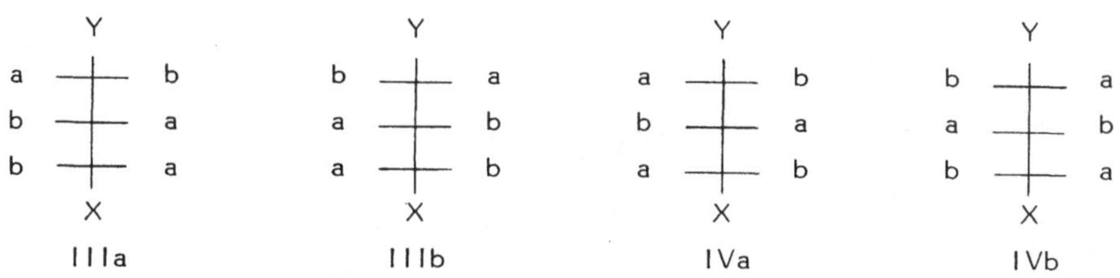

Man kann daraus ersehen, daß jeweils die Paare Ia-Ib, IIa-IIb, IIIa-IIIb und IVa-IVb Enantiomerenpaare darstellen, denn ihre Projektionen verhalten sich zueinander wie Bild und Spiegelbild. Greift man sich beispielsweise die Formel IIb heraus, so ist sie nur IIa spiegelbildlich. Zur Deckung läßt sie sich allerdings mit keiner der anderen Formeln bringen. Man kann also nicht mehr von Spiegelbildisomerie sprechen und bezeichnet den Fall, daß ein Stereoisomer mit anderen Stereoisomeren gleicher Konstitution nicht im Verhältnis Bild/Spiegelbild steht, als Diastereomerie.

Eine weitere Besonderheit tritt auf, wenn man in dem Enantiomerenpaar Ia,Ib den Substituenten X durch einen weiteren Substituenten Y ersetzt. In diesem Fall besitzt das Molekül eine innere Spiegelebene entlang der a-b-Achse am mittleren Kohlenstoff-Atom. Die Projektionsformel b läßt sich durch Drehung um 180° in der Papierebene in die Formel a überführen; sie zeigt keine optische Aktivität mehr, ist also achiral. Dieses optisch inaktive Molekül mit drei asymmetrischen Kohlenstoff-Atomen besitzt die sogenannte meso-Form. Man kann sich diesen Effekt ausbleibender optischer Aktivität damit erklären, daß die beiden endständigen chiralen Kohlenstoff-Atome sich innerhalb des Moleküls wie Bild und Spiegelbild verhalten, was zu einer "intramolekularen Racemisierung" führt.

Die R,S-Nomenklatur optisch aktiver Verbindungen ist auch auf Moleküle mit mehreren asymmetrischen Kohlenstoff-Atomen anwendbar. Hierbei wird die Konfiguration jedes Kohlenstoffatoms bestimmt und in der Formel angegeben.

b) Hydroxysäuren

Zu der Stoffklasse der Hydroxysäuren gehören alle Säuren, die in ihrem Molekül neben einer oder mehreren Säurefunktionen noch eine oder mehrere Alkohol-Gruppen enthalten. Bei längerkettigen Hydroxysäuren kennt man stets mehrere isomere Verbindungen, die nach der jeweiligen Stellung der Hydroxyl-Gruppe zur Carboxyl-Gruppe unterschieden werden. Zur Unterscheidung werden die C-Atome der Kohlenwasserstoff-Kette von der Carboxyl-Gruppe aus mit griechischen Buchstaben bezeichnet. Die Milchsäure, CH_3-C*HOH-COOH, ist demnach eine α-Hydroxypropionsäure; β-Hydroxypropionsäure hat die Formel HO-CH_2-CH_2-COOH, und γ-Hydroxybuttersäure die Formel HO-CH_2-CH_2-CH_2-COOH. Aufgrund der freien Drehbarkeit um die C-C-Bindung kann bei den γ-Hydroxycarbonsäuren die Carboxyl-Gruppe leicht eine benachbarte Stellung zur Hydroxyl-Gruppe einnehmen, aus der heraus eine intramolekulare Esterbildung – zu einem Lacton – eintritt:

$$CH_2\begin{cases}CH_2-C\overset{\displaystyle O}{\lessgtr}OH\\CH_2-OH\end{cases} \longrightarrow CH_2\begin{cases}CH_2-C{=}O\\ \quad\;\;|\\CH_2-O\end{cases} + H_2O$$

Hydroxysäuren sind in der Natur weit verbreitet. Einige Beispiele hierfür sind: Glykolsäure $HO-CH_2-COOH$, Milchsäure, Mandelsäure $C_6H_5-CHOH-COOH$, Äpfelsäure $HOOC-CHOH-CH_2-COOH$, Weinsäure $HOOC-CHOH-CHOH-COOH$.

Versuch 140

Man versetze einige Tropfen Milchsäure mit wenigen ml verdünnter Salzsäure und füge einige Tropfen Kaliumpermanganat-Lösung hinzu. Kaliumpermanganat oxidiert die Milchsäure zur Brenztraubensäure, die an ihrem charakteristischen Geruch erkannt wird. Das MnO_4^--Ion wird dabei zu farblosem Mn^{2+} reduziert:

$$CH_3-CHOH-COOH \xrightarrow{KMnO_4} CH_3-CO-COOH$$

Es bildet sich also eine α-Ketocarbonsäure. Wird die Mischung anschließend erwärmt, spaltet sich aus der Brenztraubensäure Kohlendioxid ab, das mit Barytwasser nachgewiesen wird. Bei der Decarboxylierung geht die Brenztraubensäure in Acetaldehyd über:

$$CH_3-CO-COOH \xrightarrow{\text{Erwärmen}} CH_3-CHO + CO_2$$

c) Hydroxyaldehyde und -ketone

Von den zahlreichen Hydroxycarbonyl-Verbindungen sind besonders solche unverzweigten, aus fünf oder sechs Kohlenstoff-Atomen aufgebauten Aldehyde oder Ketone von Bedeutung, die an jedem Kohlenstoff noch ein Hydroxyl tragen. Diese Polyhydroxy-Verbindungen sind die einfachen Zucker, sie werden nach der Anzahl der Kohlenstoff-Atome und der jeweiligen Carbonyl-Funktion als Aldo- oder Keto-Pentosen oder als Aldo- oder Ketohexosen bezeichnet. Die Zucker zeigen fast alle charakteristischen Reaktionen der Aldehyde und Ketone sowie der Alkohol-Gruppen. Mit Phenylhydrazin bilden Aldosen und Ketosen Osazone (Versuch 141). Durch Reduktion können sie in die zugehörigen Alkohole überführt werden. Aldosen reduzieren erwartungsgemäß ammoniakalische Silbersalz-Lösung sowie FEHLINGsche Lösung (Versuch 142). Ketosen geben die gleichen Reaktionen, obwohl Ketone sonst von milden Oxidationsmitteln nicht angegriffen werden. Dieses Verhalten der Ketosen ist durch die nachbarständigen Hydroxyle bedingt (Keto-Enol-Tautomerie). Die Hydroxyl-Gruppen können leicht verestert werden (Versuch 143). Die Hexosen und Pentosen enthalten eine verschiedene Zahl asymmetrischer Kohlenstoff-

Aldohexose	Ketohexose	Aldopentose
HC=O	H_2COH	HC=O
HCOH	C=O	HCOH
HCOH	HCOH	HCOH
HCOH	HCOH	HCOH
HCOH	HCOH	H_2COH
H_2COH	H_2COH	

Atome, es sind daher stets mehrere optisch aktive Formen und mehrere Racemate bekannt.

Zu den wichtigsten Aldohexosen gehören die Glucose und die Galactose; wichtigste Ketohexose ist die Fructose. Bei den Pentosen ist die Ribose von großer physiologischer Bedeutung, sie ist ein regelmäßiger Anteil der Zellkernsubstanzen.

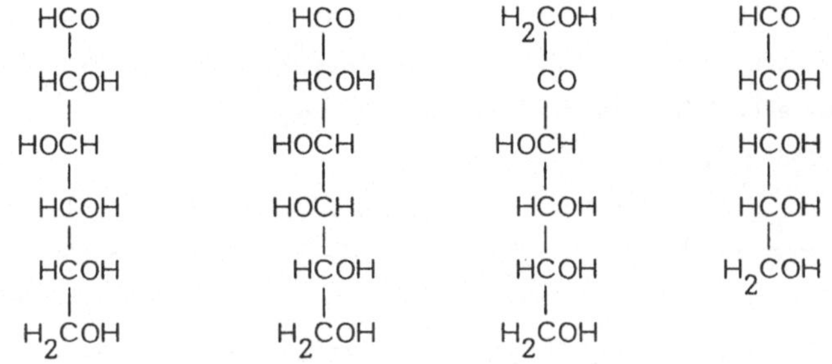

D-Glucose	D-Galaktose	D(—)-Fruktose	D-Ribose
HCO	HCO	H_2COH	HCO
HCOH	HCOH	CO	HCOH
HOCH	HOCH	HOCH	HCOH
HCOH	HOCH	HCOH	HCOH
HCOH	HCOH	HCOH	H_2COH
H_2COH	H_2COH	H_2COH	

Ringform der Zucker: Die Ursache für das Ausbleiben einiger weniger Aldehydreaktionen bei den Zuckern - wie z.B. die Rotfärbung von Fuchsinschwefliger Säure (Versuch 144) - ist in der Bildung einer ringförmigen Struktur der Zucker zu sehen. Wie aus dem untenstehenden Formelbild hervorgeht, können bei einer Aldohexose die Aldehyd- und die Alkohol-Gruppen an den Kohlenstoff-Atomen 4 und 5 eine benachbarte Stellung einnehmen, so daß die intramolekulare Bildung eines Halbacetals möglich wird. Hierbei bildet sich entweder ein sauerstoffhaltiger Fünfring (Furanose-Form) oder aber ein Sechsring-Molekül, das nach dem vergleichbaren sauerstoffhaltigen Heterocyclus Pyran, C_5H_6O, auch als Pyranose-Form bezeichnet wird.

Die offenkettige und die Ringstruktur stehen im Gleichgewicht miteinander. Der Gleichgewichtsanteil der offenkettigen Form, der für die charakteristischen Aldehyd-Reaktionen verantwortlich ist, besitzt für einige Nachweisreaktionen einen zu geringen Wert. Sie bleiben daher aus. An dem Gleichgewicht ist in geringem Ausmaß auch die fünfgliedrige Furanose-Form beteiligt.

Die Ketosen bilden ebenfalls cyclische Halbacetale, sie werden entsprechend Keto-Pyranosen und Keto-Furanosen genannt. Neben der abgebildeten Ringform der α-Glucose kennt man noch eine anders konfigurierte Halbacetalform der Glucose. Sie unterscheidet sich

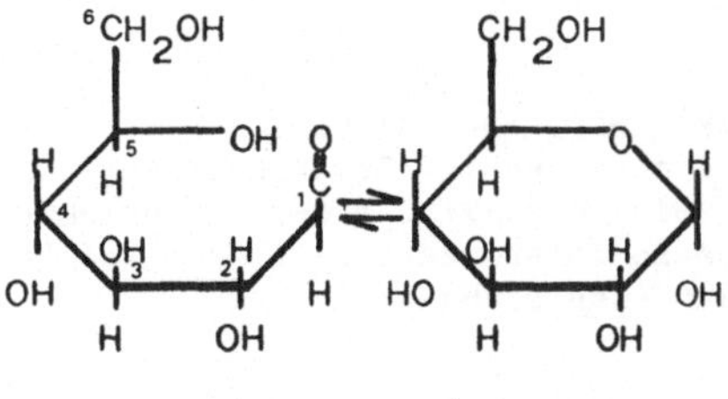

D-Glucose $\rightleftharpoons$ α-D-Glucose

durch die Stellung des Wasserstoff-Atoms und der Hydroxyl-Gruppe am Kohlenstoff-Atom 1. Es ist leicht einzusehen, daß bei dem Ringschluß noch eine andere Form entstehen kann, bei der die Stellung dieser beiden Liganden zur Ringebene gerade umgekehrt ist – also H oberhalb des Rings und OH darunter steht. Diese Form wird als ß-Glucose bezeichnet. – Verbindungen, die beim Ersatz der halbacetalartig gebundenen Hydroxyl-Gruppe durch den Rest eines Alkohols –OR entstehen, heißen Glykoside. In ihnen ist die Carbonyl-Gruppe gesperrt; im Gleichgewicht liegt ausschließlich die Ringstruktur vor. FEHLINGsche Lösung wird daher nicht reduziert. Nach der Stellung des Restes –OR zum Ring unterscheidet man wieder zwischen α- und ß-Glykosiden.

Bei der Darstellung der offenkettigen Formen in der FISCHER-Projektion befindet sich das Kohlenstoff-Atom mit der höchsten Oxidationsstufe stets oben. Je nachdem, ob die OH-Gruppe am untersten asymmetrischen Kohlenstoff-Atom nach rechts oder links weist, gehört das betreffende Isomer zur D- oder L-Reihe.

Versuch 141

Etwas Glucose-Lösung wird im Reagenzglas mit je einer Spatelspitze Natriumacetat und Phenylhydraziniumchlorid versetzt und einige Zeit in einem als Wasserbad dienenden Becherglas erwärmt. Dabei scheidet sich ein gelber Niederschlag von Glucosephenylosazon in kristalliner Form ab. Bei der Reaktion bildet sich zunächst das Phenylhydrazon, worauf die benachbarte Alkohol-Gruppe am Kohlenstoff-Atom 2 durch ein weiteres Molekül Phenylhydrazin zur Keto-Gruppe oxidiert wird, die nun ihrerseits in üblicher Weise mit einem dritten Molekül Phenylhydrazin zum Osazon weiterreagiert.

$$
\begin{array}{c}
HCO \\ | \\ HCOH \\ | \\ HOCH \\ | \\ HCOH \\ | \\ HCOH \\ | \\ H_2COH
\end{array}
\xrightarrow{H_2NNHC_6H_5}
\begin{array}{c}
HC{=}N{-}NH{-}C_6H_5 \\ {}^{2}| \\ HCOH \\ {}^{3}| \\ HOCH \\ {}^{4}| \\ HCOH \\ {}^{5}| \\ HCOH \\ {}^{6}| \\ H_2COH
\end{array}
\xrightarrow{H_2NNH{-}C_6H_5}
\begin{array}{c}
HC{=}N{-}NH{-}C_6H_5 \\ | \\ {}^{2}C{=}O \\ | \\ HOCH \\ | \\ HCOH \\ | \\ HCOH \\ | \\ H_2COH
\end{array}
\begin{array}{l}
\\ \\ \\ \\ \\ \\ + \; C_6H_5NH_2 \\ \\ + \; NH_3 \\ \\ \\
\end{array}
\xrightarrow{H_2N{-}NH{-}C_6H_5}
\begin{array}{c}
HC{=}N{-}NH{-}C_6H_5 \\ {}^{2}| \\ C{=}N{-}NH{-}C_6H_5 \\ | \\ HOCH \\ | \\ HCOH \\ | \\ HCOH \\ | \\ H_2COH
\end{array}
$$

Versuch 142

Zu einigen ml einer verdünnten ammoniakalischen Silbersalz-Lösung werden einige Tropfen einer Traubenzucker-Lösung gegeben. Beim langsamen Erwärmen im Wasserbad entsteht an der Glaswandung ein dünner Silberspiegel. Vergleiche auch die Reduktion von FEHLINGscher Lösung nach Versuch 80.

Versuch 143

Eine Spatelspitze Traubenzucker wird in 2 ml Wasser gelöst. Hierzu werden 2 ml verdünnte Natronlauge und anschließend wenige Tropfen Benzoylchlorid gefügt (unter dem Abzug). Beim kräftigen Schütteln verschwindet der unangenehme Geruch des Benzoylchlorids, da sich der Glucose-Benzoesäureester bildet, welcher in Form weißer Flocken ausfällt. Formuliere die Reaktionsgleichung!

Versuch 144

Auf Zugabe der in Versuch 127 bereiteten Fuchsinschwefligen Säure zu einer Glucose-Lösung ist keine Farbreaktion zu beobachten.

Versuch 145
Bei der alkoholischen Gärung zerfällt Glucose unter der Einwirkung von Hefe-Enzymen in Alkohol und Kohlendioxid:

$$C_6H_{12}O_6 \longrightarrow 2\ C_2H_5\text{-}OH + 2\ CO_2$$

Einige Milliliter einer Traubenzucker-Lösung werden auf etwa 35°C erwärmt (Handwärme); die Lösung wird darauf mit einigen ml einer Hefeaufschlämmung versetzt und auf das Reagenzglas ein kleiner, mit Barytwasser gefüllter Gäraufsatz gesetzt. Nach einiger Zeit beginnt sich CO_2 zu entwickeln, das durch die Trübung des Barytwassers nachgewiesen wird.

d) Aminosäuren

Aminosäuren sind solche Verbindungen, die in ihrem Molekül zugleich eine oder mehrere Amino-Gruppen und eine oder mehrere Carboxyl-Gruppen enthalten. Nach der Stellung der Amino-Gruppe zur Carboxyl-Gruppe unterscheidet man - wie bei den Hydroxysäuren - zwischen α, β, γ ...-Aminosäuren. Besondere biologische Bedeutung kommt den α-Aminosäuren zu, sie sind die Bausteine der gewöhnlichen Eiweißstoffe. Von den hierin natürlich vorkommenden Aminosäuren - etwas mehr als 20 - seien nur wenige Beispiele angeführt:

OCOH | H_2NCH_2	OCOH | H_2NCH | CH_3	OCOH | H_2NCH | HCH | OCOH	OCOH | H_2NCH | $H_2C\text{-}SH$
Glykokoll	Alanin	Asparaginsäure	Cystein

Für die Aminosäuren ist charakteristisch, daß sich die beiden funktionellen Gruppen $-NH_2$ und -COOH gegenseitig neutralisieren können. Durch die Wanderung des Protons von der Carboxyl- an die basische Amino-Gruppe kommt es zur Ausbildung eines Kations und eines Anions innerhalb ein und desselben Moleküls. Man bezeichnet das entstandene innere Salz daher auch als Zwitterion; für Glykokoll läßt sich die Salznatur durch die Schreibweise $H_3N^+\text{-}CH_2\text{-}COO^-$ zum Ausdruck bringen.
Neutrale Reaktionen zeigen natürlich nur solche Aminosäuren, bei denen die gleiche Zahl von Amino- und Carboxyl-Gruppen vorkommt. Die Asparaginsäure reagiert sauer, weil sie auf eine Amino-Gruppe gleich zwei Säure-Gruppen besitzt. Wegen ihres asymmetrischen Kohlenstoff-Atoms zeigen alle Aminosäuren - außer Glycin - optische Aktivität. Die in der Natur vorkommenden Aminosäuren gehören, wenn man sie über mehrere Reaktionsfolgen aus den betreffenden Zuckern ableitet, zur L-Reihe.

Versuch 146
Man löse eine Spatelspitze Glykokoll in Wasser und prüfe die Reaktion gegen Universalindikatorpapier.

Versuch 147

Eine Spatelspitze Glykokoll wird in 2-3 ml Wasser gelöst. Zu dieser Lösung fügt man das gleiche Volumen verdünnter Natronlauge und einen Tropfen Benzoylchlorid. Nun wird verdünnte Salzsäure bis zur schwachsauren Reaktion hinzugefügt, wobei sich das Benzoylglykokoll - die "Hippursäure" - in Form kleiner Kristallnadeln ausscheidet.

$$C_6H_5\text{-CO-Cl} + NH_2\text{-}CH_2\text{-COOH} + NaOH \longrightarrow C_6H_5\text{-CO-NH-}CH_2\text{-COOH} + NaCl + H_2O$$

Versuch 148

Etwas Alanin wird mit wenig $NaNO_2$-Lösung und verdünnter Salzsäure versetzt. Wie bei der Reaktion mit salpetriger Säure (Versuch 118 und 119) reagiert die Amino-Gruppe unter Abspaltung von Stickstoff; dabei wird die Amino-Gruppe durch die Hydroxyl-Gruppe ersetzt. Es entsteht Milchsäure:

$$\begin{matrix} CH_3 \\ NH_2 \end{matrix} \rangle CH\text{-COOH} + HNO_2 \longrightarrow \begin{matrix} CH_3 \\ HO \end{matrix} \rangle CH\text{-COOH} + N_2 + H_2O$$

Die Carboxyl-Gruppe der Aminosäuren zeigt im allgemeinen die gleichen Eigenschaften wie die anderer Carbonsäuren, so z.B. die Schwermetallsalzfällung, Veresterung und Säureamidbildung. Die benachbarte Stellung der Amino-Gruppe bewirkt darüber hinaus besondere Reaktionsweisen, die z.B. in einer Komplexbildung mit Cu^{2+}-Ionen oder einer Decarboxylierung und Desaminierung (s. Versuch 148) zum Ausdruck kommen.

Versuch 149

Man löse eine Spatelspitze Glycin in 3 ml Wasser und stelle außerdem 3 ml Kupfersulfat-Lösung bereit. Nun bestimmt man mittels Indikatorpapier den pH-Wert beider Lösungen, mische sie und bestimme den pH-Wert erneut. Aus der blauen Lösung fällt auf Zusatz von Natronlauge bis zur schwach alkalischen Reaktion kein Kupferhydroxid aus.

Versuch 150

Löse eine Spatelspitze Glutaminsäure unter Erwärmen in 3 ml Wasser und verteile sie auf zwei Reagenzgläser. Die eine Probe versetze man mit einigen Tropfen Quecksilber(II)-nitrat-Lösung, die andere mit Blei(II)acetat-Lösung. Formuliere die Reaktionsgleichungen!

Kapitel 14

a) Chromatographie

Es ist schon lange bekannt, daß α-Aminosäuren Bausteine der Eiweißstoffe sind. Dennoch war die Aufklärung der Struktur der Eiweißverbindungen nur langsam vorangekommen, da die einzelnen Bausteine sich in ihrem chemischen Verhalten sehr ähnlich sind und eine Abtrennung und Analyse der einzelnen Aminosäuren nur schwer durchführbar war. Erst in den letzten Jahrzehnten hat die Aufklärung der Eiweißstoffe entscheidende Fortschritte gemacht; dabei hat die Chromatographie wertvolle Dienste geleistet. Nachdem diese einfache Methode sich bei der Trennung der Aminosäuren bewährt hatte, fand die Chromatographie in wenigen Jahren ein riesiges Anwendungsgebiet in nahezu allen Bereichen der Chemie. Als unentbehrliches Hilfsmittel der Biochemie hat sie auch Eingang in die medizinischen Laboratorien gefunden. Sie soll daher wenigstens im Prinzip nachfolgend behandelt werden.

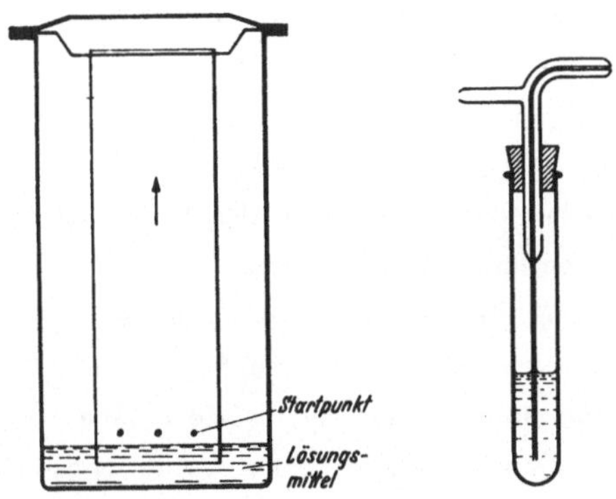

Abb.26

Papierchromatographie: Für die Durchführung der papierchromatographischen Trennung eines Substanzgemisches sind nur wenige Dinge erforderlich. Man benötigt ein geeignetes Filterpapier, im einfachsten Fall ein Einmachglas (Abb.26) oder ein anderes hohes verschließbares Glasgefäß, einen Sprühapparat (Abb.26) und ein geeignetes Lösungsmittelgemisch.

Die zu untersuchende Lösung, z.B. ein Gemisch verschiedener Aminosäuren, wird mittels einer Mikropipette auf einen länglichen Filterpapierstreifen an einer markierten Stelle aufgebracht (etwa 2 cm vom Rand entfernt). Der Mikrotropfen breitet sich dabei auf dem Papier zu einem kreisrunden Fleck aus, den man eintrocknen läßt. Der so präparierte Streifen wird nun an einem Draht im Deckel des Einmachglases befestigt und in ein geeignetes Lösungsmittelgemisch (Laufmittel) gehängt. Das Lösungsmittel wird vom Papier aufgesogen, dabei wandert es langsam über den Flecken mit dem Substanzgemisch hinaus. Die einzelnen Aminosäuren werden dabei mit verschiedener Geschwindigkeit, die von den Lösungsmittelverhältnissen abhängt, mitgeführt; sie wandern daher verschieden schnell.

Sobald die Front des Lösungsmittels das Ende des Streifens nahezu erreicht hat, nimmt man den Papierstreifen aus dem Trog heraus, markiert die Front des Lösungsmittels mit einem Bleistiftstrich und laßt das Papier trocknen. Die Laufzeit hängt von dem Lösungsmittel und der Länge des Streifens ab. Sie beträgt in der Regel 1-24 Stunden. Zur Sichtbarmachung der einzelnen Substanzen muß das getrocknete Chromatogramm anschließend mit einem Reagens (Entwickler) besprüht werden, wordurch die einzelnen Stoffe als farbige Flecken hervortreten.

Für die Auswertung des erhaltenen Chromatogramms ist es von Bedeutung, daß bei Verwendung eines bestimmten Lösungsmittels die Wanderungsgeschwindigkeit eines einzelnen Stoffes stets konstant ist. Alle papierchromatisch analysierbaren Verbindungen können daher durch ihre Wanderungsgeschwindigkeit identifiziert werden. Das Maß für die Wanderungsgeschwindigkeit ist der R_f-Wert. Er ist definiert als der Quotient aus der Strecke zwischen Startpunkt und Substanzfleck durch die Strecke zwischen Startpunkt und Lösungsmittelfront:

$$R_f = \frac{\text{Strecke: Startpunkt-Substanzfleck}}{\text{Strecke: Startpunkt-Lösungsmittelfront}}$$

Häufig ist es zweckmäßiger, den R_f-Wert gar nicht zu bestimmen, sondern den Stoff, dessen Identität festgestellt werden soll, als Blindprobe daneben mitlaufen zu lassen.

Bei der praktischen Ausführung ist darauf zu achten, daß die Papierchromatographie nur mit kleinen Mengen - in der Regel zwischen 5 und 50γ (1γ = 1/1000 mg) - erfolgreich durchgeführt werden kann. Werden größere Mengen Stoff aufgebracht, so ist die polare Phase nicht mehr in der Lage, alles zu lösen; es kann sich dann kein echtes Verteilungsgleichgewicht einstellen, so daß man keine scharf begrenzten Substanzflecken mehr erhält (Schwanzbildung). Die verwendeten Lösungen sollen etwa 1-2%ig in bezug auf jede Komponente sein. Um 20-40 γ eines Stoffes zu chromatographieren, müssen demnach 2 mm^3 (ein Mikrotropfen) aufgebracht werden. Dieses Volumen fließt auf dem Papier zu einem Fleck von etwa 1 cm Durchmesser aus.

Versuch 151

Man schneide einen Papierstreifen nach Abb.27 zu und markiere den Startpunkt am unteren Ende. Darauf wird mittels eines zu einer Kapillare ausgezogenen Glasrohres ein Tropfen eines vom Assistenten ausgegebenen Gemisches von Glykokoll und Alanin (1%ig an Glykokoll und Alanin) am Startpunkt auf das Papier aufgebracht. Nachdem der Fleck eingetrocknet ist, wird der Papierstreifen in dem Korkstopfen mit Hilfe einer aufgebogenen Büroklammer nach Abb.27 befestigt. Man kann auch den Korken in der Mitte auseinanderschneiden und den Streifen dazwischenklemmen. In das Reagenzglas wird nun etwa 0,5-1 ml eines Lösungsmittelgemisches gebracht, das aus Butanol/Eisessig/Wasser im Verhältnis 4/1/1 besteht. Beim Eintauchen des Papierstreifens ist darauf zu achten, daß sich der Startpunkt oberhalb der Flüssigkeitsoberfläche befindet. Während der Laufzeit wird das Reagenzglas beiseite gestellt, in dieser Zeit werden die Versuche 152 ff. durchgeführt. Wenn die Lösungsmittelfront bis auf etwa 2 cm an den Korken hochgestiegen ist, nimmt man den Streifen heraus. Zunächst wird die Lösungs-

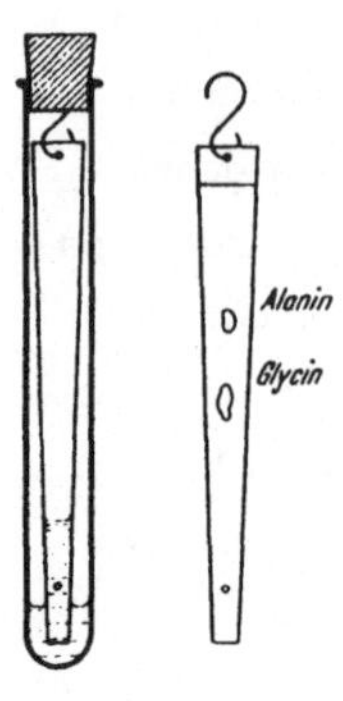

Abb.27

mittelfront durch einen Bleistiftstrich markiert. Hiernach läßt man den Streifen an der Luft oder im Trockenschrank trocknen. Zur Entwicklung wird das Chromatogramm mit einer 0,2%igen Ninhydrin-Lösung in 95% Butanol und 5% 2 N Essigsäure besprüht und anschließend kurze Zeit auf 105 °C erwärmt. Die Zuordnung wird durch Vergleich mit Abb.27 vorgenommen.

Aufgabe 43

Es werden die Entfernungen zwischen dem Startpunkt und Lösungsmittelfront sowie zwischen Startpunkt und dem Mittelpunkt der Substanzflecken ausgemessen und daraus die zugehörigen R_f-Werte errechnet.

Versuch 152

Papierchromatographische Trennung des Hydrolysats eines Menschenhaars. Das Hydrolysat wird vom Assistenten ausgegeben. Als Chromatographiegefäß dient ein hohes, 2 Liter fassendes Weckglas mit Deckel, in das zur Aufhängung des Chromatographiepapiers ein aus Glasstäbchen gebogenes Gestell gebracht wird. Das Aufhängegestell soll so bemessen sein, daß der obere Auflagebügel nicht geschlossen ist, sondern nur an den Seiten zwei Auflagezapfen von 0,5-1 cm Länge hat. Der Boden des Gefäßes wird etwa 2 cm hoch mit Lösungsmittel bedeckt. Das Lösungsmittelgemisch wird gewonnen, indem man n-Butanol, Eisessig und Wasser (4:1:5) kräftig durchmischt und nach Trennung der zwei Schichten, die organische, wassergesättigte Phase verwendet.
Herstellung des Papierchromatogramms: Die Breite des Papiers muß so bemessen sein, daß das Papier auf beiden Seiten an der Knickstelle nur etwa 0,5-1 cm auf dem Bügel anliegt, die Länge so, daß es auf der anderen Seite in das Lösungsmittel eintaucht, auf der anderen Seite aber nicht bis an dessen Oberfläche heranreicht (etwa 3 cm darüber).
Parallel zur Grundlinie des längeren Endes wird mit Bleistift in einer Entfernung von etwa 3 cm eine Parallele,die Startlinie gezogen. Auf deren Mitte wird ein Punkt markiert, auf dem das Hydrolysat aufgetragen wird. Dies geschieht mit einer feinen Glaskapillare, so daß der Durchmesser des Startfleckes nur etwa 0,5 cm beträgt.
Auftrennung, Sichtbarmachung und Auswertung des Papierchromatogramms: Wenn der Startfleck auf dem Chromatographierpapier eingetrocknet ist, wird dieses so in das Weckglas gehängt, daß die Startlinie mindestens 1,5 cm über der Flüssigkeitsoberfläche liegt. Man läßt das Papier über Nacht in dem Chromatographiergefäß. Anschließend wird es herausgenommen und die Lösungsmittelfront sofort gekennzeichnet. Nach Trocknen des Chromatogramms wird mit einer butanolischen Lösung von Ninhydrin besprüht und einige Minuten im Trockenschrank bei 100 °C getrocknet. Die nunmehr sichtbaren Aminosäureflecken werden durch Berechnung der R_f-Werte identifiziert. Man erhält für die Aminosäuren folgende R_f-Werte:

Cystin	0,07	Glutaminsäure	0,35
Lysin	0,14	Tyrosin und Prolin	0,44
Histidin	0,16	Valin	0,59
Arginin	0,21	Phenylalanin	0,68
Glycin	0,25		

b) Eiweißstoffe (Proteine)

Eiweißkörper enthalten die Elemente C, H, O, N, S. Es sind hochmolekulare Stoffe, die z.T. wasserlöslich, z.T. aber wasserunlöslich sind. Zu den löslichen Eiweißarten gehören das Hühnereiweiß und das in der Milch enthaltene Casein. In Wasser unlöslich sind Seide, Haar und Horn. Alle löslichen Eiweißstoffe bilden kolloide Systeme, sie lassen sich daher durch Zusatz von geeigneten Elektrolyten wieder ausfällen (s. Lehrbücher der organischen und anorganischen Chemie). Beim Erhitzen tritt ebenfalls Auflösung ein - das Eiweiß gerinnt.

Nach ihrer chemischen Zusammensetzung unterscheidet man zwei Gruppen von Eiweißstoffen: Einfache Proteine, die nur aus α-Aminosäuren aufgebaut sind, und Proteide, in denen der Proteinanteil stets noch mit einem biochemisch aktiven Molekülteil verbunden ist, der keine Eiweißnatur besitzt und häufig als prosthetische Gruppe bezeichnet wird. Besonders wichtig sind die Nucleoproteide, in denen die Nucleinsäuren als prosthetische Gruppen vorliegen. Sie können nach den heutigen Kenntnissen als die eigentlichen Träger des Lebens angesehen werden. Die zu einer echten Vermehrung befähigten Viren und Gene gehören z.B. dieser Stoffklasse an.

Den Eiweißstoffen liegt als Aufbauprinzip die Peptidbindung zugrunde. Hierunter versteht man die säureamidartige Verknüpfung zweier Aminosäuren, die bei der Reaktion der Amino-Gruppe der einen Säure mit der Carboxyl-Gruppe der anderen Säure unter Wasseraustritt entsteht:

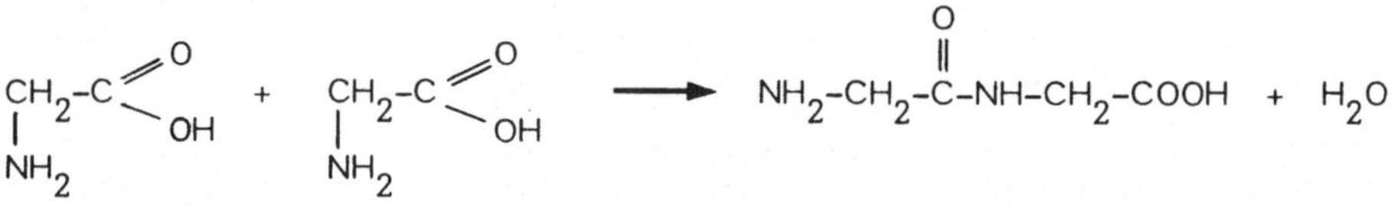

$$\underset{\displaystyle NH_2}{CH_2}-C\genfrac{}{}{0pt}{}{\nearrow O}{\searrow OH} + \underset{\displaystyle NH_2}{CH_2}-C\genfrac{}{}{0pt}{}{\nearrow O}{\searrow OH} \longrightarrow NH_2-CH_2-\overset{\displaystyle O}{\overset{\|}{C}}-NH-CH_2-COOH + H_2O$$

Oligopeptide: Die vorstehende Verbindung wird als Dipeptid bezeichnet, da sie aus zwei Aminosäuren entstanden ist. Niedermolekulare Peptide, die nur aus wenigen Aminosäuren aufgebaut sind, heißen Oligopeptide. Ein wichtiges, in der Natur vorkommendes Oligopeptid - ein Tripeptid - ist beispielsweise das Glutathion, das eine wichtige Rolle als Wasserstoffüberträger bei biochemischen Redoxreaktionen spielt:

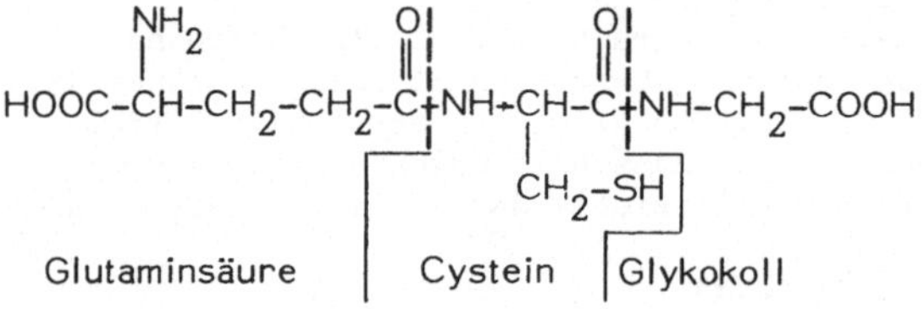

$$HOOC-\underset{}{\overset{\displaystyle NH_2}{\overset{|}{C}H}}-CH_2-CH_2-\overset{\displaystyle O}{\overset{\|}{C}}-NH-\underset{\displaystyle CH_2-SH}{\underset{|}{CH}}-\overset{\displaystyle O}{\overset{\|}{C}}-NH-CH_2-COOH \qquad \text{Glutathion}$$

Glutaminsäure | Cystein | Glykokoll

Polypeptide: Die eigentlichen Eiweißkörper sind makromolekulare Polypeptide, ihre Struktur wird durch folgende Formel veranschaulicht:

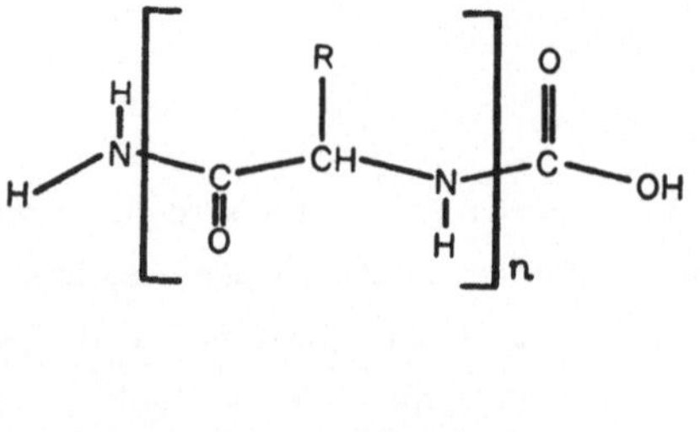

$$H-\overset{\displaystyle H}{\overset{|}{N}}-\left[\underset{\displaystyle O}{\underset{\|}{C}}-\overset{\displaystyle R}{\overset{|}{CH}}-\underset{\displaystyle H}{\underset{|}{N}}\right]_n-\overset{\displaystyle O}{\overset{\|}{C}}-OH$$

Die schwächste Stelle in diesem Riesenmolekül ist die Peptidbindung, sie kann durch Säuren oder Basen hydrolysiert werden. Dabei entstehen zunächst niedere Polypeptide, die bis zu den einzelnen Aminosäuren weiterhydrolisiert werden können. Synthetische hochmolekulare Stoffe, die nach dem Prinzip der Polypeptide aufgebaut sind, sind die Poly-

amide Nylon und Perlon.
Eine grundlegend wichtige Aufgabe der Peptidchemie ist die Festlegung der Sequenz der einzelnen Aminosäuren eines Peptids. Sie ist möglich durch die Kombination von partieller Hydrolyse mit der Bestimmung der jeweils terminalen Aminosäure. Die Ermittlung der N-terminalen Aminosäure geschieht mit 2,4-Dinitrofluorbenzol (SANGERs Reagens), welches durch die Amino-Gruppe eine nucleophile Substitution erfährt. Nach der Hydrolyse des Peptids wird die entstandene N-2,4-Dinitrophenylaminosäure identifiziert. Die Sequenz der Aminosäuren wird auch als Primärstruktur bezeichnet.

$$O_2N\text{-}C\begin{cases}=CH\text{-}C(NO_2)= \\ -CH{=}CH- \end{cases}C\text{-}F \quad + \quad NH_2\text{-}CH(R)\text{-}C(=O)\text{-Peptid}$$

$$\xrightarrow{-HF} O_2N\text{-}C\begin{cases}=CH\text{-}C(NO_2)= \\ -CH{=}CH- \end{cases}C\text{-}NH\text{-}CH(R)\text{-}C(=O)\text{-Peptid}$$

$$\xrightarrow{\text{Hydrolyse}} O_2N\text{-}C\begin{cases}-CH{=}C(NO_2)- \\ =CH\text{-}CH= \end{cases}C\text{-}NH\text{-}CH(R)\text{-}COOH \quad + \quad \text{Aminosäuren}$$

Der ungewöhnliche Fall einer nucleophilen Substitution am Aromaten wird durch die stark elektronegativen Substituenten ermöglicht.
Bei der Synthese von Peptiden aus α-Aminosäuren stellen sich verschiedene grundlegende Probleme. Da nämlich bei der Reaktion zweier verschiedener Aminosäuren insgesamt vier Produkte entstehen können, muß die Amino-Gruppe des einen und die Carboxyl-Gruppe des anderen Reaktanten derart geschützt sein, daß die Kondensation nur auf eine einzige Art möglich ist, wobei die Schutzgruppen nach der Peptidbildung unter so milden Bedingungen abtrennbar sein müssen, daß dabei keine Hydrolyse der entstandenen Anidbindung eintritt. Außerdem muß, wenn biologisch wirksame Peptide erwünscht sind, ein Verfahren gewählt werden, das eine racemisierungsfreie Verknüpfung garantiert (weiteres s. Lehrbücher der organischen Chemie).
Für die folgenden Versuche wird eine Eiweiß-Lösung benötigt, die man durch Auflösen von etwa 2 g Eialbumin in 20 ml Wasser herstellt. Die Lösung muß vor Gebrauch filtriert werden.

Versuch 153
Etwa 2-3 ml der Eiweiß-Lösung werden zum Sieden erhitzt. Das Eiweiß gerinnt und flockt aus.

Versuch 154
Man versetze einige ml der Eiweiß-Lösung mit einer Spatelspitze Ammoniumsulfat, eine weitere Probe mit verdünnter Schwefelsäure. Das Eiweiß wird durch den Elektrolytzusatz ausgefällt.

Versuch 155

Zu wenigen ml der Eiweiß-Lösung gebe man zuerst einige ml verdünnte Natronlauge und darauf einen Tropfen verdünnte Kupfersulfat-Lösung. Die Lösung färbt sich violett, da Eiweißstoffe die Biuretreaktion geben.

Versuch 156

Zum Nachweis der Elemente Stickstoff und Schwefel erhitzt man wenige ml der Eiweiß-Lösung mit verdünnter Natronlauge; dabei entweicht Ammoniak, das mit einem angefeuchteten Streifen Indikatorpapier nachgewiesen wird. Zum Nachweis des Schwefels wird die Lösung angesäuert und anschließend mit Bleiacetat-Lösung versetzt; es fällt schwarzes Bleisulfid aus.

c) Kohlenhydrate

Einfache Zucker und die aus ihnen aufgebauten Polysaccharide, wie Stärke und Cellulose, werden wegen ihrer Zusammensetzung $C_x(H_2O)_y$ auch Kohlenhydrate genannt. Sie sind in der Natur weitverbreitet. Zucker und Stärke sind für die Ernährung von großer Wichtigkeit, Cellulose dient der Pflanze als Gerüstsubstanz. Bausteine dieser bedeutungsvollen Verbindungsklasse sind die einfachen Aldosen und Hexosen; der Glucose fällt hierbei eine besondere Rolle zu.

In ähnlicher Weise wie durch Verknüpfung von Aminosäuren über die Oligopeptide in kontinuierlicher Folge schließlich die hochmolekularen Eiweißstoffe entstehen, lassen sich aus wenigen Molekülen der einfachen Zucker Oligosaccharide, oder - aus sehr vielen aneinandergereihten Glucose-Molekülen - die Polysaccharide aufbauen. Dabei liegen die Zukker stets in der Halbacetal-Form vor. Das Aufbauprinzip dieser Stoffklasse zeigt die Betrachtung einfacher Disaccharide.

Disaccharide: In den Disacchriden sind ein Aldose- oder Ketose-Molekül mit ihrer halbacetalartig-maskierten Aldehyd- oder Keto-Gruppe mit einer Alkohol-Gruppe eines zweiten Zuckers unter Wasseraustritt zusammengetreten. Disaccharide haben daher die Zusammensetzung:

$$2\ C_6H_{12}O_6 \ - \ H_2O \ = \ C_{12}H_{22}O_{11}$$

Das Hydroxyl des Zuckers kann dabei eines der alkoholischen oder aber das der Halbacetal-Gruppe zugehörige sein.

Im Milchzucker (Lactose) ist Glucose mit Galactose in der Weise verbunden, daß die Hydroxyl-Gruppe am Kohlenstoff-Atom 4 der Glucose mit dem Hydroxyl der Halbacetal-Gruppe der Galactose β-galaktosidisch unter Wasseraustritt verbunden ist (s. hierzu S.147).

Da bei der Glucose das aldehydische Ende am Kohlenstoff-Atom 1 nicht verändert ist, reduziert Milchzucker FEHLINGsche Lösung.

Beim Rohrzucker ist ein Glucose-Molekül α-glucosidisch mit dem Hydroxyl der acetalartig maskierten Keto-Gruppe der Fructose verbunden. Dadurch sind die beiden oxidierbaren Gruppen gesperrt, so daß FEHLINGsche Lösung durch Rohrzucker nicht reduziert wird.

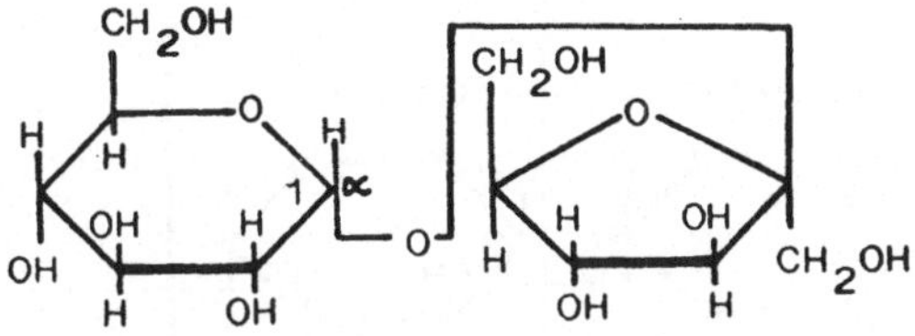

(-D-Glukopyranose) (ß-D-Fruktofuranose)
Saccharose (Rohrzucker)

Die glykosidische Bindung ist nur gegen saure Hydrolyse nicht stabil. Mit verdünnter Milchsäure zerfällt Rohrzucker schon in der Kälte in ein Gemisch von Glucose und Fructose, das FEHLINGsche Lösung nun reduziert. Bemerkenswert ist die hierbei eintretende Änderung des Drehsinns, die polarisiertes Licht bei seinem Durchgang durch die Lösung erfährt. Während Rohrzucker stark nach rechts dreht, bewirkt das Gemisch eine Linksdrehung, weil die freie Fructose stärker nach links als die freie Glucose nach rechts dreht. Diese Umkehrung der Drehung wird als Inversion, und das durch Hydrolyse des Rohrzuckers entstandene Gemisch als Invertzucker bezeichnet. Er ist ein Bestandteil des Honigs.

Polysaccharide: In den Polysacchariden sind sehr viele Glucose-Moleküle zu langen Ketten-Molekülen derart miteinander verbunden, daß die Alkohol-Gruppe am Kohlenstoff-Atom 4 des einen Glucose-Moleküls mit dem Halbacetal-Hydroxyl eines zweiten Moleküls zusammengetreten ist. Polysaccharide besitzen demnach die unten abgebildete Struktur (Abb.28). Bei der Stärke und der Cellulose ist n sehr groß ($n > 1000$). Die Zusammensetzung dieser beiden Polysaccharide läßt sich daher angenähert durch die Formel $(C_6H_{10}O_5)_n$ angeben. Infolge der Sperrung der Aldehyd-Gruppe aller Glucose-Moleküle reduzieren Stärke und Cellulose keine FEHLINGsche Lösung. Beim Kochen mit Säuren findet ein hydrolytischer Abbau statt, zunächst entstehen größere und kleinere Bruchstücke, die bei ausreichender Hydrolysedauer schließlich in Glucose übergehen. Biologisch wichtig ist der enzymatische Abbau der Polysaccharide; wirksame Enzyme finden sich z.B. im Magensaft, im Speichel und im Malz.

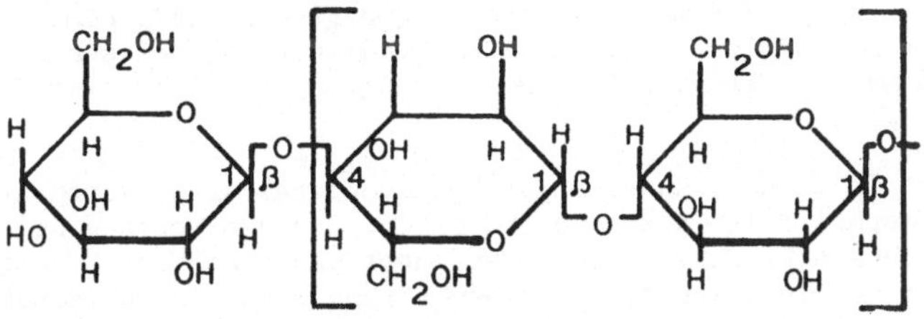

Cellulose

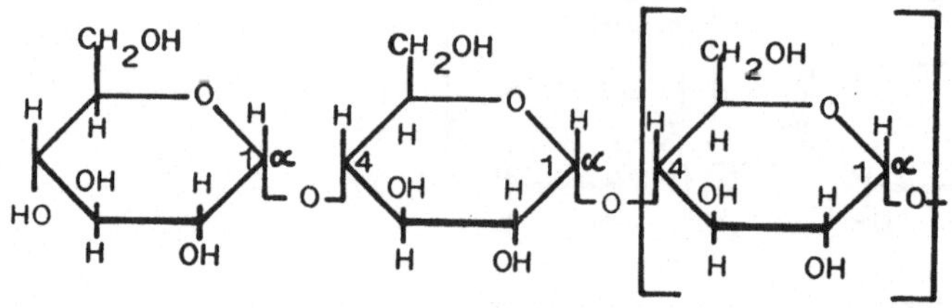

Stärke

Abb.28

In chemischer Hinsicht liegt der Unterschied zwischen Cellulose und Stärke hauptsächlich in der Konfiguration am Kohlenstoff-Atom 1 der Glucose-Moleküle. In der Stärke sind die Glucose-Einheiten α-glucosidisch, in der Cellulose dagegen β-glucosidisch verknüpft.

Versuch 157

Etwas Milchzucker wird mit wenigen ml FEHLINGscher Lösung erwärmt. Es entsteht ein roter Niederschlag von Kuper(I)oxid.

Versuch 158

Man löse eine Spatelspitze Rohrzucker in einigen ml Wasser und verteile die Lösung auf zwei Reagenzgläser. Eine Probe wird sofort mit FEHLINGscher Lösung erwärmt, die andere Probe wird zunächst mit einigen Tropfen verdünnter Salzsäure gekocht und dann - nachdem mit verdünnter NaOH neutralisiert wurde - mit FEHLINGscher Lösung erwärmt. Nur beim letzten Versuch wird FEHLINGsche Lösung reduziert, da im Rohrzucker beide reduzierenden Gruppen durch die Acetalbildung blockiert sind und erst bei der sauren Hydrolyse ein Gemisch von Glucose und Fructose gebildet wird. Formuliere die Hydrolysereaktion an der Strukturformel des Rohrzuckers!

Zur Herstellung einer Stärke-Lösung wird eine Spatelspitze lösliche Stärke mit einigen ml Wasser in der Reibschale verrieben. Die Aufschlämmung wird unter Rühren in 50 ml heißes Wasser eingegossen, man erhält einen kolloiden Stärkekleister.

Versuch 159

Zu einigen ml Stärke-Lösung werden - wie im Versuch 158 beschrieben - zunächst ohne vorherige saure Hydrolyse, dann nach Kochen mit verdünnter Salzsäure auf reduzierende Eigenschaften gegenüber FEHLINGscher Lösung geprüft.

Versuch 160

Zu einigen ml der Stärke-Lösung füge man in einem Reagenzglas mittels eines Trichters etwas Speichel. Man spüle mit wenig Wasser nach und schüttele das Gemisch kräftig durch. Beim Erwärmen mit wenigen Tropfen FEHLINGscher Lösung scheidet sich Cu_2O ab.

Versuch 161

Cellulose löst sich nicht in Wasser, dagegen gut in ammoniakalischem Kupferhydroxid (SCHWEITZERs Reagens). Hierbei tritt Komplexbildung ein, die dem Vorgang bei der Bildung der FEHLINGschen Lösung sehr ähnlich ist. Man macht davon bei der Kunstseideherstellung Gebrauch; die komplexe Kupfer-Cellulose-Lösung wird hierbei durch feine Düsen in ein Säurebad gepreßt. Das Komplexsalz wird dadurch wieder in Cu^{2+}-Ionen und Cellulose zerlegt, die sich fadenförmig ausscheidet.

Etwas Kupfersulfat-Lösung wird mit verdünnter Natronlauge versetzt und das ausgefallene Kupferhydroxid durch Zugabe von konzentriertem Ammoniakwasser wieder in Lösung gebracht. In diese Lösung wird wenig Watte eingetragen und die Auflösung durch Rühren mit dem Glasstab unterstützt. Beim Eingießen der dickflüssigen "SCHWEITZER Lösung" in ein mit verdünnter Schwefelsäure gefülltes Becherglas fällt die Cellulose wieder aus.

Versuch 162
Einige Filterpapierschnitzel werden in einem ERLENMEYER-Kölbchen etwa 30 min lang mit 30-50 ml verdünnter Schwefelsäure gekocht. Die Probe wird anschließend mit verdünnter Natronlauge neutralisiert. Man versetze eine Probe der erhaltenen Lösung im Reagenzglas mit einem ml FEHLINGscher Lösung und erwärme. Bei der Hydrolyse der Cellulose ist Glucose entstanden, die durch ihre Reduktionswirkung nachgewiesen wird.

d) Fette

Neben den Kohlenhydraten und Eiweißstoffen sind die natürlichen Fette und Öle Hauptbestandteile der menschlichen und tierischen Nahrung. Sie finden sich im Pflanzenbereich als Reservestoffe in vielen Früchten und Samen angereichert.

Chemisch sind Fette Ester höherer gesättigter und ungesättigter Fettsäuren mit dem dreiwertigen Alkohol Glycerin. Dabei ist bemerkenswert, daß in den natürlichen Fetten nur Fettsäuren mit einer geraden Zahl von Kohlenstoff-Atomen vorkommen; dies läßt sich aus dem biochemischen Synthesevorgang mittels S-Acetyl-Coenzym A erklären (s. Lehrbücher der organischen Chemie). Die hauptsächlich vorkommenden Säurekomponenten der Fette sind: Palmitinsäure $CH_3-(CH_2)_{14}-COOH$; Stearinsäure $CH_3-(CH_2)_{16}-COOH$ und Ölsäure $CH_3-(CH_2)_7-CH=CH-(CH_2)_7-COOH$. Daneben liegen in geringer Menge auch niedere Fettsäuren bis herunter zur Buttersäure $CH_3-(CH_2)_2-COOH$ vor. Flüssige und weiche Fette enthalten vor allem die ungesättigte Ölsäure, sie lassen sich härten, indem man die Doppelbindungen katalytisch mit Wasserstoff in Gegenwart fein verteilten Nickels hydriert. Hierbei wird die Ölsäure in Stearinsäure überführt.

Beim Kochen mit Alkalilauge werden Fette hydrolytisch in Glycerin und die Alkalisalze der Fettsäuren gespalten, welche als Seifen dienen:

$$\begin{array}{l} H_2C-O-\overset{\displaystyle O}{\overset{\|}{C}}-C_{15}H_{31} \\ \;| \\ HC-O-\overset{\displaystyle O}{\overset{\|}{C}}-C_{15}H_{31} \\ \;| \\ H_2C-O-\overset{\displaystyle O}{\overset{\|}{C}}-C_{15}H_{31} \end{array} + 3\,NaOH \longrightarrow \begin{array}{c} H_2COH \\ | \\ HCOH \\ | \\ H_2COH \end{array} + 3\,C_{15}H_{31}COO^-Na^+$$

Fett — Glycerin — Seife

Im Organismus werden die Fette unter Einwirkung von Enzymen (Lipasen) gespalten, die in der Bauchspeicheldrüse erzeugt und in den Darm abgegeben werden.

Versuch 163
Zu einer Lösung von 1-2 Plätzchen Kaliumhydroxid in wenigen ml Alkohol füge man einen Tropfen Olivenöl und erhitze die Lösung während einiger min zum Sieden. Die Mischung wird mit dem doppelten Volumen Wasser verdünnt und darauf mit wenigen ml verdünnter Schwefelsäure angesäuert. Dabei fällt die Ölsäure als milchige Trübung aus. Stelle die Reaktionsgleichung auf!

Versuch 164

Wenige Tropfen Olivenöl werden zusammen mit einer Spatelspitze Kaliumhydrogensulfat in einem trockenen Reagenzglas unter dem Abzug erhitzt. Hierbei entsteht aus dem Glycerin des Öls unter Wasserabspaltung der Aldehyd Acrolein, der an seinem unangenehmen Geruch erkannt wird.

$$\begin{matrix} CH_2\text{-}OH \\ | \\ CH\text{-}OH \\ | \\ CH_2\text{-}OH \end{matrix} \xrightarrow{\text{Erhitzen}} 2\ H_2O + \begin{matrix} CH{=}O \\ | \\ CH \\ \| \\ CH_2 \end{matrix}$$

Versuch 165

Zum Nachweis der Doppelbindung im Olivenöl löse man wenige Tropfen Olivenöl in 2-3 ml Eisessig. Eine zugefügte Lösung von Brom in Eisessig wird rasch entfärbt, da das Brom an die Doppelbindung addiert wird.
Von den beiden möglichen isomeren Formen einer einfach ungesättigten Verbindung (cis, trans-Isomerie) ist die Ölsäure das cis-Isomer. Das trans-Isomer heißt Elaidinsäure.

Versuch 166

Man löse wenige Seifenschnitzel in 5 ml Wasser und füge einige Tropfen Calciumchlorid-Lösung hinzu. Die Calcium-Salze der Fettsäuren sind schwerlöslich, sie fallen daher aus. Da hartes Wasser lösliche Calcium- und Magnesium-Salze enthält, ist die Schaumbildung infolge der Ausfällung der waschaktiven Fettsäuren in hartem Wasser nur gering.

Die Waschaktivität der Seifen beruht einerseits auf der Herabsetzung der Oberflächenspannung des Wassers durch Anreicherung der Wasseroberfläche mit einer monomolekularen Schicht des lipophilen Teils des Fettsäure-Anions, da der wasserlösliche aliphatische Kohlenwasserstoffrest (lipophiler Rest) aus dem Wasser herausgedrängt wird. Zum anderen besitzen diese lipophilen Reste ein beträchtliches Emulgiervermögen für Fette, die in den aliphatischen Ketten mehrerer Seifenmoleküle eingelagert und damit wasserlöslich werden.

1 H $1s^1$						2 He $1s^2$											
3 Li $2s^1$	4 Be $2s^2$											5 B $2s^2 2p^1$	6 C $2s^2 2p^2$	7 N $2s^2 2p^3$	8 O $2s^2 2p^4$	9 F $2s^2 2p^5$	10 Ne $2s^2 2p^6$
11 Na $3s^1$	12 Mg $3s^2$											13 Al $3s^2 3p^1$	14 Si $3s^2 3p^2$	15 P $3s^2 3p^3$	16 S $3s^2 3p^4$	17 Cl $3s^2 3p^5$	18 Ar $3s^2 3p^6$
19 K $4s^1$	20 Ca $4s^2$	21 Sc $3d^1 4s^2$	22 Ti $3d^2 4s^2$	23 V $3d^3 4s^2$	24 Cr $3d^5 4s^1$	25 Mn $3d^5 4s^2$	26 Fe $3d^6 4s^2$	27 Co $3d^7 4s^2$	28 Ni $3d^8 4s^2$	29 Cu $3d^{10} 4s^1$	30 Zn $3d^{10} 4s^2$	31 Ga $4s^2 4p^1$	32 Ge $4s^2 4p^2$	33 As $4s^2 4p^3$	34 Se $4s^2 4p^4$	35 Br $4s^2 4p^5$	36 Kr $4s^2 4p^6$
37 Rb $5s^1$	38 Sr $5s^2$	39 Y $4d^1 5s^2$	40 Zr $4d^2 5s^2$	41 Nb $4d^4 5s^1$	42 Mo $4d^5 5s^1$	43 Tc $4d^5 5s^2$	44 Ru $4d^7 5s^1$	45 Rh $4d^8 5s^1$	46 Pd $4d^{10}$	47 Ag $4d^{10} 5s^1$	48 Cd $4d^{10} 5s^2$	49 In $5s^2 5p^1$	50 Sn $5s^2 5p^2$	51 Sb $5s^2 5p^3$	52 Te $5s^2 5p^4$	53 I $5s^2 5p^5$	54 Xe $5s^2 5p^6$
55 Cs $6s^1$	56 Ba $6s^2$	57 La $5d^1 6s^2$	72 Hf $5d^2 6s^2$	73 Ta $5d^3 6s^2$	74 W $5d^4 6s^2$	75 Re $5d^5 6s^2$	76 Os $5d^6 6s^2$	77 Ir $5d^7 6s^2$	78 Pt $5d^9 6s^1$	79 Au $5d^{10} 6s^1$	80 Hg $5d^{10} 6s^2$	81 Tl $6s^2 6p^1$	82 Pb $6s^2 6p^2$	83 Bi $6s^2 6p^3$	84 Po $6s^2 6p^4$	85 At $6s^2 6p^5$	86 Rn $6s^2 6p^6$
87 Fr $7s^1$	88 Ra $7s^2$	89 Ac $6d^1 7s^2$															

58 Ce $4f^1 5d^1 6s^2$	59 Pr $4f^3 6s^2$	60 Nd $4f^4 6s^2$	61 Pm $4f^5 6s^2$	62 Sm $4f^6 6s^2$	63 Eu $4f^7 6s^2$	64 Gd $4f^7 5d^1 6s^2$	65 Tb $4f^9 6s^2$	66 Dy $4f^{10} 6s^2$	67 Ho $4f^{11} 6s^2$	68 Er $4f^{12} 6s^2$	69 Tm $4f^{13} 6s^2$	70 Yb $4f^{14} 6s^2$	71 Lu $4f^{14} 5d^1 6s^2$
90 Th $6d^2 7s^2$	91 Pa $5f^2 6d^1 7s^2$	92 U $5f^3 6d^1 7s^2$	93 Np $5f^4 6d^1 7s^2$	94 Pu $5f^6 7s^2$	95 Am $5f^7 7s^2$	96 Cm $5f^7 6d^1 7s^2$	97 Bk $5f^9 7s^2$	98 Cf $5f^{10} 7s^2$	99 Es $5f^{11} 7s^2$	100 Fm $5f^{12} 7s^2$	101 Md $5f^{13} 7s^2$	102 No $5f^{14} 7s^2$	103 Lw $5f^{14} 6d^1 7s^2$